绿色食品生产操作规程（七）

Code of Practice for Green Food (7)

张志华　张　宪　主编

中国农业科学技术出版社

图书在版编目(CIP)数据

绿色食品生产操作规程. 七 / 张志华，张宪主编. -- 北京：中国农业科学技术出版社，2025.3. -- ISBN 978-7-5116-7299-5

Ⅰ. TS2-65

中国国家版本馆 CIP 数据核字第 2025ND0807 号

责任编辑 史咏竹
责任校对 马广洋
责任印制 姜义伟　王思文

出 版 者	中国农业科学技术出版社 北京市中关村南大街 12 号　邮编：100081
电　　话	（010）82105169（编辑室）　　（010）82106624（发行部） （010）82109709（读者服务部）
网　　址	https://castp.caas.cn
经 销 者	各地新华书店
印 刷 者	北京地大彩印有限公司
开　　本	210 mm×297 mm　1/16
印　　张	21
字　　数	632 千字
版　　次	2025 年 3 月第 1 版　2025 年 3 月第 1 次印刷
定　　价	108.00 元

◀■■■ 版权所有·翻印必究 ■■■▶

《绿色食品生产操作规程（七）》编委会

主　　　　编　张志华　张　宪
技 术 主 编　马　雪　宋　晓
副　主　编　刘艳辉　乔春楠
主要编撰人员（按姓氏笔画排序）

丁　燕	丁永华	丁桂玲	于安芬	王　刚
王家保	王祥尊	尤　帅	代天飞	代平礼
曲绍轩	吕志明	任显凤	刘　宇	刘丽辉
刘培源	刘新桃	许　琦	孙　敏	孙玲玲
孙德生	李　露	李小柳	李仕强	李建锋
李瑞琴	李聪平	杨　芳	杨远通	杨晓凤
邹亚杰	张　蕾	张玉换	张丙春	张海彬
陆　燕	陈　亮	杭祥荣	易　斌	罗睿雄
周先竹	郑永利	孟　芳	郝建强	胡军安
胡晓欣	胡清秀	祖　恒	莫建军	党志国
钱琳刚	徐继东	高照荣	董宇辰	董博钊
傅建炜	曾晓勇	满　润	薛晓锋	

目　　录

冀晋蒙地区绿色食品甜荞生产操作规程 …………………………………………………… 1

陕甘宁地区绿色食品甜荞生产操作规程 …………………………………………………… 8

江苏地区绿色食品甜荞生产操作规程 ……………………………………………………… 15

西南地区绿色食品荞麦生产操作规程 ……………………………………………………… 22

蒙吉黑地区绿色食品燕麦生产操作规程 …………………………………………………… 29

冀晋蒙地区绿色食品燕麦生产操作规程 …………………………………………………… 35

陕甘宁等地区绿色食品燕麦生产操作规程 ………………………………………………… 42

云贵川地区绿色食品燕麦生产操作规程 …………………………………………………… 48

蒙吉黑地区绿色食品洋葱生产操作规程 …………………………………………………… 55

冀鲁豫地区绿色食品洋葱生产操作规程 …………………………………………………… 62

云贵川地区绿色食品洋葱生产操作规程 …………………………………………………… 69

甘青新地区绿色食品洋葱生产操作规程 …………………………………………………… 76

冀鲁豫地区绿色食品设施苦瓜生产操作规程 ……………………………………………… 84

闽赣鄂等地区绿色食品露地苦瓜生产操作规程 …………………………………………… 92

闽赣鄂等地区绿色食品设施苦瓜生产操作规程 …………………………………………… 99

长白山、大小兴安岭地区绿色食品露地蓝莓生产操作规程 ……………………………… 106

京津冀等地区绿色食品露地蓝莓生产操作规程 …………………………………………… 113

辽东半岛和胶东半岛绿色食品露地蓝莓生产操作规程 …………………………………… 121

江浙皖等地区绿色食品露地蓝莓生产操作规程 …………………………………………… 130

闽粤桂等地区绿色食品露地蓝莓生产操作规程 …………………………………………… 141

西南地区绿色食品露地蓝莓生产操作规程 ………………………………………………… 153

苏浙闽等地区绿色食品设施杨梅生产操作规程 …………………………………………… 161

湘鄂粤桂等地区绿色食品露地杨梅生产操作规程 ………………………………………… 170

云贵川等地区绿色食品露地杨梅生产操作规程 …………………………………………… 178

广东广西绿色食品荔枝生产操作规程 ……………………………………………………… 186

闽渝川滇地区绿色食品荔枝生产操作规程 ………………………………………………… 199

目　录

粤琼滇早熟产区绿色食品荔枝生产操作规程 …… 207

闽川滇晚熟产区绿色食品芒果生产操作规程 …… 215

粤桂黔滇中熟产区绿色食品芒果生产操作规程 …… 225

海南省早熟产区绿色食品芒果生产操作规程 …… 235

绿色食品平菇发酵料栽培技术规程 …… 244

绿色食品平菇熟料栽培技术规程 …… 252

绿色食品双孢蘑菇季节性生产技术规程 …… 260

绿色食品双孢蘑菇工厂化生产技术规程 …… 269

绿色食品白羽肉鸭养殖规程 …… 277

绿色食品麻鸭养殖规程 …… 286

绿色食品番鸭养殖规程 …… 295

绿色食品蛋鸭养殖规程 …… 305

绿色食品中华蜜蜂蜂蜜生产操作规程 …… 314

绿色食品西方蜜蜂蜂蜜生产操作规程 …… 321

绿色食品生产操作规程

GFGC 2024A276

冀晋蒙地区
绿色食品甜荞生产操作规程

2024-07-04 发布   2024-08-01 实施

中国绿色食品发展中心　发布

GFGC 2024A276

前言

本规程由中国绿色食品发展中心提出并归口。

本规程起草单位：张家口市农业科学院、河北省农产品质量安全中心、山西省农产品质量安全中心、内蒙古自治区农畜产品质量安全中心、张家口市农业环境与农产品质量管理站、承德市农产品加工服务中心、丰宁县农业农村局、隆化县农业农村局、承德裕民白荞面特产有限公司、承德鱼儿山承垦农业发展有限公司、中国绿色食品发展中心。

本规程主要起草人：曹丽霞、尤帅、董博钊、周海涛、敖奇、郝贵宾、李刚、刘强、李紫姝、高远、李霄峰、张世军、王永海、马立军、潘金龙、乔春楠。

冀晋蒙地区绿色食品甜荞生产操作规程

1 范围

本规程规定了冀晋蒙绿色食品甜荞麦的产地环境、品种选择、整地播种、田间管理、收获、生产废弃物处理、储藏包装运输及生产档案管理。

本规程适用于河北省、山西省、内蒙古自治区绿色食品甜荞的生产。

2 规范性引用文件

下列文件中的内容通过文中的规范性引用而构成本规程必不可少的条款。其中，注日期的引用文件，仅该日期对应的版本适用于本规程；不注日期的引用文件，其最新版本（包括所有的修改单）适用于本规程。

GB 4404.3　粮食作物种子　第3部分：荞麦
NY/T 391　绿色食品　产地环境质量
NY/T 393　绿色食品　农药使用准则
NY/T 394　绿色食品　肥料使用准则
NY/T 658　绿色食品　包装通用准则
NY/T 894　绿色食品　荞麦及荞麦粉
NY/T 1056　绿色食品　储藏运输准则

3 产地环境

产地环境符合 NY/T 391 的相关规定，应选择生态环境良好、无污染的地区，远离工矿区、公路铁路干线和生活区，避开污染源，宜选择土壤结构良好、保水保肥能力强、通气性好的壤土或砂壤土，不适宜选择土壤黏重的下湿滩、盐碱地。要求耕层厚度≥20 cm，有机质含量≥10.0 g/kg。无霜期≥85 d，≥10 ℃年有效积温1 300 ℃～2 200 ℃，年降水量≥280 mm。

4 品种选择

4.1 种子质量

种子质量符合 GB 4404.3 的要求，要求籽粒饱满，大小均匀，原种纯度≥95.0%，大田用种纯度≥90.0%，净度≥98.0%，发芽率≥85.0%，水分≤13.5%。

4.2 品种选用

选用适宜河北、山西、内蒙古地区种植的高产、优质、抗逆性强的甜荞品种。可选择冀甜荞1号、日本大粒、温莎、赤甜荞1号、品甜荞2号、库伦小三棱等中早熟品种。

4.3 种子处理

播种前进行种子精选，剔除秕粒、小粒、破粒、有病虫害的种子和各种杂物；阳光曝晒2 d～3 d，具有促进种子后熟和酶的活动、降低种子内抑制发芽物质的含量、提高发芽率和杀菌等作用。

5 整地播种

5.1 整地要求

前茬作物收获后，进行土壤深耕翻，深耕翻20 cm～40 cm。播前旋耕耙糖，耕深10 cm～

15 cm，达到地面平整、上松下实的效果。土壤相对含水量宜达到75%左右，如果土壤墒情较差，要浇水造墒。

5.2 播种时间

河北北部、山西及内蒙古中西部地区播种时间一般为5月下旬至6月下旬，内蒙古东部地区播种时间为6月下旬至7月上旬，要求5 cm地温稳定达到12 ℃以上。

5.3 播种量

播种量2 kg/亩~3 kg/亩①，有效株数6万株/亩~10万株/亩。

5.4 播种密度

等行距种植：行距40 cm~50 cm，株距5 cm~8 cm。

宽窄行距种植：宽行距40 cm~42 cm，窄行距8 cm~10 cm，株距5 cm~8 cm。

5.5 播种深度

播种时适宜的土壤持水量为60%~70%，播种深度3 cm~5 cm。

6 田间管理

6.1 灌溉

有灌水条件的地块，在荞麦出苗期、开花期和灌浆期如遇干旱，可及时灌溉，做到一次灌足浇足，要求耕作层土壤含水量达到田间最大持水量的75%~80%，保证出苗整齐和灌浆饱满。

6.2 施肥

6.2.1 施肥原则

肥料使用应符合NY/T 394的规定，施肥应掌握"基肥为主，种肥为辅，追肥进补""有机肥为主，无机肥为辅""氮、磷配合"的原则。每生产100 kg荞麦籽粒，约需要从土壤中吸收氮3.3 kg、磷1.5 kg、钾4.3 kg。

6.2.2 基肥

地力中等，目标产量200 kg/亩，荞麦播种之前，结合翻耕整地施入基肥，可施入充分腐熟的农家肥1 000 kg/亩~2 000 kg/亩或商品有机肥200 kg/亩~300 kg/亩。

6.2.3 种肥

结合播种施入三元复合肥（N-P-K为15-15-15）10 kg/亩~15 kg/亩。

6.2.4 追肥

追肥视土壤肥力和苗情而定：肥力差，基肥和种肥不足，出苗后20 d~25 d，表现苗弱、苗色黄绿，可追施2次尿素（46%）2 kg/亩~2.5 kg/亩；间隔15 d；苗情长势健壮的不追或少追。盛花期弱苗须追施液态叶面肥2次~3次，一般可用0.2%的磷酸二氢钾溶液50 kg/亩均匀喷施茎叶。

6.3 授粉

每隔2 d~3 d一次，授粉时间以晴天上午9时—11时或下午4时—6时为宜。开花期可借助蜜蜂授粉，或无人机辅助授粉。

6.4 病虫草害防治

6.4.1 常见病虫草害

常见病害：茎基腐病、叶斑病。常见虫害：西伯利亚龟象甲。常见草害：荞麦田草害以一年生阔叶、单子叶杂草为主，阔叶杂草包括藜、反枝苋、马齿苋、苍耳等，单子叶杂草包括马唐草、狗

---

① 1亩≈667 m²，全书同。

尾草、野稷、虎尾草、稗草等。

6.4.2 防治原则
贯彻"预防为主，综合防治"的植保方针。优先采用农业措施、物理措施，有害生物防治应符合 NY/T 393 的规定。

6.4.3 防治措施

6.4.3.1 农业防治
选用抗病性较强的品种，合理轮作和耕作，加强田间管理，清除田间杂草，及时拔除田间病株集中销毁。

6.4.3.2 物理防治
利用黑光灯、粘虫板诱杀成虫，人工捕捉害虫。每 50 亩荞麦田可放置一盏 20 W 黑光灯；每亩可悬挂 30 片～40 片粘虫板，距离作物面 15 cm～20 cm 悬挂，并随着作物生长的高度而调节。

6.4.3.3 化学防治
病害防治推荐农药使用方案见附录 A。

7 收获
籽粒 70% 以上呈品种本身的颜色，叶片枯黄，即可收割。9 月上旬开始，于晴朗、干燥、无风或微风天收获。收获分割晒、捡拾两步，有利于荞麦后熟脱水。籽粒水分降至 13.5% 以下后归仓储存。产品应符合 NY/T 894 的相关规定。

8 生产废弃物处理
投入品包装物应集中回收，减少对环境污染。秸秆、糠皮等副产品可粉碎还田，或用作饲料，严禁焚烧、丢弃，防止污染环境。

9 储藏、包装与运输

9.1 入库标准
储藏应符合 NY/T 1056 的相关规定。籽粒含水量要在 13.0% 以下，杂质含量在 1.5% 以下。

9.2 库房条件
屋面不漏雨，地面不返潮，墙体无裂缝，门窗能密闭，库房应坚固、防潮、隔热、通风和密闭，应具有防虫、防鼠、防鸟的功能。

9.3 防虫措施
可采用日晒杀虫。选择晴朗无风的天气，上午 9 时以后，将荞麦薄摊在晒场上进行晾晒，厚度不超过 10 cm，下午 3 时后将荞麦收拢，热闷 1 h～2 h 后入仓。

9.4 防鼠措施
仓库的地基、墙壁、墙面、门窗、房顶和管道等，都须做防鼠处理，所有缝隙不超过 1 cm。仓库内保持整洁，各种用具杂物须收拾整齐，清理干净储粮周围撒落的荞麦，经常检查死角处，使老鼠不能做窝。根据需要可增设粘鼠板。

9.5 防潮措施
加强仓间管理，自然通风，必要时采取机械通风，确保荞麦处于低温干燥环境。

9.6 包装与运输
包装应符合 NY/T 658 的相关规定。所用包装材料或容器应采用单一材质的材料，方便回收或可生物降解。运输应符合 NY/T 1056 的相关规定。在运输过程中禁止与其他有毒有害、易污染环境的物质一起运输，以防污染。

10 生产档案管理

建立绿色食品甜荞生产档案，主要包括地块档案、整地情况、播种情况、灌溉情况、施肥情况、病虫草害防治情况、收获记录、储运记录，以及生产投入品采购、入库、出库、使用记录等，生产档案保存3年以上。

附 录 A
（资料性附录）
冀晋蒙地区绿色食品甜荞生产主要病害防治推荐农药使用方案

冀晋蒙地区绿色食品甜荞生产主要病害防治推荐农药使用方案见表 A.1。

表 A.1 冀晋蒙地区绿色食品甜荞生产主要病害防治推荐农药使用方案

防治对象	防治时期	农药名称	使用量	使用方法	安全间隔期（d）
纹枯病	发生初期	240 g/L 噻呋酰胺悬浮剂	15 mL/亩～25 mL/亩	喷雾	21
注：农药使用应以最新版本 NY/T 393 的规定为准。					

绿 色 食 品 生 产 操 作 规 程

GFGC 2024A277

陕甘宁地区
绿色食品甜荞生产操作规程

2024-07-04 发布

2024-08-01 实施

中国绿色食品发展中心 发布

前 言

本规程由中国绿色食品发展中心提出并归口。

本规程起草单位：甘肃省农业科学院农业质量标准与检测技术研究所、甘肃省绿色食品办公室、定西市农业科学院、甘肃省环县农业技术推广中心、宁夏农林科学院固原分院、陕西省农产品质量安全中心、宁夏回族自治区农产品质量安全中心、陕西省榆林市定边县塞雪粮油工贸有限责任公司、中国绿色食品发展中心。

本规程主要起草人：于安芬、李瑞琴、满润、贾瑞玲、范荣、常克勤、焦洁、王珏、郭鹏、李曦、陶彩虹、许文艳、赵小琴、马雪。

GFGC 2024A277

陕甘宁地区绿色食品甜荞生产操作规程

1 范围

本规程规定了陕甘宁地区绿色食品甜荞的产地环境、品种选择、整地播种、田间管理、收获、生产废弃物处理、包装储藏运输及生产档案管理。

本规程适用于陕西省、甘肃省、宁夏回族自治区绿色食品甜荞的生产。

2 规范性引用文件

下列文件中的内容通过文中的规范性引用而构成本规程必不可少的条款。其中，注日期的引用文件，仅该日期对应的版本适用于本规程；不注日期的引用文件，其最新版本（包括所有的修改单）适用于本规程。

GB/T 4404.3 粮食作物种子 第3部分：荞麦
NY/T 391 绿色食品 产地环境质量
NY/T 393 绿色食品 农药使用准则
NY/T 394 绿色食品 肥料使用准则
NY/T 658 绿色食品 包装通用准则
NY/T 1056 绿色食品 储藏运输准则

3 产地环境

产地环境应符合NY/T 391的规定。选择生态环境良好、周围无环境污染源、土层深厚、土壤疏松、有机质含量高、排水良好的壤土或砂壤土。正茬甜荞以豆类、薯类茬口为宜，糜谷、小麦、燕麦、油菜、绿肥、胡麻茬口次之；复种甜荞以小麦、油菜茬口或休闲茬口为宜，忌连作。适宜产地应为生育期≥10 ℃的有效积温在1 000 ℃以上、年降水量200 mm～600 mm、海拔1 200 m～2 300 m的气候阴凉地区。

4 品种选择

4.1 选择原则

选择高产优质、抗逆性和抗倒伏能力强、株型结构紧凑、结实率高、商品性好、适于本地积温条件的优良甜荞品种。种子质量符合GB/T 4404.3的要求。

4.2 品种选用

根据种植区域、生长特点和市场需求，选用西农9976、西农9978、延甜荞1号、定边红花荞、榆荞4号、定甜荞1号、定甜荞2号、平荞7号、庆红荞1号、宁荞1号、信农1号和固荞1号等品种。

4.3 种子处理

播种前1周，选择无风晴天摊晒种子2 d～3 d，剔除碎粒、秕粒、杂质等。

5 整地播种

5.1 整地施基肥

正茬甜荞：前茬作物收获后及时深翻，耕深20 cm～25 cm，灭茬晒垡，熟化土壤。播前结合施肥翻耕，耕深 15 cm～20 cm，耕后及时耙糖镇压，破碎土块，平整地表。施入优质腐熟有机肥 1 500 kg/亩～2 000 kg/亩或商品有机肥 150 kg/亩，施尿素 5 kg/亩～10 kg/亩、磷酸二铵 10 kg/亩～15 kg/亩、硫酸钾 5 kg/亩～8 kg/亩。

复种甜荞：前茬作物收获后及时浅耕灭茬，根据前茬作物生长情况施基肥，抢墒播种。肥料的使用应符合 NY/T 394 的规定。

5.2 播种

5.2.1 播种期

正茬甜荞 5 月上旬至 7 月上旬播种，复种甜荞 8 月上旬播种结束。

5.2.2 播量与密度

一般机播播量 2.5 kg/亩～3.0 kg/亩，撒播播量 3.5 kg/亩～4.0 kg/亩。保苗 5 万株/亩～7 万株/亩。

5.2.3 播种方式

采用机械条播或撒播。条播行距 30 cm～35 cm。

5.2.4 播种深度

播种深度为 3 cm～5 cm，根据土壤墒情调整播种深度，砂质土和干旱区宜深播。

6 田间管理

6.1 耙糖镇压、查苗补苗

播后及时耙糖；出苗前如遇降雨造成土壤板结应及时破除。缺苗断垄比较严重的地块采用催芽补种，保证全苗。

6.2 中耕除草

中耕除草次数和时间根据苗情及杂草多少而定。一般第一次在苗高 6 cm～10 cm 时，结合间苗、匀苗进行中耕；第二次在开花封垄时，结合培土进行中耕除草。

6.3 灌溉

苗高 7 cm～10 cm 时，若无降雨，适量灌水促进分枝，开花灌浆期若遇旱情，要及时灌溉，保证荞麦生育关键期水分供应需求。

6.4 追肥

显蕾期叶面喷施 0.2% 磷酸二氢钾水溶液 40 kg/亩～50 kg/亩。始花期至盛花期，叶片尖端出现黄斑，可于 100 kg 磷酸二氢钾溶液中加入 1 kg 尿素混合后在早晨或傍晚喷施，每隔 7 d～10 d 喷施一次，连续喷施 2 次～3 次，防止生育后期脱肥、早衰。

6.5 辅助授粉

6.5.1 蜜蜂辅助授粉

在荞麦田放蜂提高结实率。一般在甜荞开花前 2 d～3 d，距荞麦地 500 m 处放养蜜蜂，每 10 亩放置 1 箱～2 箱蜜蜂。

6.5.2 人工辅助授粉

在没有放蜂条件的地方采用人工辅助授粉。在甜荞盛花期无露水的晴天上午 9 时—11 时，用绳索在植株上层来回轻轻掀动，进行 2 次～3 次。间隔 3 d～5 d 再进行一次人工辅助授粉。露水大或清晨雄蕊未开放前不宜进行辅助授粉。

6.6 病虫害防治

6.6.1 防治原则

坚持"预防为主，综合防治"的植保方针，加强病虫害预测预报，以农业防治、物理防治、生物防治为主，辅助使用化学防治措施，农药使用应符合 NY/T 393 的规定。

6.6.2 主要病虫害

主要病害有白粉病等；主要虫害有谷叶甲、钩翅蛾等。

6.6.3 防治措施

6.6.3.1 农业防治

选用抗病、抗逆性强的品种，合理轮作倒茬，平衡施肥，增施有机肥，加强栽培管理。成熟后及时收获脱粒，防止钩刺蛾蛀食籽粒；及时铲除田边、地埂杂草；收获后，立即深耕 20 cm 左右，将土壤中的虫蛹翻出地面，人工捡拾、机械杀灭或暴晒杀灭；发现中心病株或害虫零星为害株，应及时拔除进行无害化处理。

6.6.3.2 物理防治

播前进行种子处理；推广应用频振式或太阳能杀虫灯，相邻的两个杀虫灯间隔 150 m，诱杀钩翅蛾等害虫的成虫；在钩翅蛾幼虫发生期可利用其假死性进行人工捕杀。

6.6.3.3 生物防治

尽可能减少农药使用量和使用次数，保护和利用天敌防控害虫，并创造有利于天敌生存的环境条件，充分发挥天敌控制害虫的作用。

6.6.3.4 化学防治

病害防治推荐农药使用方案见附录 A。

7 收获

7.1 收获时间

当大田中 2/3 荞麦籽粒成熟即籽粒变为褐灰色或黑色时收获。

7.2 收获方法

在无露水的上午或阴天，采用机械或人工收获。机械收割的荞麦株高宜为 70 cm～120 cm，留茬高度 8 cm～15 cm。

7.3 收获后处理

收获入场后及时晾晒、脱粒。脱粒后进行清选、晾晒，籽粒含水量降至 13.5% 以下入库。

8 生产废弃物处理

8.1 秸秆资源化处理

收获后荞麦秸秆可用作饲料添加料，也可作为食用菌栽培基料循环利用。

8.2 无害化处理

农业投入品的包装废弃物应回收，交由有资质的部门或网点集中处理，不得随意弃置、掩埋或焚烧。

9 包装、储藏与运输

9.1 包装

符合 NY/T 658 的要求。

9.2 储藏

符合 NY/T 1056 的要求。产品应离地、离墙储藏于清洁、阴凉、通风、干燥、无异味的库房内，不得与有毒、有害、有异味、发霉及其他污染物混存混放，配备防鸟、防鼠、防虫、防火、防潮、防霉烂等设施并采取相应措施。

9.3 运输

符合 NY/T 1056 的要求。运输工具必须保持清洁、卫生、干燥，有防尘、防雨设施；严禁与有毒、有害、有腐蚀性、易挥发或有异味的物品混运；运输过程应防暴晒、雨淋、受潮等。

10 生产档案管理

建立绿色食品甜荞生产档案。记录产地环境条件、生产技术、肥水管理、病虫害的发生和防治、采收及采后处理等情况，以及其他田间管理操作措施和相关质量追溯等。所有记录应真实、准确、规范，并具有可追溯性。生产档案应由专人保管，保存 3 年以上。

附 录 A
（资料性附录）
陕甘宁地区绿色食品甜荞生产主要病害防治推荐农药使用方案

陕甘宁地区绿色食品甜荞生产主要病害防治推荐农药使用方案见表 A.1。

表 A.1 陕甘宁地区绿色食品甜荞生产主要病害防治推荐农药使用方案

防治对象	防治时期	农药名称	使用量	使用方法	安全间隔期（d）
纹枯病	发生初期	240 g/L 噻呋酰胺悬浮剂	15 mL/亩～25 mL/亩	喷雾	21
注：农药使用应以最新版本 NY/T 393 的规定为准。					

绿 色 食 品 生 产 操 作 规 程

GFGC 2024A278

江苏地区
绿色食品甜荞生产操作规程

2024-07-04 发布　　　　　　　　　　　　　　　　　2024-08-01 实施

中国绿色食品发展中心　发布

前言

本规程由中国绿色食品发展中心提出并归口。

本规程主要起草单位：江苏省绿色食品办公室、江苏省绿色食品协会、南京市溧水区农业农村局、中国绿色食品发展中心。

本规程主要起草人：孙玲玲、李阳、杭祥荣、羊雪萍、范正辉、张永青、周兴路、倪婕妍、孔燕、马雪。

江苏地区绿色食品甜荞生产操作规程

1 范围

本规程规定了江苏地区绿色食品甜荞的产地环境、品种选择与种子处理、整地与基肥、播种、田间管理、肥水管理、病虫害防治、收获与脱粒清选、储存包装运输、生产废弃物处理及生产档案管理。

本规程适用于江苏地区绿色食品甜荞的生产。

2 规范性引用文件

下列文件中的内容通过文中的规范性引用而构成本规程必不可少的条款。其中，注日期的引用文件，仅该日期对应的版本适用于本规程；不注日期的引用文件，其最新版本（包括所有的修改单）适用于本规程。

GB 4404.3　粮食作物种子　第3部分：荞麦
NY/T 391　绿色食品　产地环境质量
NY/T 393　绿色食品　农药使用准则
NY/T 394　绿色食品　肥料使用准则
NY/T 658　绿色食品　包装通用准则
NY/T 894　绿色食品　荞麦及荞麦粉
NY/T 1056　绿色食品　储藏运输准则
NY/T 1118　测土配方施肥技术规范

3 产地环境

产地环境条件应符合 NY/T 391 的要求。种植区应选择生态条件良好、无污染的地区，远离工矿区、公路与铁路干线，避免受到工业和城市污染源的影响。应与常规生产区域之间设置有效的缓冲带或物理屏障。土壤应选择有机质丰富、结构良好、养分充足、保水能力强和通气性良好的壤土，土壤 pH 值 5.5～6.5，旱能灌、涝能排，黏土或偏碱性的土壤不宜种植。甜荞轮作中，前茬应选择豆类、花生、蔬菜和玉米等。

4 品种选择与种子处理

4.1 品种选用

应选用已经鉴（认）定推广并经生产实践认可的高产优质、抗倒伏能力强、抗逆能力强、适于本地气候条件的优良甜荞品种，如苏荞 1 号、苏荞 2 号、纯甜 1 号、纯甜 2 号等。种子质量应符合 GB/T 4404.3 的要求。

4.2 种子处理

播前选择晴天，连续晾晒 2 d～3 d。可用 0.1%～0.5%硼酸溶液、5%～10%草木灰浸出液或 40 ℃温水浸种 15 min，晾干待播。草木灰浸出液即 1 kg～5 kg 草木灰在水中浸泡 1 d～2 d，播前将草木灰水与灰渣混匀，按 10 kg 种子加 1 kg 草木灰浸出液的用量拌种，拌种后堆闷 3 h～4 h，待种子不黏即可播种。

5 整地与基肥

5.1 整地

前茬收获后及时灭茬，深耕 20 cm～40 cm，整地作畦。畦面要求平整细实、上散下实，畦宽 3 m～5 m，畦沟宽 30 cm 左右、畦沟深 25 cm 以上。

5.2 基肥

以农家肥为主，一般每亩施入腐熟农家肥 1 000 kg～1 500 kg、尿素 5 kg～7 kg、过磷酸钙 15 kg～20 kg、硫酸钾 1 kg～2 kg，施用量视地力水平和具体情况而定，全部农家肥、磷肥、钾肥及 90%的氮肥作为基肥一次施入。

6 播种

6.1 播种期

甜荞播期应避开霜冻，并使开花期避开高温酷暑季节。甜荞生育期较短，可根据主作物生育期搭配种植。春播甜荞宜在 3 月中下旬播种。秋播甜荞宜在 8 月中下旬完成播种，到早霜来临前能正常成熟为最好。

6.2 播种深度

一般播深 3 cm～5 cm，根据土壤墒情适当浅播。

6.3 播种方式

主要播种方式为条播、撒播。

6.3.1 条播

在精细整地、施基肥的基础上，用播种机或耧播种，行距根据播种机具的性能，设置为20 cm～25 cm，也可采用 45 cm 与 20 cm 左右的宽窄行。

6.3.2 撒播

撒播为甜荞常用的播种方法，用旋耕机旋耕后直接人工撒种。

6.4 播种量与密度

应根据土壤肥力、品种、种子发芽率、播种方式和群体密度确定播种量。高秆、多枝、小粒品种宜条播，播量宜少；矮秆、少枝、大粒品种宜撒播，播量宜多；高水肥地块播量宜少，瘠薄旱地播量宜多。一般每亩播量 2 kg～4 kg 种子，保苗 5 万株～10 万株。

7 田间管理

7.1 查苗补种

发现缺苗断垄，应立即补种补栽。缺苗严重，要进行催芽补种。

7.2 中耕除草

幼苗长出第一片真叶时，结合疏苗中耕 1 次。开花前再中耕 1 次，并进行培土。

7.3 辅助授粉

7.3.1 蜜蜂辅助授粉

在有放蜂条件的地方，荞麦开花前 2 d～3 d，每亩甜荞田安放蜜蜂 1 箱～2 箱，进行蜜蜂辅助授粉。

7.3.2 人工辅助授粉

在没有放蜂条件的地方，在甜荞盛花期，每隔 2 d～3 d 于上午 9 时—11 时用一块长 3 m～5 m、宽30 cm的布条，两头各系一条绳子，由两人各执一端，沿荞麦顶端轻轻拉过，晃动植株，人工辅助授粉。

8 肥水管理

8.1 施肥原则

遵循"持续发展、安全优质、化肥减控、有机肥为主"的施肥原则，肥料以经无害化处理的农家肥、有机肥、微生物肥为主，化学肥料为辅。肥料的使用应符合 NY/T 394 的规定。

8.2 施肥方法

采用测土配方施肥，根据 NY/T 1118 进行测土配方，因地制宜按土壤肥力状况和甜荞需肥特点，确定施肥量和肥料比例。农家肥要深施。

8.3 追肥

施基肥后剩余的10%氮肥与降雨相结合于开花前追施，在开花至结实前，可用0.5%磷酸二氢钾水溶液叶面喷施。

8.4 灌水

甜荞生产以当地旱作为主，需水主要靠自然降水。在有灌溉条件的地区，如遇干旱，应酌情灌水。在初花期、盛花期适量灌水，以免渍水烂根，如遇多雨或渍水现象，应注意排水。灌溉水质量应符合 NY/T 391 的要求。

9 病虫害防治

9.1 防治原则

坚持"预防为主、综合防治"的原则。以农业防治为基础，优先采用物理防治和生物防治措施，辅之使用化学防治措施。应使用高效、低毒、低残留的农药品种，药剂的选用应符合 NY/T 393 的规定。

9.2 常见病虫害

主要病害：褐斑病、轮纹病、霜霉病、立枯病。主要虫害：钩翅蛾、黏虫、蛴螬、金针虫。

9.3 防治措施

9.3.1 农业防治

针对当地主要荞麦病虫害，选用抗性较强的品种，实行合理轮作倒茬，秋季深翻晒土，清洁田园，及时拔除田间病株。

9.3.2 物理防治

实行日光晒种 2 d～3 d、温汤（55 ℃）浸种 15 min～20 min 杀菌；采用杀虫灯和黄板诱杀害虫，每20亩～25亩使用1盏杀虫灯，每亩使用25张～30张黄板，也可人工捕捉大龄害虫幼虫。

9.3.3 生物防治

利用瓢虫、食蚜蝇和草蛉等生物天敌自然控制害虫。

9.3.4 化学防治

农药的使用应符合 NY/T 393 的规定。

可使用 240 g/L 噻呋酰胺悬浮剂 15 mL/亩～25 mL/亩喷雾，防治纹枯病。病害防治推荐农药使用方案见附录A。

10 收获与脱粒清选

10.1 收获

甜荞群体植株 2/3 籽粒呈现黑褐色时，即为适宜收获期。收获时，应选阴天或早晨露水未干时进行。甜荞收获后应及时晾晒，一般荞麦籽粒的含水量应降至 13% 以下方可入库，宜低温储存。产品质量应符合 NY/T 894 的相关规定。

10.2 脱粒清选

达到水分≤13.5%、杂质≤1.0%、纯粮率≥97.0% 的要求。

11 储存、包装与运输

11.1 储存

籽粒晾晒至水分下降到 13% 后入库储藏。储藏温度 10 ℃～12 ℃，空气相对湿度 70%～80%，库内堆放应确保气流均匀畅通。储藏设施、周围环境、卫生、出入库、堆放等应符合 NY/T 1056 的要求。储藏设施应具有防虫、防鼠、防鸟的功能，储藏温度、湿度和通风等应符合要求。

11.2 包装与运输

包装材料应符合食品相关产品质量要求，包装应符合 NY/T 658 的要求，包装材料方便回收；运输工具和运输管理等应符合 NY/T 1056 的要求。应用专用车辆。运输用的车辆、工具、铺垫物等应清洁、干燥、无污染，不得与非绿色食品及其他有毒有害物品混装、混运。

12 生产废弃物处理

生产资料包装物使用后须当场收集或集中处理，不能引起环境污染。收获后的植株应粉碎还田，或将其收集整理后用于其他用途，不得在田间焚烧。

13 生产档案管理

建立绿色食品荞麦生产档案并妥善保存，以备查阅。应详细记录地块、产地环境条件、品种与种子来源、种植面积、肥料管理、病虫草害防治情况，以及收获、运输、仓储、包装等信息，并保存记录 3 年以上。

附 录 A
(资料性附录)
江苏地区绿色食品甜荞生产主要病害防治推荐农药使用方案

江苏地区绿色食品甜荞生产主要病害防治推荐农药使用方案见表 A.1。

表 A.1 江苏地区绿色食品甜荞生产主要病害防治推荐农药使用方案

防治对象	防治时期	农药名称	使用量	使用方法	安全间隔期（d）
纹枯病	发生初期	240 g/L 噻呋酰胺悬浮剂	15 mL/亩～25 mL/亩	喷雾	21
注：农药使用应以最新版本 NY/T 393 的规定为准。					

绿色食品生产操作规程

GFGC 2024A279

西南地区
绿色食品荞麦生产操作规程

2024-07-04 发布　　　　　　　　　　　　　　　　　　2024-08-01 实施

中国绿色食品发展中心　发布

前 言

本规程由中国绿色食品发展中心提出并归口。

本规程起草单位：四川省绿色食品发展中心、四川省农业科学院农业质量标准与检测技术研究所、中国绿色食品发展中心、南充市农业经济作物管理站、重庆市农产品质量安全中心、云南省绿色食品发展中心、西藏自治区绿色食品办公室、贵州省绿色食品发展中心。

本规程主要起草人：代天飞、郑业龙、杨晓凤、张宪、刘艳辉、闫志农、李炫颖、晏莉霞、毛雯、张海彬、张红蓉、曾顺友、王艳蓉、孟芳、刘海金、梁潇、王祥尊。

西南地区绿色食品荞麦生产操作规程

1 范围

本规程规定了西南地区绿色食品荞麦的产地环境、品种选择、整地播种、田间管理、采收、包装、生产废弃物处理、运输储藏和生产档案管理。

本规程适用于重庆市、四川省、贵州省、云南省、西藏自治区的绿色食品荞麦的生产。

2 规范性引用文件

下列文件中的内容通过文中的规范性引用而构成本规程必不可少的条款。其中，注日期的引用文件，仅该日期对应的版本适用于本规程；不注日期的引用文件，其最新版本（包括所有的修改单）适用于本规程。

GB 4404.3 粮食作物种子 第3部分：荞麦
NY/T 391 绿色食品 产地环境质量
NY/T 393 绿色食品 农药使用准则
NY/T 394 绿色食品 肥料使用准则
NY/T 658 绿色食品 包装通用准则
NY/T 1056 绿色食品 储藏运输准则

3 产地环境

3.1 环境条件

应符合 NY/T 391 的规定。

3.2 气候条件

生育期≥10 ℃的有效积温在1 000 ℃以上，年降水量200 mm～800 mm，海拔500 m～3 900 m。

3.3 基地选择

选择生态环境良好、无污染的地区，远离工矿区、公路与铁路主干线，避免受到污染；与常规生产区之间设置有效的缓冲带或物理屏障。荞麦忌连作，比较好的轮作前茬为豆类、花生、蔬菜和玉米等。

3.4 土壤条件

选择土层深厚、土质疏松、土壤肥沃、透气良好、pH值5.5～6.5的壤土或砂壤土。

4 品种选择

4.1 选择原则

应选择适宜本区域种植的高产、优质、抗逆性强、适应性广、商品性好的优良品种。种子质量应符合 GB 4404.3 的规定。

4.2 品种选用

选用通过国家或地方审定并成功示范的优质荞麦品种，如川荞1号、川荞2号、西荞1号、西荞2号、黔苦3号、黔苦5号、黔苦7号、黔威3号、云荞1号、云荞2号、迪苦2号等。

4.3 种子处理

4.3.1 晒种

播种前选择颗粒饱满、无病虫害、无杂质、成熟饱满、色泽正常的籽粒作种子，薄薄地摊在向阳干燥的地上或席上晒种，选择晴朗的天气，连续晒种 1 d～2 d，气温较高时晒 1 d 即可。

4.3.2 浸种

用 35 ℃～40 ℃温水浸 10 min～15 min，不断搅拌。或用 0.1%高锰酸钾溶液按药液：种子 = 2：1 的比例浸种。

5 整地播种

5.1 整地

前茬作物收获后及时浅耕灭茬，然后深耕。按照无作物秸秆、杂草的要求，将地块耙平，播种前做到地面平整。多雨季节，在地势低洼易积水之地或稻田种植荞麦，应作畦开沟排水，防治湿害。

5.2 播种

5.2.1 播种期

春播一般在 3 月下旬至 4 月下旬（清明前后），夏播一般在 6 月中下旬（夏至前后），秋播一般在 8 月上中旬至 9 月上旬（立秋前后）。

5.2.2 播种方式及密度

5.2.2.1 条播

条播以 5 m～6 m 开厢，播幅 13 cm～17 cm，空行 20 cm～25 cm。条播以南北垄为好。在中等肥力土壤，条播种植 12 万株/亩～15 万株/亩。春播，每亩播种 6 kg～7 kg；夏播，每亩播种 4 kg～5 kg；秋播，每亩播种 5 kg～6 kg。

5.2.2.2 点播

锄开穴后人工点籽，以 160 cm～200 cm 开厢，行距 25 cm～30 cm，窝距 15 cm～20 cm，每窝种 8 粒～10 粒，待出苗后每窝留苗 5 株～7 株。播种量为 4 kg/亩～6 kg/亩。有条件的地方，宜采用机械播种。

5.2.2.3 开厢匀播

厢宽 150 cm～200 cm，厢沟深 20 cm，宽 35 cm，播种均匀，播种量为 5 kg/亩。

6 田间管理

6.1 苗期管理

出苗后要采取积极的保苗措施，遇干旱要抗旱保苗，遇雨要开沟排湿。

6.2 中耕除草

中耕除草的次数和时间应根据地区、土壤、苗情及杂草的多少而定。第一次中耕除草在幼苗 6 cm～7 cm 时结合间苗疏苗进行。第二次中耕在荞麦封垄前进行，中耕深度 3 cm～5 cm。

6.3 灌溉

应根据不同生育期进行水分管理。春荞麦多种植在干旱坡地，主要依靠自然降水。夏、秋荞麦种植区在开花期如遇干旱，应进行灌溉以满足作物的水分需求，灌水量 20 m³/亩～30 m³/亩。

6.4 打叶防倒

6.4.1 打叶的长势标准

荞麦现蕾前后，植株 5 片～7 片真叶，株高 30 cm 以上，叶片大且浓绿、密集，行间遮光严重，茎叶柔软多汁，是旺苗现象，须进行打叶。

6.4.2 打叶标准和时间

植株上部 2 片～3 片大叶须打去，每隔 5 d～6 d 打叶一次，通常打叶 2 次～3 次，旺苗现象严重可适当增加打叶次数。

6.5 施肥

6.5.1 基本原则

施肥以"有机肥为主，化肥为辅""基肥为主，追肥为补"为原则。肥料施用应符合 NY/T 394 的规定。荞麦忌氯，不能施用含氯的肥料。

6.5.2 基肥施用

基肥施用量应根据地力基础、产量指标、肥料质量、种植密度、荞麦品种和当地气候特点科学掌握。基肥应以有机肥为主，一般以商品有机肥 1 000 kg/亩～1 500 kg/亩或腐熟农家肥 2 000 kg/亩～3 000 kg/亩，过磷酸钙 30 kg/亩～50 kg/亩和尿素 2 kg/亩～3 kg/亩作为基肥。

6.5.3 追肥施用

追肥应根据地力和苗势而定。地力差、基肥不足的种植区，在出苗后 20 d～25 d，封垄前须追肥；苗情长势健壮的可少追或不追；弱苗应及早追肥。追肥宜用尿素等速效氮肥，每亩追施尿素 2 kg～3 kg。追肥一般采用根外追肥或叶面喷施。无灌溉条件的地区应选择在阴雨天进行追肥。

6.6 病虫害防治

6.6.1 防治原则

坚持"预防为主，综合防治"的原则，优先采用农业防治、物理防治、生物防治措施，配合科学合理地使用化学防治。树立预防为主的病虫害理念，通过健身栽培，充分调动荞麦种植生态系统中有益生物、田间环境等对荞麦病虫害的自然控制作用。

6.6.2 常见病虫害

6.6.2.1 常见病害有立枯病、轮纹病、褐斑病、纹枯病等。

6.6.2.2 常见虫害有黏虫、蚜虫、钩刺蛾、二纹柱萤叶甲、草地螟虫等。

6.6.3 防治措施

6.6.3.1 农业防治

选用抗病性和适应性强的优良荞麦品种，实行合理轮作，深翻土壤，科学施肥，合理密植，及时清除田间病株，减少病害发生。施用生物有机肥有效降低真菌病害的发生。

6.6.3.2 物理防治

使用频振式杀虫灯、黑光灯、黄板、蓝板等物理设备和性诱剂诱杀蚜虫等密集且大量的害虫。根据监测情况，在种植区采摘害虫卵块。幼虫发生密度大时，可将幼虫振落到地上集中消灭。

6.6.3.3 生物防治

保护和利用寄生蜂、捕食螨、瓢虫和草蛉等生物天敌有效降低蚜虫、螨类等荞麦害虫的发生。使用真菌及真菌提取物、细菌及细菌提取物等防治荞麦病虫害。

6.6.3.4 化学防治

加强病虫害的测报，及时掌握病虫害的发生动态，选用低毒、低残留的农药，优先选用生物农药，针对病虫害应掌握防治施药时机、安全间隔期和施药次数，减少农药用量。农药使用应严格按照 NY/T 393 的规定执行，主要病害防治推荐农药使用方案见附录 A。

7 采收

7.1 采收时间

春播荞麦一般在 6 月—7 月收获，夏播荞麦一般在 8 月—9 月收获，秋播荞麦一般在 10 月—11 月收获，最迟应在霜前结束。采收应尽量选在阴天或早晨露水未干时，或雨后空气湿度大时为宜。

7.2 采收标准
荞麦群体植株70%籽粒呈本品种成熟色泽时，即可适时采收。

7.3 采收方法
人工收割。收割的植株应就近小把中空竖立放置3 d～4 d，以防止籽粒霉烂，并有利于未成熟籽粒进行后熟。选择晴天进行脱粒，防止落粒。脱粒前后尽可能减少搬运次数。

7.4 采后处理
脱粒后及时晾晒、清除杂质，入库时含水量以9%～13%为宜，最高不得超过15%。

8 包装
包装材料应清洁、牢固、无毒、无污染、无异味，安全卫生应符合NY/T 658的规定。

9 生产废弃物处理
生产过程中使用的农药、肥料等投入品外包装等应集中收集处理，废弃物处理应符合相关管理办法和法律法规；植株残体和杂草应及时清理干净，集中堆沤充分发酵后作为有机肥还田，增加土壤有机质，也可回收利用，禁止焚烧。

10 运输储藏

10.1 运输
运输管理应符合NY/T 1056的规定。运输工具应保持清洁卫生，运输要求轻装轻卸、装载适量、运行平稳；运输过程中要通风散热，注意防冻、防晒、防雨淋，保持适当的温度和湿度，严禁与有害物品混装、混运。

10.2 储藏
储藏设施、周围环境、卫生条件、出入库、堆放方式等应符合NY/T 1056的规定。荞麦籽粒的含水量降至13%以下后低温储藏。荞麦应新鲜、完好、洁净、无损坏。储藏场所应避光、干燥、无虫鼠害，地势相对较高，通风条件良好。

11 生产档案管理
建立绿色食品荞麦生产档案。建立农药、肥料等投入品采购、出入库、使用档案，包括投入品成分、来源、使用方法、使用量、使用时间、使用人等信息。建立农事操作管理档案，包括基地建立、品种选择、植保措施、土肥管理、收获、储藏运输等信息。绿色食品生产档案保存3年以上。

附 录 A
(资料性附录)
西南地区绿色食品荞麦生产主要病害防治推荐农药使用方案

西南地区绿色食品荞麦生产主要病害防治推荐农药使用方案见表 A.1。

表 A.1 西南地区绿色食品荞麦生产主要病害防治推荐农药使用方案

防治对象	防治时期	农药名称	使用量	使用方法	安全间隔期（d）
纹枯病	发生初期	240 g/L 噻呋酰胺悬浮剂	15 mL/亩～25 mL/亩	喷雾	21
注：农药使用应以最新版本 NY/T 393 的规定为准。					

绿色食品生产操作规程

GFGC 2024A280

蒙吉黑地区
绿色食品燕麦生产操作规程

2024-07-04 发布　　　　　　　　　　　　　　　　2024-08-01 实施

中国绿色食品发展中心　发布

前　言

本规程由中国绿色食品发展中心提出并归口。

本规程起草单位：黑龙江省绿色食品发展中心、黑龙江八一农垦大学、东北农业大学、内蒙古自治区农畜产品质量安全中心、吉林省绿色食品办公室、黑龙江省标检产品检测有限公司、中国绿色食品发展中心。

本规程主要起草人：孙德生、薛盈文、胡广欣、崔佳欣、刘化龙、李乔、李妍、王然、卓超、李玥惠、郭伟、孙世德、王焕群、宋剑锐、云岩春、相洋、贾楠、潘鹏、王俊飞。

GFGC 2024A280

蒙吉黑地区绿色食品燕麦生产操作规程

1 范围

本规程规定了蒙吉黑地区绿色食品燕麦的产地环境、品种选择、整地播种、田间管理、收获、生产废弃物处理、运输储藏及生产档案管理。

本规程适用于内蒙古自治区东部、吉林省和黑龙江省绿色食品燕麦的生产。

2 规范性引用文件

下列文件中的内容通过文中的规范性引用而构成本规程必不可少的条款。其中，注日期的引用文件，仅该日期对应的版本适用于本规程；不注日期的引用文件，其最新版本（包括所有的修改单）适用于本规程。

GB 4404.4　粮食作物种子　第4部分：燕麦
NY/T 391　绿色食品　产地环境质量
NY/T 393　绿色食品　农药使用准则
NY/T 394　绿色食品　肥料使用准则
NY/T 1056　绿色食品　储藏运输准则

3 产地环境

燕麦产地应符合 NY/T 391 的规定。生态环境良好，远离工矿区、公路铁路干线和生活区，避开污染源；地势平缓，避开低洼易涝区域，忌重茬、迎茬。

4 品种选择

4.1 选择原则

选择适宜本地区生态条件、种子外观完好、籽粒大小均匀、发芽率高、芽势齐的燕麦种子，种子质量应符合 GB 4404.4 的规定。

4.2 品种选用

内蒙古自治区推荐选用春性强、抗逆性强、中晚熟的大粒品种，如坝莜1号、坝莜14号、定莜9号等；吉林省推荐选用苗期耐高温、耐肥、秆强抗倒的早熟品种，如白燕2号、白燕8号、坝莜4号等；黑龙江省推荐选用耐密、秆强抗倒的早熟品种，如白燕2号、白燕5号、晋燕8号等。

4.3 种子处理

4.3.1 晒种

播种前1周，选择无风晴天晾晒种子2 d～3 d。

4.3.2 浸种

用55 ℃温水恒温浸种1 min；也可先用冷水预浸3 h，再用52 ℃温水恒温浸种5 min，放入冷水中冷却，沥干水后晾干。

5 整地播种

5.1 选地

前茬选择未使用长效除草剂的玉米、小麦、马铃薯、向日葵或杂粮，忌与禾本科作物重茬。

5.2 整地

内蒙古自治区宜采取少耕或免耕方式，可在春季播种期使用旋耕机作业，旋耕深度 10 cm～15 cm，耢平镇压后待播。

吉林省和黑龙江省的壤土区域，在前茬收获后，使用灭茬机秸秆还田，深翻 25 cm～30 cm，对角耙地 2 次，耢平后越冬，播前镇压 1 次；半干旱或沙化土区域，宜春播前旋耕 10 cm～15 cm，耢平待播。

整地前，基施发酵腐熟农家肥 500 kg/亩～1 000 kg/亩；播种前基施磷酸二铵 10 kg/亩～12 kg/亩，硫酸钾 4 kg/亩～5 kg/亩。

5.3 播种时间

适期早播，表土化冻 4 cm～5 cm，机械能进地作业即可播种。内蒙古自治区 3 月中旬至 5 月中旬播种；吉林省 3 月中旬至 3 月下旬播种；黑龙江省 3 月下旬至 4 月上旬播种。

5.4 播种量

根据地力情况和燕麦的产量目标确定播种量，一般情况下播种量为 8 kg/亩～10 kg/亩。

也可根据目标产量的保苗数量、发芽率和千粒重来确定播种量。

$$播种量（kg/亩）= \frac{保苗数量（万株/亩）\times 千粒重（g）}{发芽率（\%）\times 保苗率（\%）\times 1\,000 \times 1\,000}$$

5.5 播种方式

条播，行距 12 cm～15 cm，种肥分离，施肥深度 8 cm～10 cm。

5.6 播种质量

落种均匀、不重播、不漏播，播种深度和覆土厚度均匀一致；播种后随即镇压。

5.7 播种深度

镇压后，土层内的种子距离地表 3 cm～5 cm。

6 田间管理

6.1 苗期管理

出苗前，如遇短期降水造成表层土壤板结，应采取耙耢措施。三叶一心期，可视苗情长势，采取镇压作业（压青苗）。

6.2 灌溉

在三叶期、拔节期和开花期，如遇干旱，可以进行喷灌，灌溉量 40 m³/亩～50 m³/亩。

6.3 追肥

肥料施用应符合 NY/T 394 的规定。拔节期，在降雨或灌溉之前追施尿素 6 kg/亩～8 kg/亩。

6.4 病虫草害防治

6.4.1 防治原则

预防为主，综合防治。以保持和优化农业生态系统为基础；优先采用农业措施；尽量利用物理和生物措施；必要时合理使用低风险农药。

6.4.2 常见病虫草害

病害有坚黑穗病、散黑穗病、纹枯病、叶斑病和锈病等；虫害有蛴螬、金针虫、蚜虫、土蝗和黏虫等；杂草有藜、反枝苋、卷茎蓼、刺儿菜和酸模叶蓼等阔叶杂草，稗草、荩、野燕麦和雀麦等禾本科杂草。

GFGC 2024A280

6.4.3 防治措施
6.4.3.1 农业防治
对于病害的防治，采取 3 年以上轮作、施用充分腐熟的农家肥、增施磷钾肥、重施基肥、选用抗病品种、合理密植、及时拔除病株等措施。

对于虫害的防治，采取秋整地、清除田间杂草等措施。

对于草害的防治，采取适时早播、缩小行距、增加播种均匀度等措施。

6.4.3.2 物理防治
虫害发生期在田间悬挂 30 cm × 20 cm 黄色粘虫板 30 块/亩～40 块/亩诱杀蚜虫；应用糖醋液、杀虫灯诱杀黏虫成虫及地下害虫成虫。

6.4.3.3 生物防治
创造有利于天敌生存的环境条件，利用七星瓢虫、寄生蜂、草蛉、食蚜蝇等自然天敌防控蚜虫。

6.4.3.4 化学防治
化学用药应符合 NY/T 393 的规定。主要病害防治推荐农药使用方案见附录 A。

7 收获

7.1 收获时间
蜡熟中后期，即可收获。

7.2 收获方法
选择无露水、晴朗天气，采用机械或人工方式收获。

7.3 收获后处理
收获后及时晾晒、脱粒。脱粒后进行清选、晾晒，籽粒含水量降至 13% 以下入库。

8 生产废弃物处理

8.1 资源化处理
机械收获抛洒的燕麦秸秆可以打包用作饲料，燕麦残茬可以在翌年春播前进行旋耕灭茬还田。

8.2 无害化处理
农业投入品的包装废弃物应回收，交由有资质的部门或网点集中处理，不得随意弃置、掩埋或焚烧。

9 运输储藏

常规储藏时，夏季库房温度不宜超过 30 ℃，其他季节温度要控制在 20 ℃ 以下。当空气相对湿度在 70% 以下、外界温度低于籽粒堆内温度 5 ℃ 时，应采取通风措施。储藏设施、周围环境、卫生管理、出入库、堆放等应符合 NY/T 1056 的规定。

运输工具应清洁、卫生、通风，严防日晒雨淋，不应与有毒、有害的物品混运混存，应符合 NY/T 1056 的规定。

10 生产档案管理

要建立绿色食品燕麦生产档案，记录产地环境条件、生产技术、肥水管理、病虫草害发生与防治、收获、运输储藏等情况，档案应保存 3 年以上。

附 录 A
（资料性附录）
蒙吉黑地区绿色食品燕麦生产主要病害防治推荐农药使用方案

蒙吉黑地区绿色食品燕麦生产主要病害防治推荐农药使用方案见表A.1。

表 A.1 蒙吉黑地区绿色食品燕麦生产主要病害防治推荐农药使用方案

防治对象	防治时期	农药名称	使用量	使用方法	安全间隔期（d）
白粉病	发病初期	29%石硫合剂水剂	35倍液	喷雾	
	发病初期	45%石硫合剂结晶粉	150倍液	喷雾	
赤霉病	发生初期	40%多菌灵可湿性粉剂	125 g/亩	喷雾，泼浇	28
锈病	发病初期	80%代森锌可湿性粉剂	80 g/亩～120 g/亩	喷雾	21
黑穗病	发病初期	36%甲基硫菌灵悬浮剂	1 000倍液～2 000倍液	浸种	30
注：农药使用应以最新版本NY/T 393的规定为准。					

绿色食品生产操作规程

GFGC 2024A281

冀晋蒙地区
绿色食品燕麦生产操作规程

2024-07-04 发布   2024-08-01 实施

中国绿色食品发展中心   发布

GFGC 2024A281

前 言

本规程由中国绿色食品发展中心提出并归口。

本规程起草单位：张家口市农业科学院、河北省农产品质量安全中心、山西省农产品质量安全中心、内蒙古自治区农畜产品质量安全中心、张家口市农业环境与农产品质量管理站、承德市农产品加工服务中心、张家口市万全区农业农村局、康保县农业农村局、围场县农业农村局、承德县农业农村局、河北康希燕麦食品有限公司、张家口皇世食品有限公司、中国绿色食品发展中心。

本规程主要起草人：张新军、赵发辉、刘伯洋、周海涛、敖奇、郝贵宾、李刚、徐华苹、郭秀丽、李紫姝、付艳慧、肖占国、王斌成、刘伟、杨长宏、侯跃彬、王江、宋晓。

冀晋蒙地区绿色食品燕麦生产操作规程

1 范围

本规程规定了冀晋蒙地区绿色食品燕麦的产地环境、品种选择、整地播种、田间管理、收获、生产废弃物处理、储藏包装运输及生产档案管理。

本规程适用于河北省、山西省、内蒙古自治区中部地区绿色食品燕麦的生产。

2 规范性引用文件

下列文件中的内容通过文中的规范性引用而构成本规程必不可少的条款。其中，注日期的引用文件，仅该日期对应的版本适用于本规程；不注日期的引用文件，其最新版本（包括所有的修改单）适用于本规程。

GB 4404.4　粮食作物种子　第4部分：燕麦
NY/T 391　绿色食品　产地环境质量
NY/T 393　绿色食品　农药使用准则
NY/T 394　绿色食品　肥料使用准则
NY/T 658　绿色食品　包装通用准则
NY/T 892　绿色食品　燕麦及燕麦粉
NY/T 1056　绿色食品　储藏运输准则

3 产地环境

产地环境条件应符合 NY/T 391 的规定。选择在生态环境良好的地区种植，远离工矿区、公路干线、铁路干线和生活区，避开污染源，土壤为 pH 值 5.5～8.0 的壤质或轻壤质土，年降水量≥300 mm，全生育期日照时数 750 h～850 h，生育期≥5 ℃的积温为 1 300 ℃～2 100 ℃。

4 品种选择

4.1 选择原则

根据冀晋蒙燕麦产区的生态条件，选用适宜当地区域种植的优质、抗病、抗旱、丰产品种。

4.2 品种选用

裸燕麦品种可选用"冀张莜"系列品种、"花育"系列品种、"坝莜"系列品种、"内燕"系列品种、"燕科"系列品种、"晋燕"系列品种等；皮燕麦品种可选用"冀张燕"系列品种、"冀百燕"系列品种、"坝燕"系列品种、"蒙燕"系列品种等。种子质量应符合 GB 4404.4 的要求，纯度不低于 99.0%，净度不低于 98.0%，发芽率不低于 85.0%，水分不高于 13.0%。

4.3 种子处理

播种前进行种子精选，采用机械或人工方法，选择有光泽、粒大、饱满、无虫蛀、无霉变、无破损的种子，剔除碎粒、秕粒、杂质等。播前进行晒种，选择晴朗无风天摊晒 3 d～4 d，种子摊放厚度为 3 cm～5 cm，以达到杀菌、提高发芽势的效果。

5 整地播种

5.1 选地

选择土层深厚、土壤疏松、肥力中下等的旱平地或缓坡地种植，不宜选择土壤黏重的下湿滩、盐碱地种植。

5.2 整地

5.2.1 整地要求

以机械翻耕为主，深耕细耙，耕耙配套，提高整地质量。采用深耕机隔年深翻耕，以破除犁底层，增加土壤蓄水能力；或选用旋耕、浅耕或少免耕种植，对旋耕后的麦田，必须进行一次耙地或镇压作业。连续多年采取少免耕或旋耕播种的麦田，每3年～4年机械耕翻一次，耕深35 cm以上，打破犁底板结层。耕深一致，不漏耕，耕透耙透，无明暗坷垃，无较大的残株、残茬，达到上松下实的效果，耕后复平。

5.2.2 基肥

结合整地施基肥。根据土壤肥力基础和肥料质量确定施肥量和比例，施用优质腐熟的农家肥 1 500 kg/亩～2 500 kg/亩、三元复合肥（N-P-K为15-15-15）10 kg/亩～15 kg/亩作为基肥。肥料使用应符合NY/T 394的规定。

5.3 播种

5.3.1 播期

在保证播种质量的前提下，适期播种。晚熟品种宜在5月中旬播种，中熟品种宜在5月下旬播种，早熟品种宜在6月上旬播种。遇土壤墒情合适时，可抢墒播种。

5.3.2 播种方式

可采用机械或人工播种，播种方式可选择撒播、等行距条播、小垄密植、宽幅播种等，播种深度以种子距地表3 cm～5 cm为宜。

5.3.3 播种质量

播种要做到不重播、不漏播，深浅一致，覆土严密，播后及时镇压。

5.3.4 播种量和密度

根据地力、生产条件、品种特性、播期和田间出苗率（80%～90%）确定播种量，一般播种量为10 kg/亩～15 kg/亩，基本苗控制在25万株/亩～35万株/亩。

5.3.5 种肥

结合播种亩施5 kg～8 kg磷酸二铵作为种肥（N含量为0.9 kg～1.44 kg，P_2O_5含量为2.3 kg～3.68 kg）。

6 田间管理

6.1 灌溉

灌溉水应符合NY/T 391的规定。在出苗期、开花期和灌浆期如遇干旱，有灌水条件的地块应及时灌溉，做到一次灌足浇透，耕作层土壤含水量达到田间最大持水量的75%～80%，保证出苗整齐和灌浆饱满。

6.2 中耕除草

规模种植建议机耕机播，轮作灭草；人工小规模种植建议三叶一心期进行第一次人工中耕除草，要求浅锄、细锄，做到灭草不埋苗；五叶一心期进行第二次中耕，做到深锄，拔除大草。

6.3 病虫草害防治

6.3.1 常见病虫草害

常见病害有坚黑穗病、黄矮病等；常见虫害有蚜虫；常见草害有藜、反枝苋、马齿苋、马唐草、狗尾草、野稷、虎尾草、稗草等。

6.3.2 防治原则

贯彻"预防为主，综合防治"的植保方针。优先采用农业措施、物理措施。有害生物防治应符合 NY/T 393 的规定。

6.3.3 防治措施

6.3.3.1 农业防治

选用多抗品种和无病种子，合理轮作，合理密植和施肥，精细管理，培育壮苗，及时清除田间杂草，及时拔除田间病株集中销毁。

6.3.3.2 物理防治

采用杀虫灯、黄板、防虫网等诱杀和防治害虫。例如，每15亩设置一盏杀虫灯，每亩悬挂黄板20片左右（悬挂高度高于植株 15 cm～20 cm），防治蚜虫。

6.3.3.3 化学防治

主要病害防治推荐农药使用方案见附录 A。

7 收获

在蜡熟末期，当麦穗由绿变黄，上中部籽粒变硬，表现出籽粒正常的大小和色泽时进行割晒，3 d 后脱粒，或在完熟期根据天气情况采用联合收割机直接采收，收获时避开阴雨天气。收获的燕麦籽粒单收、单晒，选择无污染的晒场晾晒或采用烘干设备烘干，清除杂质。

8 生产废弃物处理

投入品包装物应集中回收，减少对环境的污染。副产品秸秆、麦糠等严禁焚烧、丢弃。因地制宜推广肥料化、饲料化、基料化、能源化和原料化应用。

9 储藏、包装与运输

9.1 储藏要求

储藏设施、周围环境、卫生管理、出入库、堆放等应符合 NY/T 1056 的规定。储藏设施应具有防虫、防鼠、防鸟的功能，屋面不漏雨，地面不返潮，墙体无裂缝，门窗能密闭，具有坚固、防潮、隔热、通风和密闭等性能。储藏时，应单运、单储藏，不得与有毒、有害、有异味和有腐蚀性的其他物质混合存放。籽粒饱满且无明显霉变，水分含量≤13.5%。产品应符合 NY/T 892 的规定。

9.2 防虫措施

可采用日晒杀虫。选择晴朗无风的天气，上午9时以后，将燕麦薄摊在晒场上进行晾晒，燕麦厚度不超过 10 cm，下午3时后将燕麦收拢，热闷 1 h～2 h 后入仓。

应做好清洁卫生工作。有虫燕麦与无虫燕麦严格分开储藏，防止交叉污染。保持储粮仓低温、干燥、清洁，并封堵全部洞、孔、缝隙。

9.3 防鼠措施

仓库的地基、墙壁、墙面、门窗、房顶和管道等，都做防鼠处理，所有的缝隙不超过 1 cm。在粮仓门口设立挡鼠板，工作人员出入仓库随手关门。仓库内保持整洁，及时将周围洒落的燕麦清理干净，死角处经常检查，使老鼠无法做窝。在合适位置设防鼠网、放置鼠夹、粘鼠板、捕鼠笼等防鼠器具，及时清理死鼠。

9.4 防潮措施

热入仓密闭储藏。燕麦入仓前，仓房、器材、工具和压盖物均须事先彻底消毒，充分干燥；入仓时做到粮热、仓热、工具和器材热；入仓后及时密闭仓房，防止发生结露现象。聚热缺氧杀虫过程结束后，进行自然通风或机械通风，充分散热除湿，经常翻动粮面或开沟，防止后熟期间可能引起的水分分层和上层"结顶"现象。

9.5 包装与运输

包装和运输应符合 NY/T 658 的规定。所用包装材料或容器应采用单一材质、方便回收或可生物降解的材料。运输应符合 NY/T 1056 的相关规定。在运输过程中禁止与其他有毒有害、易污染环境的物质一起运输，以防污染。

10 生产档案管理

建立绿色食品燕麦生产档案，主要包括地块档案、整地记录、播种记录、灌溉情况记录、施肥情况记录、病虫草害防治记录、收获记录、储运记录，以及生产投入品采购、入库、出库、使用记录等。生产档案保存 3 年以上。

附 录 A
（资料性附录）
冀晋蒙地区绿色食品燕麦生产主要病害防治推荐农药使用方案

冀晋蒙地区绿色食品燕麦生产主要病害防治推荐农药使用方案见表A.1。

表 A.1 冀晋蒙地区绿色食品燕麦生产主要病害防治推荐农药使用方案

防治对象	防治时期	农药名称	使用量	使用方法	安全间隔期（d）
白粉病	发病初期	29%石硫合剂水剂	35倍液	喷雾	
	发病初期	45%石硫合剂结晶粉	150倍液	喷雾	
赤霉病	发生初期	40%多菌灵可湿性粉剂	125 g/亩	喷雾，泼浇	28
锈病	发病初期	80%代森锌可湿性粉剂	80 g/亩～120 g/亩	喷雾	21
黑穗病	发病初期	36%甲基硫菌灵悬浮剂	1 000倍液～2 000倍液	浸种	30
注：农药使用应以最新版本NY/T 393的规定为准。					

绿 色 食 品 生 产 操 作 规 程

GFGC 2024A282

陕甘宁等地区
绿色食品燕麦生产操作规程

2024-07-04 发布　　　　　　　　　　　　　　　　2024-08-01 实施

中国绿色食品发展中心　发布

前 言

本规程由中国绿色食品发展中心提出并归口。

本规程起草单位：甘肃省农业科学院畜草与绿色农业研究所（甘肃省农业科学院农业质量标准与检测技术研究所）、甘肃省绿色食品办公室、甘肃省定西市农业科学院、宁夏农林科学院固原分院、青海省畜牧兽医科学院、甘肃农业大学草业学院、甘肃省环县农业技术推广中心、陕西省农产品质量安全中心、宁夏回族自治区农产品质量安全中心、青海省绿色有机农产品推广服务中心、青海绿青新农牧科技有限公司、中国绿色食品发展中心。

本规程主要起草人：李瑞琴、满润、杨富海、于安芬、刘彦明、常克勤，赵桂琴、贾志峰、范荣、郭鹏、王珏、蒋晨阳、许文艳、焦洁、韩明梅、陶彩虹、张宪。

GFGC 2024A282

陕甘宁等地区绿色食品燕麦生产操作规程

1 范围

本规程规定了陕甘宁等地区绿色食品燕麦的产地环境、品种选择、整地播种、田间管理、收获、生产废弃物处理、包装储藏运输和生产档案管理。

本规程适用于陕西省、甘肃省、宁夏回族自治区、青海省绿色食品燕麦的生产。

2 规范性引用文件

下列文件中的内容通过文中的规范性引用而构成本规程必不可少的条款。其中，注日期的引用文件，仅该日期对应的版本适用于本规程；不注日期的引用文件，其最新版本（包括所有的修改单）适用于本规程。

GB/T 4404.4 粮食作物种子 第4部分：燕麦
NY/T 391 绿色食品 产地环境质量
NY/T 393 绿色食品 农药使用准则
NY/T 394 绿色食品 肥料使用准则
NY/T 658 绿色食品 包装通用准则
NY/T 892 绿色食品 燕麦及燕麦粉
NY/T 1056 绿色食品 储藏运输准则

3 产地环境

产地环境应符合 NY/T 391 的规定。选择生态环境良好、周围无环境污染源，地势平坦、土层深厚、土壤疏松、有机质含量高、排水良好的田块。前茬以豆类最好，马铃薯、胡麻、谷子、小麦、玉米次之，不宜重茬。生育期≥10 ℃的有效积温在1 200 ℃以上。

4 品种选择

4.1 选择原则

选择适宜当地种植条件的抗病、抗倒伏、结实集中、耐旱性强、适应性广的优质、高产、稳产燕麦品种。种子质量应符合 GB/T 4404.4 的要求。

4.2 品种选用

根据种植区域、生长特点和市场需求，选用经生产实践认可的优良品种。推荐使用白燕2号、白燕7号、晋燕4号、晋燕8号、蒙燕2号、宁莜1号、固燕1号、定莜3号、定莜8号、定莜9号、燕科1号、坝莜1号、坝莜8号、青莜3号、青引1号、青海444、高燕16号、加燕2号、林纳等裸燕麦和粮用皮燕麦品种。

4.3 种子处理

选用饱满、整齐、纯度高的种子，剔除碎粒、秕粒、杂质等。播种前1周，选择无风晴天摊开晾晒2 d～3 d，温汤浸种，提高种子发芽率、杀灭种子表面的病原菌。

5 整地播种

5.1 整地施肥

前茬作物收获后及时深耕灭茬，耕深20 cm～30 cm，遇雨耙糖。冬春期间进行封冻镇压和顶凌镇压。早春播前适时浅翻浅耕，同时施入腐熟有机肥 1 000 kg/亩～3 000 kg/亩、磷酸二铵 10 kg/亩～15 kg/亩、过磷酸钙 35 kg/亩～50 kg/亩。肥料的使用应符合 NY/T 394 的规定。

5.2 播种

5.2.1 播种期

耕作层地温稳定在 5 ℃ 以上时即可播种。适宜播期为 3 月中旬至 5 月上旬。

5.2.2 播种量与密度

裸燕麦：干旱地播种量 6 kg/亩～8.0 kg/亩，保苗 15 万株/亩～18 万株/亩；二阴地播种量 8 kg/亩～10 kg/亩，保苗 18 万株/亩～22 万株/亩。粮用皮燕麦：干旱地播种量 10.0 kg/亩～12.5 kg/亩，保苗 21 万株/亩～25 万株/亩；二阴地播种量 12 kg/亩～15 kg/亩，保苗 25 万株/亩～30 万株/亩。

5.3 播种方式

5.3.1 条播

采用机械条播。抢墒播种，播种深度 5 cm～6 cm，早播和墒情不好的适当深播，特别是干旱时可适当深播至湿土层，深耕浅埋，留沟不糖。晚播和墒情好的适当浅播。

5.3.2 穴播

采用全膜覆土机械穴播，播种深度 3 cm～5 cm，行距 15 cm～20 cm，穴距 12 cm，每穴 6 粒～8 粒。保苗 30 万株/亩～35 万株/亩。

6 田间管理

6.1 苗期管理

播后及时耙糖。出苗前如遇雨雪地面发生板结时，及时耙松破除。

6.2 中耕除草

苗期根据墒情中耕，除草、松土。二叶期至三叶期进行第一次中耕除草，达到中耕灭草不埋苗；四叶期至五叶期进行第二次中耕除草，耕深 3 cm～5 cm。

6.3 追肥

分蘖或拔节期，结合降雨或灌溉追施尿素 5 kg/亩～8 kg/亩。抽穗期叶面喷施 0.2% 磷酸二氢钾水溶液 40 kg/亩～50 kg/亩。

6.4 病虫害防治

6.4.1 防治原则

坚持"预防为主，综合防治"的植保方针，加强病虫害预测预报，以农业防治、物理防治、生物防治为主，辅助使用化学防治。

6.4.2 常见病虫害

主要病害：坚黑穗病、红叶病、锈病、白粉病等。主要虫害：蚜虫、黏虫等。

6.4.3 防治措施

6.4.3.1 农业防治

选用抗病品种，采用无病留种田防控燕麦坚黑穗病；合理布局，轮作倒茬；适期播种，增施有机肥；培育壮苗，加强田间管理；清除杂草，减少害虫在田间产卵；及时拔除田间中心病株或害虫零星为害株。做到早发现、早防除。

6.4.3.2 物理防治

种子处理，采用温汤浸种或羊粪碾碎成粉状拌种防治燕麦坚黑穗病；利用害虫的趋光性及害虫对色泽的趋性进行诱杀。选用频振式杀虫灯诱杀黏虫等害虫的成虫，相邻 2 个杀虫灯间隔 150 m。

6.4.3.3 生物防治

尽可能减少农药使用量和使用次数，保护和利用七星瓢虫、寄生蜂、草蛉、食蚜蝇等自然天敌防控蚜虫，燕麦红叶病通过使用生物农药防蚜治病；创造有利于天敌生存的环境条件，充分发挥天敌控制害虫的作用。

6.4.3.4 化学防治

化学防治用药应符合 NY/T 393 的规定。选用已登记农药，严格控制用药量及安全间隔期，注意交替用药，合理混用。主要病害防治推荐农药使用方案见附录 A。

7 收获

7.1 收获时间

当燕麦秸秆变黄，整株叶片褪绿，上中部籽粒变硬，表现出品种籽粒正常的大小和色泽，进入黄熟时进行收获。

7.2 收获方法

选择无露水、晴朗天气，采用机械或人工方式收获。收获过程中，做到防杂保纯。

7.3 收获后处理

收获后及时晾晒、脱粒。脱粒后进行清选、晾晒，籽粒含水量降至 13% 以下方可入库。产品质量应符合 NY/T 892 的要求。

8 生产废弃物处理

8.1 资源化处理

机械收割的麦衣就地还田，秸秆用作饲草。

8.2 无害化处理

农业投入品的包装废弃物应回收，交由有资质的部门或网点集中处理，不得随意弃置、掩埋或焚烧。

9 包装、储藏与运输

9.1 包装

符合 NY/T 658 的要求。

9.2 储藏

符合 NY/T 1056 的要求。产品应离地、离墙储存于清洁、阴凉、通风、干燥、无异味的库房内，不得与有毒有害、有异味、发霉及其他污染物混存混放，并且配备有防鸟、防鼠、防虫、防潮、防火、防霉烂等设施及措施。

9.3 运输

符合 NY/T 1056 的要求。运输工具必须保持清洁、卫生、干燥，有防尘、防雨设施，严禁与有毒、有害、有腐蚀性、易挥发或有异味的物品混运；运输过程应防暴晒、雨淋、受潮等。

10 生产档案管理

建立绿色食品燕麦生产档案。记录产地环境条件、生产技术、肥水管理、病虫害的发生和防治、采收及采后处理等情况，以及其他田间管理操作措施及相关质量追溯等。所有记录应真实、准确、规范，并具有可追溯性。生产档案应由专人保管，保存 3 年以上。

附 录 A
（资料性附录）
陕甘宁地区绿色食品燕麦生产主要病害防治推荐农药使用方案

陕甘宁地区绿色食品燕麦生产主要病害防治推荐农药使用方案见表 A.1。

表 A.1 陕甘宁地区绿色食品燕麦生产主要病害防治推荐农药使用方案

防治对象	防治时期	农药名称	使用量	使用方法	安全间隔期（d）
白粉病	发病初期	29%石硫合剂水剂	35 倍液	喷雾	
	发病初期	45%石硫合剂结晶粉	150 倍液	喷雾	
赤霉病	发生初期	40%多菌灵可湿性粉剂	125 g/亩	喷雾，泼浇	28
锈病	发病初期	80%代森锌可湿性粉剂	80 g/亩～120 g/亩	喷雾	21
黑穗病	发病初期	36%甲基硫菌灵悬浮剂	1 000 倍液～2 000 倍液	浸种	30
注：农药使用应以最新版本 NY/T 393 的规定为准。					

绿色食品生产操作规程

GFGC 2024A283

云贵川地区
绿色食品燕麦生产操作规程

2024-07-04 发布　　　　　　　　　　　　　　　　2024-08-01 实施

中国绿色食品发展中心　发布

前 言

本规程由中国绿色食品发展中心提出并归口。

本规程起草单位：云南省绿色食品发展中心、云南省农业科学院生物技术与种质资源研究所、云南省农业科学院农业环境资源研究所、曲靖市绿色食品发展中心、昆明市农产品质量安全中心、昭通市绿色食品发展中心、会泽县农业环境保护监测站、四川省绿色食品发展中心、四川省草业技术研究推广中心、贵州省绿色食品发展中心、毕节市农产品质量检验测试中心、中国绿色食品发展中心。

本规程主要起草人：李聪平、王莉花、钱琳刚、孙道旺、何成兴、王祥尊、卢白娥、杨永德、徐俊、江波、杨肖艳、周雪芳、吕硕、黄毅梅、田其东、周熙、李洪泉、陈量、申流柱、翟家胜、侯英、朱红英、袁莉、乔春楠。

GFGC 2024A283

云贵川地区绿色食品燕麦生产操作规程

1 范围

本规程规定了云贵川地区绿色食品燕麦的产地环境、品种选择、整地播种、田间管理、病虫害防治、采收、生产废弃物处理、包装、储藏、运输及生产档案管理。

本规程适用于云南省、贵州省和四川省绿色食品燕麦的生产。

2 规范性引用文件

下列文件中的内容通过文中的规范性引用而构成本规程必不可少的条款。其中，注日期的引用文件，仅该日期对应的版本适用于本规程；不注日期的引用文件，其最新版本（包括所有的修改单）适用于本规程。

GB 4404.4 粮食作物种子 第4部分：燕麦
GB/T 29890 粮油储藏技术规范
NY/T 391 绿色食品 产地环境质量
NY/T 393 绿色食品 农药使用准则
NY/T 394 绿色食品 肥料使用准则
NY/T 472 绿色食品 兽药使用准则
NY/T 658 绿色食品 包装通用准则
NY/T 755 绿色食品 渔药使用准则
NY/T 1056 绿色食品 储藏运输准则
NY/T 1118 测土配方施肥技术规范

3 产地环境

3.1 气候

燕麦全生育期气温≥0 ℃，有效积温1 350 ℃～1 500 ℃，有效光照时间≥680 h。

3.2 产地条件

应选择生态环境好、无污染、远离工矿区和公路铁路干线的地区。宜选择土壤结构良好、土质疏松肥沃、保水保肥能力强、灌排便利的地块。绿色食品和常规生产区域之间应设置有效的缓冲带或依托自然屏障隔离。产地环境应符合NY/T 391的要求。

4 品种选择

4.1 选择原则

根据生产适应性和市场需求，选用经国家或省级农作物品种审定委员会审定推广的优质、高产、抗逆性强的品种。

4.2 品种选用

云南地区可选用云燕1号、会燕1号、坝莜14号、坝莜9号、坝莜17号等品种；贵州地区可选用白燕2号、白燕3号、白燕11号等品种；四川地区可选用林纳、白燕7号、青莜3号、青引2号、青燕1号等品种。

5 整地播种

5.1 整地

整地要精细，土壤疏松，地面平整，土块细碎，耕翻深度一般以20 cm～30 cm为宜，土垡翻转完全，杂草、前茬残留、粪肥等全部翻埋土中。

5.2 施肥

肥料施用应符合NY/T 394的要求，以农家肥料、有机肥料、微生物肥料等有机肥为主、化学肥料为辅，在实行化肥减控原则的同时，遵循可持续发展和安全优质原则。结合整地施基肥，施用腐熟农家肥2 000 kg/亩～3 000 kg/亩、三元复合肥（N-P-K为15-15-15）30 kg/亩～50 kg/亩。有条件的可采用测土配方施肥，做到氮、磷、钾以及中量、微量元素合理搭配，测土配方施肥应符合NY/T 1118的要求。

5.3 种子处理

5.3.1 精选种子

采用机械或人工精选种子，选择粒大、饱满、无虫蛀、无霉变和无破损的种子，种子质量应符合GB 4404.4的要求。

5.3.2 种子消毒

播种前，将种子晾晒2 d～3 d。可用36%甲基硫菌灵1 000倍液～2 000倍液浸种，所用农药应符合NY/T 393的要求。

5.4 播种

5.4.1 播种期

春播：3月中下旬至5月上旬。

冬播：9月中下旬至11月上中旬。

5.4.2 播种量

海拔2 000 m以上的高寒山区播种量为8 kg/亩～10 kg/亩；海拔2 000 m以下的地区播种量为3 kg/亩～5 kg/亩。

5.4.3 播种方式

采用条播，行距为20 cm～25 cm，播种深度为3 cm～5 cm。

6 田间管理

6.1 水分管理

在有灌水条件的地块，如果遇到春旱，燕麦三叶期到分蘖期浇水1次，灌浆期浇水1次。无灌溉条件的地块，应加强中耕管理，雨前进行1次中耕。注意排水，防止倒伏。

6.2 追肥

结合燕麦生长发育情况施肥。视苗情可追施三元复合肥（N-P-K为15-15-15）10 kg/亩～12 kg/亩进行提苗。抽穗开花后可喷施磷酸二氢钾0.2 kg/亩。肥料施用应符合NY/T 394的要求。

6.3 中耕除草

燕麦出苗后，在二叶一心期至三叶期及时进行1次中耕除草，拔节期再除草1次。

7 病虫害防治

7.1 防治原则

坚持"预防为主，综合防治"的植保方针，优先采用农业防治、物理防治、生物防治方法，科学合理采用化学防治方法。加强燕麦病虫害的预测预报工作，及时掌握病虫害的发生情况。科学、综合、协调利用农业、物理、生物和化学防治等手段，有效控制病虫害为害。农药的选择和使用应符合 NY/T 393 的要求。

7.2 主要病虫害

主要病害有白粉病、锈病、赤霉病、黑穗病等；主要虫害有蚜虫、黏虫等。

7.3 防治措施

7.3.1 农业防治

选用丰产抗病性好的燕麦品种，轮作换茬，适期播种，合理施肥，培育壮苗，压低病原菌及虫口数量，减少初侵染源，增强燕麦的抗病虫能力。加强中耕除草，防治田间杂草。

7.3.2 物理防治

翻耕晒垡，阳光晒种。根据害虫趋光、趋化等行为习性，采用杀虫灯诱杀，黄板、蓝板诱杀等方法对燕麦害虫进行防治。

7.3.3 生物防治

保护利用燕麦田自然天敌食蚜蝇、瓢虫等防治蚜虫。创造有利于天敌生存的环境条件。

7.3.4 化学防治

根据燕麦病虫害发生规律进行化学防治，发病初期及早用药，不同农药交替使用，优先选用矿物源、植物源和生物源农药。严格控制施药量和施药次数，避免连续施用单一农药，可采取轮换使用或混用方式用药。主要病害防治推荐农药使用方案见附录 A。

8 采收

采用人工或收割机收获。春播或冬播燕麦，均在麦穗中上部籽粒进入蜡熟末期时即可收获。收获机械、器具应保持洁净、无污染。收获的燕麦籽粒应做到单收、单晒，选择无污染的晒场晾晒，清除杂质。采收时严格遵守农药安全间隔期要求。

9 生产废弃物处理

生产过程中产生的杂草及废弃秸秆进行集中堆沤腐熟发酵后用作肥料。农药、肥料等投入品包装物不得重复使用，使用后应集中收集并无害化处理。

10 包装

包装上应标明产品名称、绿色食品标志、生产者、产地、商标、规格、净含量、采收日期等，标识字体应清晰，应符合 NY/T 658 的规定。

11 储藏

11.1 储藏条件

燕麦籽粒收获后应及时去杂晾晒，当籽粒水分含量≤14%时入库储藏。库房应保持清洁、干燥、通风、无鼠、无虫，库房屋面不漏雨、地面不返潮、墙体无裂缝。储藏应符合 NY/T 1056 的要求。包装材料应方便回收或能生物降解，并符合 NY/T 658 的规定。

11.2 防鼠措施

仓库外围靠墙应设置一定数量的防鼠夹、粘鼠板、超声波驱鼠器或防鼠网等设施；仓库出入口和窗户设置挡鼠板或挡鼠网等设施。

11.3 防潮措施

仓库进行自然通风或机械通风，充分散热祛湿；采用防潮板防潮。

11.4 防虫措施

长期放置的燕麦，储藏过程中有害生物的防治应符合 NY/T 393、NY/T 472、NY/T 755 和 GB/T 29890 的要求。

12 运输

运输燕麦的车辆应专车专用，定期清洁、消毒，备有防雨设施。运输过程中注意通风换气，避免机械损伤。禁止与其他有毒、有害、有腐蚀性和有异味的物质一起混装混运。运输应符合 NY/T 1056 的要求。

13 生产档案管理

生产者应建立绿色食品燕麦生产档案，做好整个生产过程的全面记载，为生产活动追溯提供可查资料。详细记录产地环境选择、生产技术、肥水管理、病虫草害防治、采收、储藏、运输、销售等各环节所采取的具体措施。记录应真实准确，生产档案保存时间3年以上，做到农产品生产全程可追溯。

附　录　A
（资料性附录）
云贵川地区绿色食品燕麦生产主要病害防治推荐农药使用方案

云贵川地区绿色食品燕麦生产主要病害防治推荐农药使用方案见表 A.1。

表 A.1　云贵川地区绿色食品燕麦生产主要病害防治推荐农药使用方案

防治对象	防治时期	农药名称	使用量	使用方法	安全间隔期（d）
白粉病	发病初期	29%石硫合剂水剂	35 倍液	喷雾	
	发病初期	45%石硫合剂结晶粉	150 倍液	喷雾	
赤霉病	发生初期	40%多菌灵可湿性粉剂	125 g/亩	喷雾，泼浇	28
锈病	发病初期	80%代森锌可湿性粉剂	80 g/亩～120 g/亩	喷雾	21
黑穗病	发病初期	36%甲基硫菌灵悬浮剂	1 000 倍液～2 000 倍液	浸种	30
注：农药使用应以最新版本 NY/T 393 的规定为准。					

绿色食品生产操作规程

GFGC 2024A284

蒙吉黑地区
绿色食品洋葱生产操作规程

2024-07-04 发布

2024-08-01 实施

中国绿色食品发展中心　发布

前 言

本规程由中国绿色食品发展中心提出并归口。

本规程起草单位：黑龙江省绿色食品发展中心、东北农业大学、内蒙古自治区农畜产品质量安全中心、吉林省绿色食品办公室、黑龙江省标检产品检测有限公司、中国绿色食品发展中心。

本规程主要起草人：张晓红、王勇、王羡国、杨成刚、于铭、王勇男、秦蕾、任红立、刘凤娟、王然、董宇辰、李玥惠、陈曦、陶玥昕、辛威、云岩春、王超、郝贵宾、张海亮、张宪。

蒙吉黑地区绿色食品洋葱生产操作规程

1 范围

本规程规定了蒙吉黑地区绿色食品洋葱的产地环境、品种选择、播种育苗、整地定植、田间管理、采收、生产废弃物处理、运输储藏及生产档案管理。

本规程适用于内蒙古自治区东部、吉林省和黑龙江省绿色食品洋葱的生产。

2 规范性引用文件

下列文件中的内容通过文中的规范性引用而构成本规程必不可少的条款。其中，注日期的引用文件，仅该日期对应的版本适用于本规程；不注日期的引用文件，其最新版本（包括所有的修改单）适用于本规程。

NY/T 391　绿色食品　产地环境质量
NY/T 393　绿色食品　农药使用准则
NY/T 394　绿色食品　肥料使用准则
NY/T 1056　绿色食品　储藏运输准则

3 产地环境

产地环境应符合 NY/T 391 的规定。选择富含有机质、土壤耕作层深厚、地势平坦、水源充足、排灌方便、土壤 pH 值 6.0～7.5 的砂壤土或壤土，无霜期在 115 d 以上，年活动积温在 2 300 ℃ 以上，生长期每天日照时数在 14 h 以上的地域种植。

4 品种选择

4.1 选择原则

应选择优质、高产、抗病性强、耐储运、商品性能佳的长日照洋葱品种，生育期宜 115 d～130 d，鳞茎紧实度好，抗/耐紫斑病和软腐病等，储藏期达 60 d 以上。

4.2 品种选用

根据用途和市场需求，黄皮洋葱可选择优美、优越、欧耐达、KA007 等品种，红皮洋葱可选择红宝石、红鹰、红美、圣彤等品种。

5 播种育苗

5.1 苗床整地及施肥

应选择土质肥沃、透气性好、排溉方便、前茬未施用长残留性除草剂、2 年～3 年内未种植过百合科作物、土壤 pH 值 6.0～7.0 的冷棚或暖棚进行育苗。干旱地区、砂土育苗宜做低畦，土壤黏重、有喷灌设施的地区育苗宜做高畦。畦面宽 1 m，畦沟宽 30 cm，长度视育苗棚宽度自定。

苗床地每亩施发酵腐熟农家肥 1 000 kg～3 000 kg，含全氮（N）11 kg～12 kg，磷（P_2O_5）8 kg～10 kg，钾（K_2O）6 kg～10 kg。肥料均匀撒入苗床后及时翻耕整地，将肥料与 8 cm～10 cm 耕层土壤混匀，整平畦面准备播种。

5.2 播种时期

吉林省：温室育苗 2 月 5 日—20 日播种，冷棚育苗 10 月下旬播种，翌年温度回暖后自然出苗。

黑龙江省：温室育苗2月15日至3月5日播种，冷棚育苗，宜提前30 d播种。内蒙古自治区：主要采取温室育苗，3月中下旬播种，个别地区采用幼苗沟藏越冬，可于前一年8月中旬播种。

5.3 播种方法及播种量

洋葱宜采用直播。选取饱满、健壮、无破损的种子。当定植时间较为紧迫时，也可催芽。催芽方法：用55 ℃温汤消毒15 min～30 min，烫种时不断搅拌，之后自然冷却至室温，浸泡4 h～6 h后捞出，沥干表水，置于20 ℃条件下催芽，当种子80%露白时即可播种。

洋葱的播种方法有条播和撒播两种。条播：行距6 cm，以芽率80%计，每平方米播种量8 g～10 g。撒播：每平方米播种量13 g～15 g。播种前苗床浇透水，播种后覆土厚1 cm左右，用木板轻轻镇压，覆地膜保湿，室温白天保持在20 ℃～25 ℃，夜间保持在8 ℃～12 ℃。

5.4 苗期管理

当洋葱幼苗80%出土后揭去地膜，白天室温为20 ℃～25 ℃，夜间控制在12 ℃～15 ℃，需要浇水时应在晴天上午浇水，浇水的原则是保持土壤"见干见湿"，注意通风。苗高5 cm～6 cm后，进行间苗、人工除草。

定植前7 d进行炼苗。控制浇水，逐渐加大通风量，室温白天控制在18 ℃～20 ℃，夜间控制在10 ℃～12 ℃。

6 整地定植

6.1 本田整地

本田可秋翻、秋耙、秋作畦，也可于定植前7 d～15 d进行整地。耕深不宜超过30 cm，耙平土面。整地同时施足基肥，中等肥力田块基施发酵腐熟农家肥2 000 kg/亩～3 000 kg/亩，复合微生物肥料50 kg/亩～180 kg/亩，或（全氮40 kg/亩～50 kg/亩）+［磷（P_2O_5）20 kg/亩～25 kg/亩］+［钾（K_2O）25 kg/亩～30 kg/亩］。

6.2 作畦

洋葱的作畦方式有低畦和高畦两种。纬度高、低洼易涝地区和有喷灌设备地区宜做高畦；干旱地区、土壤含砂量多和无喷灌设备可做低畦。高畦畦面宽100 cm、畦沟宽20 cm左，畦高10 cm～20 cm；低畦畦面宽100 cm，畦埂宽40 cm～50 cm，畦埂高于畦面10 cm左右。

6.3 定植

6.3.1 苗龄

当洋葱的日历苗龄达55 d～60 d，生理苗龄为三叶一心至四叶一心期，假茎直径0.4 cm以上，株高25 cm～30 cm可起苗定植。

6.3.2 定植期

春季日平均气温稳定在12 ℃以上时开始定植。吉林省4月上旬至4月中旬定植，黑龙江省4月中旬至5月上旬定植，内蒙古自治区东部地区5月上旬至5月中旬定植。

6.3.3 定植方法

定植前畦面可覆盖可降解地膜，覆膜前可喷施精异丙甲草胺封闭除草，施药后再盖膜。覆膜地块株行距一般是13 cm×15 cm，未覆膜地块株行距一般为15 cm×15 cm。定植时将洋葱幼苗根系剪短，保留3 cm左右，定植深度为2.5 cm～3 cm，定植密度为成苗2.0万株/亩～2.5万株/亩。

7 田间管理

7.1 浇水

定植后及时浇透水，之后适当控水晒田增温。定植后20 d至洋葱叶片旺盛生长期，要增加给水量和供水次数。给水原则是保持土壤湿润，使土壤达到"见干见湿"的状态。至鳞茎膨大初期，控制给水；鳞茎膨大中期，增加供水，土壤保持湿润；膨大末期应控制给水，当田间洋葱出现自然倒伏时，要停止供水。给水方式宜滴灌或喷灌，给水时间宜早或晚。

7.2 追肥

肥料使用应符合 NY/T 394 的规定。

7.2.1 第一次追肥

催苗肥，在洋葱定植缓苗后追施尿素 10 kg/亩。

7.2.2 第二次追肥

发棵肥，在定植后 30 d 左右追施尿素 25 kg/亩～30 kg/亩，硫酸钾 15 kg/亩～20 kg/亩。

7.2.3 第三次追肥

催头肥，当洋葱鳞茎进入膨大中期时追施硫酸钾 15 kg/亩～20 kg/亩或叶面喷施 0.1%～0.2% 的磷酸二氢钾 2 次～3 次。

7.3 病虫草害防治

7.3.1 主要病虫害

主要病害：霜霉病、疫病、紫斑病、软腐病等。主要虫害：葱潜叶蝇、蓟马、葱蝇等。

7.3.2 防治原则

坚持"预防为主，综合防治"的植保方针，加强病虫测报，以农业防治为主，优先采用物理防治、生物防治措施，辅助使用化学防治措施。

7.3.3 防治措施

7.3.3.1 农业防治

早春清除田间杂草和枯枝残叶，集中烧毁或深埋，消灭越冬成虫和若虫。与非百合科作物实行轮作，选用抗病品种，培育壮苗，加强栽培管理，及时中耕除草、耕翻晒垄，实行间作套种等。

7.3.3.2 物理防治

用糖醋液、杀虫灯诱杀地老虎成虫及蝼蛄等地下害虫；悬挂黄板诱杀葱潜叶蝇、葱蝇成虫；悬挂蓝板诱杀蓟马成虫。

7.3.3.3 生物防治

释放绿姬小蜂、潜蝇茧蜂、双雕姬小蜂等，防治葱潜叶蝇。

7.3.3.4 化学防治

严格按照 NY/T 393 的规定使用化学农药。主要病害与草害防治推荐农药使用方案见附录 A。

8 采收

8.1 采收时间

早熟品种宜 50% 植株倒伏时采收；中晚熟品种宜 70% 植株倒伏时采收。采收应在晴天进行，宜连续 3 d～4 d 晴天。

8.2 采收方法

采收时应将洋葱整株拔出，摊晒。

8.3 采后处理

待葱叶干枯、鳞茎干缩不溢汁时，保留 5 cm 假茎，剪去枯叶，装袋分级，置避光处码垛。

9 生产废弃物处理

9.1 资源化利用
使用的地膜为可降解生物地膜，茎叶、假茎等可就地还田或作为饲料利用。

9.2 无害化处理
农业投入品的包装废弃物应回收，交由有资质的部门或网点集中处理，不得随意弃置、掩埋或焚烧。

10 运输储藏
应符合 NY/T 1056 的规定。

10.1 运输
运输工具应清洁卫生、通风，严防日晒雨淋，温度控制在 2 ℃～10 ℃，不应与有毒、有害的物品混装、混运。

10.2 储藏
储藏室温度-4 ℃～0 ℃，相对湿度 65%～70%，空气中氧气含量 3%～6%，二氧化碳含量 8%～12%，储藏期可达 6 个月以上。

11 生产档案管理
应建立绿色食品洋葱生产档案，包括产地环境选择、生产技术、肥水管理、病虫草害发生与防治、采收与采后处理、运输与储藏等各环节的记录。记录保存 3 年以上。

附 录 A
(资料性附录)
蒙吉黑地区绿色食品洋葱生产主要病害与草害防治推荐农药使用方案

蒙吉黑地区绿色食品洋葱生产主要病害与草害防治推荐农药使用方案见表 A.1。

表 A.1 蒙吉黑地区绿色食品洋葱生产主要病害与草害防治推荐农药使用方案

防治对象	防治时期	农药名称	使用量	使用方法	安全间隔期和最多使用次数
霜霉病	发病初期	30%吡唑醚菌酯悬浮剂	25 mL/亩～33 mL/亩	喷雾	10 d,每季最多使用3次
	发病初期	70%烯酰·霜脲氰水分散粒剂	30 g/亩～40 g/亩	喷雾	7 d,每季最多使用2次
	发病初期	50%烯酰吗啉水分散粒剂	32 g/亩～48 g/亩	喷雾	10 d,每季最多使用3次
疫病	发病初期	687.5 g/L 氟菌·霜霉威悬浮剂	80 mL/亩～100 mL/亩	喷雾	14 d,每季最多使用3次
紫斑病	发病前或初期	10%苯醚甲环唑水分散粒剂	30 g/亩～75 g/亩	喷雾	10 d,每季最多使用3次
一年生禾本科杂草及部分阔叶杂草	定植前	960 g/L 精异丙甲草胺乳油	52.5 mL/亩～65 mL/亩	土壤喷雾	每季最多使用1次
一年生杂草	定植前1 d～2 d	330 g/L 二甲戊灵乳油	150 mL/亩～200 mL/亩	土壤喷雾	每季最多使用1次
注:农药使用应以最新版本 NY/T 393 的规定为准。					

绿色食品生产操作规程

GFGC 2024A285

冀鲁豫地区
绿色食品洋葱生产操作规程

2024-07-04 发布   2024-08-01 实施

中国绿色食品发展中心 发布

前　言

本规程由中国绿色食品发展中心提出并归口。

本规程起草单位：河南省农产品质量安全和绿色食品发展中心、郑州市农业科技研究院、商丘市乡村产业发展中心、信阳市农业科学院、南阳市农业行政综合执法支队、西平县农业农村局、济源产城融合示范区绿色农业发展中心、中国绿色食品发展中心、河北省农产品质量安全中心、山东省绿色食品发展中心、河南由甲田农业科技有限公司。

本规程主要起草人：宋伟、田朝辉、许琦、何霞、石聪、刘宇、王永波、赵雅娴、张琪、邰思源、张宁芳、沈东青、朱保磊、李欣、陈华、牛景景、乔春楠、李永伟、孟浩、崔丽朋、李志萌、徐桂峰。

GFGC 2024A285

冀鲁豫地区绿色食品洋葱生产操作规程

1 范围

本规程规定了冀鲁豫地区绿色食品洋葱的产地环境、品种、播种、苗期管理、定植、田间管理、采收、生产废弃物处理、储藏运输及生产档案管理。

本规程适用于河北省、山东省、河南省绿色食品洋葱的露地生产。

2 规范性引用文件

下列文件中的内容通过文中的规范性引用而构成本规程必不可少的条款。其中，注日期的引用文件，仅该日期对应的版本适用于本规程；不注日期的引用文件，其最新版本（包括所有的修改单）适用于本规程。

GB/T 23416.9 蔬菜病虫害安全防治技术规范 第9部分：葱蒜类
GB/Z 26589—2011 洋葱生产技术规范
NY/T 391 绿色食品 产地环境质量
NY/T 393 绿色食品 农药使用准则
NY/T 394 绿色食品 肥料使用准则
NY/T 658 绿色食品 包装通用准则
NY/T 1056 绿色食品 储藏运输准则
NY/T 1276 农药安全使用规范 总则
NY/T 2118 蔬菜育苗基质
NY/T 2119 蔬菜穴盘育苗 通则

3 产地环境

宜选用地势平坦、排灌方便、土层深厚、土壤疏松透气、pH值为6~8、近3年未种植过葱蒜类作物的壤土或砂壤土地块，产地环境应符合NY/T 391的规定。

4 品种

4.1 品种选择

选择适合当地土壤和生态气候特点，适合市场需求的抗病性与抗逆性强、耐抽薹、优质高产、商品性好的洋葱品种。例如，白皮品种"郑研雪月"系列、白玉等，红皮品种"钻石红"系列、赤玉、中领、红博、红雷、紫冠等，黄皮品种"瑞森F1"系列、"天正"系列、锦球等。

4.2 种子质量

选用当年种子，纯度≥95%，净度≥98%，发芽率≥94%，水分≤10%，种子质量应符合GB/Z 26589—2011的规定。

4.3 种子处理

播前用50℃~55℃温水浸种20 min~30 min，然后用清水浸泡4 h~6 h，除去秕粒和杂质，捞出洗净晾干后播种。

5 播种

5.1 播期

一般在9月上旬至9月底播种，具体可根据当地气候条件适期播种，中早熟品种比晚熟品种早播 7 d～10 d。

5.2 播种量

苗床撒播，每亩苗床播种量为 1.2 kg～1.5 kg。穴盘育苗，每孔播种 3 粒～4 粒种子。

5.3 苗床整地

土壤育苗苗床选择地势平坦、土壤疏松、排灌方便、近 3 年未种过葱蒜类作物的肥沃地块。结合整地每亩均匀撒施优质腐熟有机肥 3 000 kg、复合微生物肥 50 kg、硫酸钾型复合肥（N-P-K 为 15-5-25）20 kg。土壤深翻 25 cm 以上，精耕细耙，做成宽 1.5 m～1.8 m、长 10.0 m～12.0 m 的平畦，肥料使用应符合 NY/T 394 的要求。

5.4 播种

可采用苗床撒播法播种。平畦内先浇透底水，待水渗下后，将种子均匀撒播于畦内，再覆盖一层过筛细土，覆土厚度 0.8 cm～1 cm，喷施 1 次二甲戊灵等封闭性除草剂防治杂草，覆盖地膜。

也可采用穴盘育苗。选择适宜孔径的育苗盘，宜与精量播种器配套使用。播种前将装满基质的育苗盘浇透水，用苗盘压出孔穴后进行播种，播种深度 0.5 cm～1.0 cm，播后再覆盖一层基质。将育苗盘整齐摆放至育苗床，于穴盘上覆盖薄膜或搭小拱棚，保持适宜的温度与湿度。穴盘使用应符合 NY/T 2119 的规定，基质选用应符合 NY/T 2118 的规定。

6 苗期管理

播种后待 60% 以上的种子出苗后，于下午及时撤除覆盖薄膜或小拱棚。苗期浇水要注意"见干见湿"，小水勤浇，在定植前 15 d 左右适当控水，促进根系生长。幼苗 2 片真叶后施肥 1 次～2 次，施用浓度为 0.1%～0.2% 的水溶性三元复合肥（N-P-K 为 20-10-20），每亩 5 kg～10 kg 随灌溉施用，肥料使用应符合 NY/T 394 的要求。及时拔除杂草，避免伤害洋葱苗根系。育苗过程中农药使用应符合 NY/T 393 的规定。

7 定植

7.1 整地

定植前机械耕翻土壤深度在 25 cm 以上，耙碎整平。结合整地每亩均匀撒施优质腐熟有机肥 2 000 kg、复合微生物肥 50 kg、硫酸钾型三元复合肥（N-P-K 为 15-5-25）30 kg。

7.2 作畦

起垄作畦，做成畦内宽 180 cm、垄宽 30 cm、高 20 cm 的平畦。浇透底水，待水渗下后喷施 1 次二甲戊灵等封闭性除草剂，并每隔 30 cm 铺设一条膜下滴灌带，覆盖地膜。

7.3 定植时间

10 月中下旬至 11 月上中旬定植，洋葱一般在冬前旬平均气温 4 ℃～5 ℃时定植。

7.4 定植方法

苗龄 50 d～60 d，株高 20 cm 左右，4 片～5 片真叶时即可分级定植，剔除病弱残苗，按大苗、中苗、小苗分开定植。

定植密度一般行距为 15 cm～20 cm，株距为 13 cm～16 cm，每亩栽 2 万株左右。定植时预先在膜上打孔，孔深约 3 cm，直径约 1.5 cm。定植时将洋葱苗直接插到孔内，压实土壤并取土封严孔口，定植深度以 1 cm～1.5 cm 为宜，浅不漏根。定植后及时浇缓苗水。

8 田间管理

8.1 灌溉

洋葱定植后到越冬前灌溉 2 次～3 次，其中，土壤封冻前必须浇 1 次封冻水。翌年春季土壤温度稳定在 10 ℃以上时浇 1 次返青水。进入叶片生长盛期，适当加大浇水量和浇水次数，每次浇水间隔 10 d～15 d。在鳞茎膨大期，需水量进一步加大，此时应保持田间土壤湿润，每 5 d～7 d 浇水 1 次，浇水时间以早晚为宜。在收获前 7 d 停止浇水。

8.2 施肥

洋葱春季缓苗后进入叶生长期，每亩追施 1 次尿素 15 kg。进入鳞茎膨大期时，追肥 2 次，每次亩施硫酸钾 15 kg。肥料使用应符合 NY/T 394 的要求。

8.3 病虫草害防治

8.3.1 防治原则

按照"预防为主，综合防治"的植保方针，优先采用农业防治、物理防治、生物防治，合理使用化学农药防治。病虫害防治应符合 GB/T 23416.9 和 NY/T 393 的规定。

8.3.2 常见病虫害

洋葱主要病害有疫病、霜霉病、灰霉病、紫斑病、猝倒病、锈病等；主要虫害有蓟马、甜菜夜蛾、斑潜蝇、地蛆等。

8.3.3 防治措施

8.3.3.1 农业防治

选择适宜的抗病虫品种。与非葱蒜类作物实行 3 年以上的轮作。深耕晒垡，控制土壤湿度。加强中耕除草、清洁田园等田间管理措施。

8.3.3.2 物理防治

糖、醋、酒、水以 3:3:1:10 的质量比配成糖醋液，每亩放置 3 盆，随时添加，保持不干，诱杀斑潜蝇、种蝇成虫，每 10 d～15 d 更换新液；每亩悬挂 20 cm×30 cm 黄色粘虫板和蓝色粘虫板各 25 块，诱杀蚜虫、斑潜蝇、蓟马。悬挂高度为粘虫板底部距植株顶端 10 cm～20 cm；采用频振式杀虫灯诱杀地蛆、夜蛾类、斑潜蝇等成虫，每 30 亩设置 1 盏。

8.3.3.3 生物防治

保护天敌，利用草蛉、瓢虫、食蚜蝇等自然天敌控制虫害；利用昆虫性诱剂诱杀甜菜夜蛾成虫；每 1 亩～2 亩设置 1 个甜菜夜蛾专用诱捕器；利用微生物源农药（如苏云金杆菌等）防治病虫害。

8.3.3.4 化学防治

使用化学农药时，合理混用，轮换交替使用。根据不同防治对象，选用合适的农药品种进行防治，规模化种植可采用植保无人机进行喷雾，农药使用应符合 NY/T 393 和 NY/T 1276 的规定。主要病虫草害防治推荐农药使用方案见附录 A。

8.4 摘薹

洋葱在生长过程中若出现抽薹要及时摘除。

9 采收

当洋葱假茎松软，田间有半数倒伏，即可收获。

10 生产废弃物处理

生产过程中，农药、化肥等投入品的包装以及废弃的地膜应分类收集，进行无害化处理或回收循环利用。栽培的植株残体及时清除，宜集中粉碎，堆沤有机肥料循环利用。

11 储藏运输

11.1 常温储藏

收获后每袋装洋葱 30 kg 左右堆码在阴凉、通风处储藏。储藏过程中须经常检查并剔除霉变或腐烂的洋葱。

11.2 冷库储藏

先将收获后的洋葱预冷 1 d～2 d，再装筐或装袋转入冷库架储。冷库温度维持在 0 ℃～3 ℃，保持空气相对湿度在 80% 以下。经常检查并及时将霉变腐烂的洋葱剔除。

11.3 运输

运输时轻装轻卸严防机械损伤，运输中防冻、防晒、防雨淋并保持通风换气。运输车辆、器具、包装物、铺垫物等应保持清洁、干燥、无污染，不得与非绿色食品农产品或其他有毒有害物品混装混运。

包装应符合 NY/T 658 的规定。储藏与运输应符合 NY/T 1056 的规定。

12 生产档案管理

建立绿色食品洋葱生产档案管理和记录制度，对产地环境、品种、育苗播种、苗期管理、定植、田间管理、采收、生产废弃物处理、储藏运输等情况详细记录。记录内容真实可靠，档案保存 3 年以上。

附 录 A
（资料性附录）
冀鲁豫地区绿色食品洋葱生产主要病虫草害防治推荐农药使用方案

冀鲁豫地区绿色食品洋葱生产主要病虫草害防治推荐农药使用方案表 A.1。

表 A.1 冀鲁豫地区绿色食品洋葱生产主要病虫草害防治推荐农药使用方案

防治对象	防治时期	农药名称	使用量	使用方法	安全间隔期（d）
紫斑病	发病期	10%苯醚甲环唑水分散粒剂	30 g/亩～75 g/亩	喷雾	10
锈病	发病前或发病初期	75%戊唑·嘧菌酯水分散粒剂	10 g/亩～15 g/亩	喷雾	14
小菜蛾、菜青虫	卵孵盛期至低龄幼虫期	8 000 IU/mg苏云金杆菌可湿性粉剂	50 g/亩～100 g/亩	喷雾	
一年生杂草	播后苗前和定植前	330 g/L 二甲戊灵乳油	150 mL/亩～200 mL/亩	土壤喷雾	
一年生杂草	播后苗前和定植前	960 g/L 精异丙甲草胺乳油	52.5 mL/亩～65 mL/亩	土壤喷雾	
注：农药使用应以最新版本 NY/T 393 的规定为准。					

绿 色 食 品 生 产 操 作 规 程

GFGC 2024A286

云贵川地区
绿色食品洋葱生产操作规程

2024-07-04 发布　　　　　　　　　　　　　　2024-08-01 实施

中国绿色食品发展中心　发布

前 言

本规程由中国绿色食品发展中心提出并归口。

本规程起草单位：云南省绿色食品发展中心、云南省农业科学院热区生态农业研究所、云南省农业科学院质量标准与检测技术研究所、昆明市农产品质量安全中心、元谋县植保植检站、四川省绿色食品发展中心、贵州省绿色食品发展中心、毕节市农产品质量检验测试中心、中国绿色食品发展中心。

本规程主要起草人：钱琳刚、木万福、陈光平、方海东、麻继仙、刘宏程、杨子祥、王祥尊、徐俊、江波、杨肖艳、周雪芳、吕硕、戴剑鸿、曾海山、代振江、申流柱、骆继珍、杨自光、宋晓。

GFGC 2024A286

云贵川地区绿色食品洋葱生产操作规程

1 范围

本规程规定了云贵川地区绿色食品洋葱的产地环境、品种选择、播种育苗、整地定植、田间管理、采收、生产废弃物处理、运输储藏及生产档案管理。

本规程适用于云南省、贵州省、四川省绿色食品洋葱的生产。

2 规范性引用文件

下列文件中的内容通过文中的规范性引用而构成本规程必不可少的条款。其中，注日期的引用文件，仅该日期对应的版本适用于本规程；不注日期的引用文件，其最新版本（包括所有的修改单）适用于本规程。

NY/T 391　绿色食品　产地环境质量

NY/T 393　绿色食品　农药使用准则

NY/T 394　绿色食品　肥料使用准则

NY/T 658　绿色食品　包装通用准则

NY/T 1056　绿色食品　储藏运输准则

3 产地环境

产地环境应符合 NY/T 391 的要求。应选择生态环境好、无污染、远离工矿区和公路铁路干线、海拔在 2 200 m 以下、光热资源丰富的无霜或轻霜地区，地势平坦，通风透光良好；宜选择土层深厚、通气透水性好、有机质含量高、保水保肥力强的土壤种植。

4 品种选择

4.1 选择原则

根据生产适应性和市场需求。选用短日照或中日照、耐抽薹、抗病性强、倒苗率低、球形整齐度高、优质高产、商品性好的品种。

4.2 品种选用

黄皮洋葱可选用纽4、亮剑、纽9、迪斯、天堂8号、优黄1号、辉黄9号、科威黄4号、科威黄7号、科威黄8号等品种；红皮洋葱可选用红帅、红钻、红美2211、红冠、科威红10号、科威红21号、科威红25号等品种；白皮洋葱可选用龙珠、白珠2号、珊瑚白1号、沙狐、巴顿、科威白1号、科威白3号、科威白4号等品种。

4.3 种子处理

4.3.1 种子质量要求

种子纯度≥96%、净度≥98%、发芽率≥94%、水分≤7%。

4.3.2 种子处理

在播种前用 55 ℃温水搅拌浸种 20 min~30 min，继续常温浸种 4 h~6 h，洗净捞出，晾干表面水分后即可播种。

5 播种育苗

5.1 苗床准备

选择地势高燥、排灌方便、通风、光照好的地块做育苗床。育苗前对苗床翻耕曝晒，每亩苗床施商品有机肥 1 000 kg～2 000 kg、三元复合肥（N-P-K 为 17-17-17）50 kg、磷肥 50 kg，再旋耕 2 遍～3 遍，使肥和土壤充分掺拌均匀，然后做宽 1 m、高 20 cm 的平整畦面，畦面压实待播种。

5.2 播种

5.2.1 播种时间

8 月下旬至 10 月上旬播种。

5.2.2 播种量

苗床播种量 8 g/m^2～10 g/m^2。

5.2.3 播种方式

播种前将苗床浇足底水，湿润至床土深 10 cm 处。以 10 cm 行距条播或分 2 次～3 次均匀撒播种子。播种后，覆盖 0.5 cm～0.8 cm 厚的土层。覆土后苗床表面盖一层稻草，用喷壶或喷灌浇透水。

5.3 苗期管理

5.3.1 出苗前的管理

宜在上午浇水，避开高温时段。浇水量以保持苗床 10 cm 土壤湿润为宜；雨天覆盖薄膜防雨；待 60%以上的种子出苗后，于下午及时撤除覆盖的稻草并用遮阳网遮阴。

5.3.2 出苗后的管理

5.3.2.1 水分及光照管理

适时浇水，保持苗床土壤湿润；幼苗二叶一心期前避免阳光暴晒；待二叶一心期后不再遮阴；定植前适当控水，促进根系生长。

5.3.2.2 肥水管理

幼苗 2 片～3 片真叶时，每亩追施可溶性三元复合肥（N-P-K 为 12-20-15）5 kg，每 5 d 追施一次，共追肥 2 次～3 次。

5.3.2.3 苗期病虫害防治

苗期主要病害为猝倒病、叶枯病；主要虫害为甜菜夜蛾。选用的农药应符合 NY/T 393 的要求。推荐农药使用方案见附录 A。

5.3.2.4 除草

幼苗分心后，及时人工除草，苗期除草 2 次～3 次。

6 整地定植

6.1 整地作畦

选用前茬没有种植过百合科作物的地块。整地前清除地膜等杂物并带出田外集中处理。深翻土壤 20 cm～25 cm。每亩撒施腐熟农家肥或有机肥 2 000 kg～3 000 kg，磷肥 80 kg～100 kg，缓释三元复合肥 80 kg～100 kg（N-P-K 为 12-20-15），耙碎整平；整地作畦，畦宽 100 cm～110 cm、沟宽 25 cm～30 cm，畦面用黑色或银灰色膜覆盖栽培，地膜按株行距提前打孔，孔直径 4 cm～6 cm。

6.2 定植

6.2.1 定植时间

9 月下旬至 11 月下旬，苗龄为 35 d～55 d、3 片～4 片叶时移栽。

6.2.2 定植密度

株距 15 cm～20 cm、行距 15 cm～20 cm，根据不同区域不同品种，定植密度适当调整。红皮洋葱每亩栽 16 000 株～25 000 株，白皮、黄皮洋葱每亩栽 18 000 株～25 000 株。

6.2.3 定植方法

定植前畦面先灌透水，再将幼苗栽入定植孔内，每穴栽 1 株，定植深度为 2 cm～3 cm。采用滴灌供水的，定植后要滴透定植水；采用漫灌供水的，漫灌后要及时排出沟内存水。定植时按幼苗大小分级定植。

7 田间管理

7.1 浇水

可采用滴灌供水或沟内漫灌的方式进行灌溉。采用滴灌供水的，滴孔间距 10 cm。定植时灌足定根水，定植后第二天再灌水 1 次，缓苗后控水蹲苗；以后视墒情 5 d～10 d 灌一次水；叶生长中后期开始加大浇水量，5 d～7 d 灌一次水；采收前 7 d～10 d，停止灌水。

7.2 追肥

追肥可采用滴灌、撒施泡水或沟施冲灌等方式。定植 2 周后，开始追肥，施尿素 5 kg/亩和硫酸钾 3 kg/亩；叶生长中后期追肥 1 次～2 次，施尿素 10 kg/亩～15 kg/亩和硫酸钾 5 kg/亩～7.5 kg/亩；鳞茎膨大期追肥 2 次，第一次在鳞茎膨大初期，施水溶性三元复合肥 15 kg/亩（N-P-K 为 8-10-18），第二次在鳞茎膨大中期，施水溶性三元复合肥 12 kg/亩（N-P-K 为 8-10-18）。肥料施用应符合 NY/T 394 的要求。

7.3 病虫草害防治

7.3.1 防治原则

坚持"预防为主，综合防治"的植保方针，优先采用农业防治、物理防治、生物防治方法，科学合理采用化学防治方法。加强洋葱病虫害的预测预报工作，及时掌握病虫害的发生情况。科学、综合、协调利用农业、物理、生物和化学防治等手段，有效控制病虫害为害。农药的选择和使用应符合 NY/T 393 的要求。

7.3.2 常见病虫草害

云贵川地区洋葱的主要病害有猝倒病、锈病、霜霉病、灰霉病、紫斑病等；主要虫害有甜菜夜蛾、蚜虫等；主要杂草有禾本科、藜科杂草。

7.3.3 防治措施

7.3.3.1 农业防治

与非百合科作物进行 1 年～3 年轮作或实行水旱轮作。选用抗（耐）病虫品种，播种前进行种子消毒。创造适宜的生长环境，培育壮苗。加强田间管理，科学施肥灌水，增施有机肥，减少化肥用量。及时清洁田园并清除病株残茬，降低病虫源数量，保持田间通风透光，及时除草。

7.3.3.2 物理防治

高温晒垡，阳光晒种、温汤浸种，采用蓝板、黄板、杀虫灯诱杀害虫，覆盖银灰色地膜防治杂草及驱蚜。

7.3.3.3 生物防治

保护利用葱田内的瓢虫、小花蝽、姬蝽、寄生蜂和蜘蛛等天敌，创造有利于天敌生存的环境条件，使用性诱剂等生物源药剂防治害虫。

7.3.3.4 化学防治

根据洋葱病虫害发生规律进行化学防治，发病初期及早用药，不同农药交替使用，优先选用矿物源、植物源和生物源农药。严格控制施药量和施药次数，避免连续施用单一农药，可采取轮换使用或混用方式施药。洋葱主要病虫草害具体化学防治方法参见附录 A。

8 采收

8.1 采收时间

鳞茎充分膨大、叶子有大半枯萎又未完全枯萎为采收适期。采收宜在晴天进行。采收时严格遵守农药安全间隔期的要求。

8.2 采收方法

采收时整株拔起，去除假茎和根。

8.3 采后处理

采收后，待外表皮干燥后，按鳞茎大小分级装入网袋。

9 生产废弃物处理

采收结束后应及时将植株残体、杂草、农药与肥料包装物、废旧地膜、滴灌带等集中回收处理。农药包装袋、包装瓶应做无害化处理。植株残体及杂草应统一处理或就地深埋，也可与有机肥一同发酵腐熟后作为肥料使用。绿色食品生产中可使用可降解地膜或无纺布地膜，减少对环境的危害。

10 运输储藏

10.1 储藏

按品种、规格分别储藏；储藏的适宜温度为 0 ℃～3 ℃，适宜空气相对湿度为 65%～70%；库内堆码应保证气流均匀通畅，避免挤压。不得与有毒、有害物质混合存放。储藏库房应定期清理打扫并消毒，保持库房低温、干燥、清洁，并在地基、墙壁、墙面、门窗、房顶和管道等处做防鼠处理。储藏应符合 NY/T 1056 的要求。

10.2 运输

包装材料应采用单一材质的材料，方便回收或生物降解，包装材料应符合 NY/T 658 的规定。运输工具应保持清洁、干燥，定期消毒，具有防冻、防雨淋、防晒、通风散热设施。运输过程中禁止与其他有毒、有害、有腐蚀性和有异味的物质一起混装混运，运输应符合 NY/T 1056 的要求。

11 生产档案管理

生产者应建立绿色食品洋葱生产档案，做好整个生产过程的全面记录，为生产活动追溯提供可查资料。详细记录产地选择、生产技术、肥水管理、病虫草害防治、采收、储藏、运输、销售、售后申诉与投诉等各环节的具体措施。记录应真实准确，档案保存 3 年以上，做到生产全过程可追溯。

附 录 A
（资料性附录）
云贵川地区绿色食品洋葱生产主要病虫草害防治推荐农药使用方案

云贵川地区绿色食品洋葱生产主要病虫草害防治推荐农药使用方案见表 A.1。

表 A.1 云贵川地区绿色食品洋葱生产主要病虫草害防治推荐农药使用方案

防治对象	防治时期	农药名称	使用量	使用方法	安全间隔期（d）
猝倒病	苗期	36%甲基硫菌灵悬浮剂	400倍液～1 200倍液	喷雾	14
锈病	发病前或初见零星病斑时	75%戊唑·嘧菌酯水分散粒剂	10 g/亩～15 g/亩	喷雾	14
霜霉病	苗期、成株期	40%三乙膦酸铝可湿性粉剂	235 g/亩～470 g/亩	喷雾	3
灰霉病	成株期	80%代森锌可湿性粉剂	80 g/亩～100 g/亩	喷雾	21
紫斑病	发病前或发病初期	10%苯醚甲环唑水分散粒剂	30 g/亩～75 g/亩	喷雾	10
紫斑病	发病前或发病初期	43%氟菌·肟菌酯悬浮剂	20 mL/亩～30 mL/亩	喷雾	14
甜菜夜蛾	发生初期	18%杀虫双水剂	200 mL/亩～250 mL/亩	喷雾	15
蚜虫	始盛期	10%吡虫啉可湿性粉剂	5 g/亩	喷雾	14
杂草	在生长期内杂草出齐后及时除草；采收后，下茬栽种前进行清园	18%草铵膦可溶液剂	150 mL/亩～250 mL/亩	行间定向茎叶喷雾	

注：农药使用应以最新版本 NY/T 393 的规定为准。

绿色食品生产操作规程

GFGC 2024A287

甘青新地区
绿色食品洋葱生产操作规程

2024-07-04 发布　　　　　　　　　　　　　　　2024-08-01 实施

中国绿色食品发展中心　发布

前　言

本规程由中国绿色食品发展中心提出并归口。

本规程起草单位：甘肃省农业科学院农业质量标准与检测技术研究所、甘肃省绿色食品办公室、甘肃省酒泉市农业科学院、新疆维吾尔自治区农业技术推广总站、青海大学农林科学院、新疆维吾尔自治区农产品质量安全中心、青海省绿色有机农产品推广服务中心、甘肃省白银市农业科学研究所、敦煌种业百佳食品有限公司、中国绿色食品发展中心。

本规程主要起草人：于安芬、李瑞琴、赵海霞、满润、王纯武、强旭阳、许文艳、李江、玛依拉、蒋晨阳、焦洁、韩志光、乔春楠。

甘青新地区绿色食品洋葱生产操作规程

1 范围

本规程规定了甘青新地区绿色食品洋葱（鲜食）的产地环境、品种选择、栽培季节、育苗、定植、田间管理、采收、生产废弃物处理、包装运输储藏和生产档案管理。

本规程适用于甘肃省、青海省、新疆维吾尔自治区绿色食品洋葱（鲜食）的生产。

2 规范性引用文件

下列文件中的内容通过文中的规范性引用而构成本规程必不可少的条款。其中，注日期的引用文件，仅该日期对应的版本适用于本规程；不注日期的引用文件，其最新版本（包括所有的修改单）适用于本规程。

GB/Z 26589　洋葱生产技术规范
GH/T 1190　洋葱贮藏技术
NY/T 391　绿色食品　产地环境质量
NY/T 393　绿色食品　农药使用准则
NY/T 394　绿色食品　肥料使用准则
NY/T 658　绿色食品　包装通用准则
NY/T 744　绿色食品　葱蒜类蔬菜
NY/T 1056　绿色食品　储藏运输准则
NY/T 1584　洋葱等级规格

3 产地环境

选择气候冷凉、生态条件良好、远离污染源、地势平坦、排灌方便、土层深厚、土壤肥沃，2年～3年未种植大蒜、洋葱、韭菜等百合科作物的壤土地块。育苗地块选择灌排方便、土地肥沃、地势平坦的砂壤土或壤土。前茬作物以小麦、玉米、豆类为宜。产地环境应符合 NY/T 391 和 GB/Z 26589 的规定。

4 品种选择

4.1 选择原则

选择适宜当地种植、优质丰产、抗病性强、商品性好、耐抽薹和耐储藏的品种。选用经植物检疫机构认定的当年新种子。种子质量要求纯度≥95%，净度≥98%，发芽率≥94%，水分≤10%。

4.2 品种选用

根据种植区域、生长特点和市场需求选用品种。推荐种植的红皮洋葱品种为红福、红剑、新红奇、新红剑、新红奇2号、红鹤、红泰818等；黄皮洋葱品种为千里马、克罗基特、金颗7号、罗塔、罗曼、牧童、福星、奥利奥等；白皮洋葱（鲜食）品种为白雪、白珠、富雪、白姑娘等。

4.3 种子处理

包衣种子直接播种，包衣剂农药符合 NY/T 393 的规定。未包衣种子，播前晒种 8 h～12 h 后，将种子放入清水中浸泡，搅动 10 min，捞出秕粒与杂质，再将种子放入 55 ℃左右温水中浸泡 20 min～30 min，同时不断搅动，捞出沥干后播种。

5 栽培季节

在无霜期少于200 d、冬季最低温度在-20 ℃以下的地区，多采用保护地育苗，春季天气转暖后定植。在无霜期不少于200 d、冬季最低温度在-20 ℃以上的地区，多采取秋季露地育苗，冬前定植，露地越冬，或在苗床越冬后于翌年早春定植。气候偏冷地区，也可将幼苗储藏越冬。

6 育苗

6.1 育苗时间

春季采用日光温室或大棚于12月下旬至翌年2月中旬育苗，采用小拱棚在2月中旬至3月上旬育苗。秋季育苗一般在8月上旬至8月中旬。

6.2 整地作床

苗床宜选用土质疏松、有机质丰富、地势平坦、灌溉方便的地块。结合整地施入腐熟有机肥3 t/亩～5 t/亩、磷酸二铵30 kg/亩～50 kg/亩、硫酸钾20 kg/亩～30 kg/亩，翻入土壤20 cm～25 cm土层，耙细整平作畦，畦宽1.2 m～1.5 m。灌足底水，待水下渗后播种。肥料的使用应符合NY/T 394的规定。

6.3 播种

将种子掺入细土或细沙中均匀撒播，播后压实苗床，覆盖细沙或过筛细土1 cm左右，小水浇透，覆盖地膜。播种量0.2 kg/亩～0.3 kg/亩。

6.4 苗期管理

6.4.1 温度

幼苗出土前保持白天温度25 ℃～30 ℃，夜间温度10 ℃～23 ℃；齐苗至三叶期，保持白天温度20 ℃～25 ℃，夜间温度8 ℃～15 ℃；三叶期至定植前15 d，保持白天温度15 ℃～20 ℃，夜间温度8 ℃～15 ℃；定植前7 d～15 d，保持白天温度12 ℃～15 ℃，夜间温度6 ℃～8 ℃；定植前3 d～7 d揭去棚膜，降温炼苗。

6.4.2 肥水管理

幼苗开始顶土时浇小水，以后适时浇水，保持土壤相对含水量70%～80%。第二片真叶时，结合浇水追施尿素6 kg/亩～8 kg/亩，每隔10 d喷施一次0.1%尿素+0.1%磷酸二氢钾混合液，连续喷施2次。定植前8 d～12 d停止浇水。

6.4.3 起苗

幼苗三叶期至四叶期起苗，留须根长2 cm～3 cm，淘汰病苗、弱苗、伤苗，大小苗分级捆扎。

6.4.4 壮苗标准

苗龄55 d～60 d，株高20 cm左右，叶鞘横径0.5 cm～0.8 cm，须根13条～15条，节间短，茎秆粗壮，叶片直立，根系发达。

7 定植

7.1 定植前准备

7.1.1 整地施肥

清除前茬作物的残留枝叶和残膜，带出田外集中处理。深翻土壤25 cm～35 cm，耙实。结合整地施入腐熟有机肥3 t/亩～5 t/亩，可均匀混入适量生物菌肥，同时施入磷酸二铵30 kg/亩～50 kg/亩，硫酸钾20 kg/亩～30 kg/亩，肥料的使用应符合NY/T 394的规定。耙细整平作畦，畦面宽1.2 m，沟宽30 cm～35 cm。

7.1.2 铺设滴灌带

畦面铺设 4 根滴灌带，滴灌带间距 24 cm～25 cm。

7.1.3 施除草剂、覆膜

移栽前 1 d～3 d，视土壤墒情浇水，待水渗入地表后，喷施除草剂，除草剂的使用应符合 NY/T 393 的规定，使用方法参见附录 A。然后，覆盖幅宽 1.45 m 的黑色地膜，膜面宽 1.20 m～1.25 m，膜带间距 30 cm～35 cm，拉紧铺实，膜上隔 2 m～3 m 横压土腰带。

7.2 定植时间

春季栽培在 3 月上旬至 5 月上旬定植；秋季露地栽培在 10 月中旬至 10 月下旬定植，或"假植储藏"越冬，翌年早春定植。储藏越冬方法：封冻之前将幼苗挖起，在避风处开 20 cm～30 cm 深的浅沟，把幼苗成捆地密集假植于浅沟中，然后分次覆土、踩实。天气骤变时注意覆土弥合土面裂缝，防止幼苗"透风"受冻。

7.3 定植方法

膜上打孔定植。孔深 2 cm～3 cm。将幼苗栽入定植孔内，1 孔 1 苗，压实孔穴内土壤。移栽前对洋葱幼苗进行分级，将大苗、中苗、小苗各以不同的密度分别定植。

7.4 定植密度

根据不同品种特性合理密植。每幅膜移栽 8 行，每根滴灌带两侧各栽植 2 行，株距 14 cm～15 cm，密度 2.53 万株/亩～3.22 万株/亩。

8 田间管理

8.1 查苗、补苗

定植后及时查苗，出现缺苗及时补栽。

8.2 中耕除草

定植后返青到鳞茎膨大前中耕 2 次～3 次，耕深 3 cm～4 cm，进行人工除草。

8.3 灌水

采用水肥一体化节水滴灌设施合理灌水，从定植到成熟采收共灌水 10 次～14 次，总灌水量为 250 m³/亩～350 m³/亩。冬前定植的洋葱苗，定植缓苗后，根据墒情适当浇水，封冻前浇一次透水；返青后浇水 2 次～3 次，每次灌水量 20 m³/亩～30 m³/亩；早春定植的洋葱苗，定植后 5 d～6 d 灌 1 次缓苗水，浇水量以不倒苗、畦面不积水为宜；旺盛生长期，每隔 8 d～10 d 浇一次水，可浇水 4 次～5 次；鳞茎膨大期，每隔 7 d～10 d 浇一次水，可浇水 5 次～6 次，保持土壤相对湿度 60%～70%。每次灌水量 20 m³/亩～30 m³/亩。收获前 10 d～15 d 停止浇水。

8.4 追肥

结合灌水追肥 5 次，定植至收获期共追施尿素 44 kg/亩～50 kg/亩。即：返青后追施尿素 10 kg/亩～15 kg/亩；旺盛生长期，视苗情、地力，追肥 2 次，每次追施尿素 8 kg/亩～10 kg/亩；鳞茎膨大初期，追施尿素 10 kg/亩；鳞茎膨大中期，追施尿素 8 kg/亩～10 kg/亩，同时，每 7 d～10 d，可喷施 1 次 0.5%磷酸二氢钾溶液。收获前 10 d～20 d 停止追肥。

8.5 摘除花薹

发现先期抽薹植株，及时摘除花薹。

8.6 病虫草害防控

8.6.1 防治原则

坚持"预防为主，综合防治"的植保方针，加强病虫害测报，以农业防治、物理防治、生物防治为主，辅助使用化学防治措施。

8.6.2 主要病虫草害

主要病害有紫斑病、疫病和锈病等；主要虫害有葱蓟马、潜叶蝇及地下害虫等；主要杂草有一年生禾本科杂草及部分阔叶杂草。

8.6.3 防治措施

8.6.3.1 农业防治

选用抗病品种；实行2年～3年非百合科作物轮作；前茬作物收获后深翻、曝晒土壤；合理灌溉，科学施肥，增施有机肥；清洁田园，清除杂草、残株、老叶；及时拔除中心病株或害虫零星为害株。做到早发现、早防除。

8.6.3.2 物理防治

在田间高于植株顶部15 cm～20 cm处，悬挂25 cm×40 cm的黄板和25 cm×30 cm的蓝板30块/亩～40块/亩，诱杀潜叶蝇和蓟马等害虫。利用地膜、黑膜等各种功能膜防病、抑虫、除草。

8.6.3.3 生物防治

尽可能减少农药使用量和使用次数，保护和利用瓢虫、草蛉等捕食性天敌，以及赤眼蜂、丽蚜小蜂等寄生性天敌防治害虫。

8.6.3.4 化学防治

化学农药的使用应符合NY/T 393的规定。选用已登记的高效、低毒农药，严格控制用药量及安全间隔期，注意交替用药，合理混用。推荐农药使用方案见附录A。

9 采收

9.1 采收时间

当植株基部第一、第二片叶枯黄，第三、第四片叶尚带绿色，2/3的植株假茎松软倒伏，鳞茎停止膨大，外层鳞片开始变干呈革质时采收。

9.2 采收方法

在晴天采收，带秧整株拔出、抖落泥土后，剪掉上部茎叶留2 cm假茎。有条件可进行机械采收。

9.3 分级

按洋葱鳞茎外形、颜色、大小、饱满硬实度、外层鳞片干裂面积、根与假茎切除情况等进行分级，装袋。以洋葱横径为指标分为3个规格：大（L），横径＞8 cm；中（M），横径6 cm～8 cm；小（S），横径4 cm～6 cm。分级符合NY/T 1584的规定。

9.4 采后处理

采收后，用叶子遮住葱袋，在原地晾晒2 d～5 d，当外层鳞片干缩成膜状时，即可运输。晾晒过程中如遇雨天，该批洋葱不宜长期储藏。产品质量应符合NY/T 744的要求。

10 生产废弃物处理

10.1 资源化处理

收获后及时将茎叶、假茎、杂草等植株残体集中清理出田间，可作为饲料利用。

10.2 无害化处理

农业投入品的包装废弃物应回收，交由有资质的部门或网点集中处理，不得随意弃置、掩埋或焚烧。

11 包装、储藏与运输

11.1 包装
包装宜采用透气性良好的网袋，符合 NY/T 658 的规定。

11.2 储藏

11.2.1 储藏前处理
洋葱在入储前进行干燥处理，避免在储藏期间发芽。将洋葱放在阴凉通风的地方自然干燥降温，在环境温度 24 ℃～32 ℃下保持 2 周～4 周，干燥失水 5%～10%。

11.2.2 储藏方式
宜采用冷藏库储藏，条件适宜地区短期储藏也可采用通风库。不应和其他水果蔬菜共同储藏。应符合 NY/T 1056 和 GH/T 1190 的要求。

11.2.3 冷库储藏
提前 3 d，对储藏间、包装容器、工具等用加入 2%碳酸钠的 2%～4%次氯酸钠溶液进行喷洒消毒，封闭 12 h 后，打开库门，通风换气，保持库内空气良好。

在洋葱休眠期结束之前环境温度较低时入储。冷藏库应提前进行空库缓慢梯度降温，并在入库前 2 d～3 d 将冷藏库温度降到 0 ℃。洋葱离墙离地堆放，离墙面和地面距离为 15 cm～20 cm。保持冷库温度 0 ℃～2 ℃、空气相对湿度 60%～70%。储藏期不宜超过 9 个月。

11.2.4 通风库储藏
利用通风装置或采用隔热保温措施来调节库内的温度和湿度，库内应通风、干燥、清洁、卫生，冬季温度不低于 0 ℃。储藏期可达 3 个～7 个月。

11.3 运输
应符合 NY/T 1056 的规定。运输工具应清洁、卫生、无污染，不与有毒、有害物品混运。装卸应轻装、轻卸，避免机械损伤。运输途中应防雨、防晒、防污染，注意通风。

12 生产档案管理

建立详细的绿色食品洋葱生产档案，记录产地环境条件、生产技术、肥水管理情况、病虫草害发生和防治情况、采收和采后处理等情况。建立消费者投诉处理机制，对消费者提出的书面或口头意见及投诉做好记录。所有记录应真实、准确、规范，做到洋葱生产全过程可追溯。生产档案专人专柜保管，保存至少 3 年。

附 录 A
(资料性附录)
甘青新地区绿色食品洋葱生产主要病害与草害防治推荐农药使用方案

甘青新地区绿色食品洋葱生产主要病害与草害防治推荐农药使用方案见表 A.1。

表 A.1 甘青新地区绿色食品洋葱生产主要病害与草害防治推荐农药使用方案

防治对象	农药名称	毒性	适宜施药时期	使用剂量(制剂量)	使用方法	最多使用次数(次)	安全间隔期(d)
紫斑病	10%苯醚甲环唑水分散粒剂	低毒	发病初期	30 g/亩~75 g/亩	喷雾	3	10
	43%氟菌·肟菌酯悬浮剂	低毒	发病初期	20 mL/亩~30 mL/亩	喷雾	3	14
疫病	687.5 g/L 氟菌·霜霉威悬浮剂	低毒	发病初期	80 mL/亩~100 mL/亩	喷雾	3	14
锈病	75%戊唑·嘧菌酯水分散粒剂	低毒	发病初期	10 g/亩~15 g/亩	喷雾	2	14
一年生杂草	330 g/L 二甲戊灵乳油	低毒	覆膜移栽前 1 d~2 d	150 mL/亩~200 mL/亩	土壤喷雾	1	
一年生禾本科杂草及部分阔叶杂草	960 g/L 精异丙甲草胺乳油	低毒	覆膜移栽前	52.5 mL/亩~65 mL/亩	土壤喷雾	1	
注：农药使用应以最新版本 NY/T 393 的规定为准。							

绿色食品生产操作规程

GFGC 2024A288

冀鲁豫地区
绿色食品设施苦瓜生产操作规程

2024-07-04 发布

2024-08-01 实施

中国绿色食品发展中心　发布

前　言

本规程由中国绿色食品发展中心提出并归口。

本规程起草单位：河南省农产品质量安全和绿色食品发展中心、郑州市农业科技研究院、洛阳市种业发展中心、三门峡市农村社会事业发展服务中心、信阳市产品质量检验检测中心、河南省畜牧兽医服务中心、平顶山市农业发展中心、新乡市农产品质量安全与绿色食品发展中心、新郑市农业农村工作委员会、河北省农产品质量安全中心、山东省绿色食品发展中心、宝丰康龙众口农业科技发展有限公司、中国绿色食品发展中心。

本规程主要起草人：樊恒明、周建华、余寅曦、姬伯梁、师媛媛、梁海军、汤文静、刘姝言、赵帅奇、胡传峰、朱利峰、王姝丽、张建华、赵香云、刘伯洋、方娜、张黎、张晓静、王啸飞、王俊飞。

GFGC 2024A288

冀鲁豫地区绿色食品设施苦瓜生产操作规程

1 范围

本规程规定了绿色食品设施苦瓜的产地环境、品种与种子、播种育苗、整地定植、田间管理、采收、生产废弃物处理、包装储藏运输及生产档案管理。

本规程适用于河北省、山东省、河南省绿色食品苦瓜的设施栽培生产。

2 规范性引用文件

下列文件中的内容通过文中的规范性引用而构成本规程必不可少的条款。其中，注日期的引用文件，仅该日期对应的版本适用于本规程；不注日期的引用文件，其最新版本（包括所有的修改单）适用于本规程。

NY/T 391　绿色食品　产地环境质量

NY/T 393　绿色食品　农药使用准则

NY/T 394　绿色食品　肥料使用准则

NY/T 658　绿色食品　包装通用准则

NY/T 747　绿色食品　瓜类蔬菜

NY/T 1056　绿色食品　储藏运输准则

3 产地环境

产地环境应符合 NY/T 391 的规定。选择富含有机质、排灌方便、土壤疏松、土层深厚、保水保肥力强、前两年未种植过瓜类作物的地块；土壤 pH 值以 6.5～8.0 为宜；产地环境应符合 NY/T 391 的规定。

4 品种与种子

4.1 品种选择

选择高产、优质、强雌、油亮、瓜条顺直、耐热、耐低温弱光、抗病性强、商品性好、耐储运的苦瓜品种。

4.2 种子质量

选择有光泽、籽粒饱满的种子，剔除霉变、有病斑、机械损伤的种子；纯度 95% 以上，净度 98% 以上，发芽率 85%。

4.3 种子处理

将苦瓜种子摊开约 1 cm 厚，晾晒 24 h 后，放在 60 ℃温水中浸种，浸种期间不断搅拌，浸泡 30 min 后，待水温下降到 30 ℃时，再继续浸种 12 h；浸种结束后用清水洗去黏液，沥水后用湿布包裹进行催芽，有 80% 的种子露白时开始播种。

5 播种育苗

5.1 播期

塑料大棚早春茬栽培 1 月下旬至 2 月初播种，3 月中旬定植；日光温室越冬茬 9 月上旬至 10 月上旬播种，10 月下旬至 11 月中旬定植。

5.2 播种

5.2.1 穴盘播种

选用32穴或50穴育苗盘，先将育苗专用基质装入穴盘的2/3位置，播种前1 d将穴盘浇透水，每穴播1粒种子，随后用基质覆盖剩余1/3；播种后洒水使覆盖基质湿润，并覆盖地膜保湿。夏季覆盖地膜后须再覆盖遮阳网等降温。

5.2.2 直播

直播每亩使用新鲜、饱满的苦瓜种子200 g～300 g。

6 苗期管理

6.1 夏秋育苗管理

出苗期间，如遇高温天气，可用遮阳网覆盖降温；苗期土壤湿度应保持在80%～85%；每天午后根据土壤湿度酌情喷水；当出现大风天气，应适当增加喷水次数，一般早晚各喷一次；雨天前应及时覆盖农膜防护，雨后及时排水。

6.2 冬春育苗管理

出苗前白天温度应控制在28 ℃～30 ℃，夜间温度不低于20 ℃；出苗后白天温度控制在25 ℃～30 ℃，夜间温度不低于15 ℃；出苗后如遇低温天气，可搭小拱棚，拱棚上覆盖农膜保温保湿；土壤湿度管理参照6.1。

7 整地定植

7.1 整地

选择土层深厚的壤质土、近几年未种植过苦瓜的地块；施足基肥，每亩施充分腐熟的农家肥4 000 kg～5 000 kg，施三元素复合肥（N-P-K为15-15-15）50 kg；基肥采用沟施的方法，施入后进行耕翻整地，将地面耙平起畦；畦宽1.2 m，沟宽0.5 m，畦高0.3 m，同时覆盖地膜，铺设滴灌带。

7.2 定植密度

直播行距0.8 m，株距0.4 m，密度2 000株/亩；定植行距0.7 m，株距0.4 m，密度2 200株/亩。

7.3 定植

幼苗四叶一心时进行定植；定植前一天育苗盘浇透水；定植深度为埋土至子叶下1 cm，用细土将地膜口封好，定植后浇足定植水。

7.4 定植后温湿度管理

7.4.1 日光温室越冬茬

日光温室越冬苦瓜定植后，保持白天温度25 ℃～30 ℃，夜间温度18 ℃～20 ℃，缓苗后适当降低2 ℃～3 ℃；进入结瓜期室温须按变温管理。深冬季节（12月下旬至2月中旬）室内气温达30 ℃以上时可放风。深冬季节外界温度低，可在晴天揭苫后或中午前后短时放风，以散湿、换气。2月下旬后，气温回升，苦瓜进入结瓜盛期，保持白天温度28 ℃～30 ℃，夜间温度13 ℃～18 ℃，温度过高时及时放风。当夜间室外温度达15 ℃以上时，不再盖草苫，可昼夜放风。

7.4.2 塑料大棚早春茬

塑料大棚早春茬苦瓜定植后，白天温度控制在25 ℃～30 ℃，夜间温度不低于13 ℃，缓苗后适当降低2 ℃～3 ℃。早春气温变化较大，应注意保持温度稳定，当夜间室外温度达15 ℃以上时，可昼夜放风。一般在5月初可撤去棚膜。

8 田间管理

8.1 灌溉

生育期要保持土壤湿度为80%左右，土壤表面发白时及时浇水。开花结果后，根据土壤墒情每7 d～10 d浇一次水。

8.2 中耕蹲苗

定植成活后，要进行中耕蹲苗及行间除草。

8.3 整枝搭架

待苦瓜瓜秧长度达到30 cm～40 cm时搭架引蔓，苦瓜搭架的高度一般为2 m，每株保留1个～2个主蔓。光照充足，主蔓以下的侧蔓要全部去除；光照较少，主蔓0.5 m以下的侧蔓全部去除。主蔓上端留2个～3个健壮的侧蔓与主蔓绑在架上，以后再长出的侧蔓将无瓜的蔓摘除，有瓜的蔓在瓜前留2片～3片叶进行摘心。

8.4 人工授粉

开花当天清晨花朵完全开放时，摘下雄花花朵，去除花冠，将雄蕊完全露出，然后与雌花逐一接触，使雄蕊的花粉落到雌花的柱头上进行授粉。

8.5 施肥

8.5.1 施肥原则

以农家肥为主，合理追肥。肥料的选择和使用应符合NY/T 394的要求。

8.5.2 追肥

8.5.2.1 结果前期

定植至结果坐瓜前期，叶面喷施0.2%磷酸二氢钾50 kg/亩。

8.5.2.2 结果期

苦瓜结果盛期，每15 d～20 d追肥一次，每亩随滴灌冲施水溶肥10 kg～15 kg，视生长和苦瓜采摘情况，适当缩短或延长追肥间隔期，整个结果期追施3次～5次。视情况适当喷施0.2%磷酸二氢钾叶面肥防止植株早衰。

8.6 病虫草鼠害防治

8.6.1 防治原则

按照"预防为主，综合防治"的原则，坚持农业防治、物理防治、生物防治为主，化学防治为辅的植保方针。农药使用要符合NY/T 393的要求。

8.6.2 常见病虫草鼠害

8.6.2.1 病害

主要有猝倒病、立枯病、灰霉病、霜霉病、白粉病、疫病、枯萎病、病毒病等。

8.6.2.2 虫害

主要有瓜蚜、斜纹夜蛾、瓜实蝇、瓜绢螟、红蜘蛛、茶黄螨等。

8.6.2.3 草害

主要有马齿苋、牛筋草、旱稗、千金子等。

8.6.2.4 鼠害

主要是老鼠。

8.6.3 防治措施
8.6.3.1 农业防治
选择抗病虫品种；土壤深翻冬灌，减少病虫源；设施栽培采取膜下滴灌措施控制好温湿度；实行轮作制度，与非瓜类作物轮作 3 年以上；加强中耕除草、清洁田园等管理措施。

8.6.3.2 物理防治
每亩悬挂黄板 30 块，诱杀蚜虫、粉虱等，黄板挂满虫体时及时更换；覆盖塑料薄膜、银灰地膜驱避蚜虫；使用防虫网阻隔白粉虱、潜叶蝇等；使用杀虫灯诱杀蛾类成虫。

8.6.3.3 生物防治
利用瓢虫、捕食螨、草蛉控制害虫；利用生物源农药苦参碱等防治病虫害，常见病虫害生物防治推荐农药使用方案见附录 A。

8.6.3.4 化学防治
坚持"预防为主，综合防治"的原则，按照 NY/T 393 的要求，使用高效低毒化学药剂，常见病虫害化学防治推荐农药使用方案见附录 A。

8.7 日光温室越冬黄瓜套种苦瓜管理要点
选择中早熟黄瓜品种（如寒秀、博新 108 等），采取双行黄瓜间套种 2 行苦瓜的模式，每亩种植黄瓜 3 800 株左右，套种苦瓜 300 株～500 株，套种作物苦瓜田间管理参照上述苦瓜田间管理措施。

9 采收

9.1 采收时间
开花后 12 d～15 d，果实条状或瘤状凸起饱满、果皮有光泽、果顶颜色开始变淡时采收。结果盛期 2 d～3 d 采收一次。

9.2 采收方法
采收时将果柄从基部剪断，保留一段果柄。

9.3 采后处理
采收后按照苦瓜皮色、形状、长短等进行分级分类；用保鲜膜或牛皮纸包装储藏，确保整洁、干燥、透气、无污染；产品应符合 NY/T 747 的要求，包装材料应符合 NY/T 658 的要求。

10 生产废弃物处理
生产过程中使用的地膜、营养钵、农药与肥料包装袋等分类收集，集中处理。生产后期的苦瓜植株残体集中收集粉碎，用来沤制有机肥。

11 包装、储藏与运输

11.1 包装
可选用保鲜膜或牛皮纸包装储藏，确保整洁、干燥、透气、无污染。包装材料应符合 NY/T 658 的要求。

11.2 储藏
储藏室温度保持在 5 ℃～7 ℃，空气相对湿度保持在 80%～90%，保证通风条件良好。储藏条件符合 NY/T 1056 的要求。

11.3 运输
对运输车辆进行清洁，并保证干燥、无污染。运输过程中注意防晒、防雨、通风。防止与非绿色食品混装运输。运输应符合 NY/T 1056 的要求。

12 生产档案管理

应建立绿色食品设施栽培苦瓜生产档案，记录内容包括产地环境条件、种植品种、播种及定植日期、肥水管理、病虫草害发生和防治、采收日期、采后销售及废弃物处理等情况。记录应保存 3 年以上，确保农产品生产全过程可追溯。

附 录 A
（资料性附录）
冀鲁豫地区绿色食品设施栽培苦瓜生产主要病虫害防治推荐农药使用方案

冀鲁豫地区绿色食品设施栽培苦瓜生产主要病虫害防治推荐农药使用方案表 A.1。

表 A.1 冀鲁豫地区绿色食品设施栽培苦瓜生产主要病虫害防治推荐农药使用方案

防治对象	防治时期	农药名称	使用量	使用方法	安全间隔期和施药频率
猝倒病	发病期	30%噁霉灵水剂	2.5 mL/m² ~ 3.5 mL/m²	苗床喷雾	7 d，2次
灰霉病	发病前或发病初期	50%啶酰菌胺水分散粒剂	35 g/亩 ~ 45 g/亩	喷雾	5 d，3次
霜霉病	发病初期	80%烯酰吗啉水分散粒剂	25 g/亩 ~ 37.5 g/亩	喷雾	7 d，3次
白粉病	发病初期	37%苯醚甲环唑水分散粒剂	19 g/亩 ~ 27 g/亩	喷雾	30 d，2次
		15%苯醚甲环唑水分散粒剂	47 g/亩 ~ 66 g/亩	均匀喷雾	5 d，3次
		25%吡唑醚菌酯悬浮剂	20 mL/亩 ~ 40 mL/亩	喷雾	5 d，3次
		25%戊唑醇水乳剂	20 mL/亩 ~ 30 mL/亩	喷雾	5 d，3次
疫病	发病初期	60%霜脲·嘧菌酯水分散粒剂	30 g/亩 ~ 40 g/亩	均匀喷雾	5 d，3次
瓜蚜	发生期	1.5%苦参碱可溶液剂	30 mL/亩 ~ 40 mL/亩	喷雾	10 d，3次
	卵孵化盛期或低龄幼虫期	80亿孢子/mL 金龟子绿僵菌 CQMa421 可分散油悬浮剂	40 mL/亩 ~ 60 mL/亩	喷雾	
蓟马	发生初期	5%甲氨基阿维菌素苯甲酸盐微乳剂	5 mL/亩 ~ 6 mL/亩	喷雾	5 d，1次

注：农药使用应以最新版本 NY/T 393 的规定为准。

绿色食品生产操作规程

GFGC 2024A289

闽赣鄂等地区
绿色食品露地苦瓜生产操作规程

2024-07-04 发布   2024-08-01 实施

中国绿色食品发展中心 发布

前 言

本规程由中国绿色食品发展中心提出并归口。

本规程起草单位：湖南农业大学、湖南省绿色食品办公室、湖南省绿色食品协会、广东省农产品质量安全中心、福建省绿色食品发展中心、海南省绿色食品发展中心、武汉市农业农村局、四川省绿色食品发展中心、四川省农业科学院园艺研究所、江西省农业技术推广中心、中国绿色食品发展中心。

本规程主要起草人：黄科、吴秋云、王培根、易斌、刘新桃、周玲、陈媛、朱勇、程玉婷、闫航、李晓慧、陈清华、任艳芳、孙红梅、刘丝雨、周熙、苗明军、刘娟、谭周清、邓岚、杜志明、周春燕、刘艳辉。

闽赣鄂等地区绿色食品露地苦瓜生产操作规程

1 范围

本规程规定了闽赣鄂等地区绿色食品露地苦瓜的产地环境、品种选择、种子处理、播种和苗床管理、整地施肥、田间管理、病虫害防控、采收、运输储藏、生产废弃物处理及生产档案管理。

本规程适用于福建省、江西省、湖北省、湖南省、广东省、广西壮族自治区、海南省、四川省等地区露地栽培绿色食品苦瓜的生产。

2 规范性引用文件

下列文件中的内容通过文中的规范性引用而构成本规程必不可少的条款。其中，注日期的引用文件，仅该日期对应的版本适用于本规程；不注日期的引用文件，其最新版本（包括所有的修改单）适用于本规程。

GB 16715.1　瓜菜作物种子　第1部分：瓜类
GB 43284　限制商品过度包装要求　生鲜食用农产品
NY/T 391　绿色食品　产地环境质量
NY/T 393　绿色食品　农药使用准则
NY/T 394　绿色食品　肥料使用准则
NY/T 658　绿色食品　包装通用准则
NY/T 747　绿色食品　瓜类蔬菜
NY/T 1056　绿色食品　储藏运输准则
NY/T 1588　苦瓜等级规格

3 产地环境

产地环境质量应符合 NY/T 391 的要求，选择地势高燥、排灌方便、土层深厚、疏松肥沃、富含有机质、3年内未种过瓜类蔬菜的壤土或砂壤土。

4 品种选择

选择生长势强、抗病强、抗逆性强、商品性状好、耐储运、产量高且适合当地消费习惯的品种。

5 种子处理

5.1 种子质量

种子质量应符合 GB 16715.1。种子包衣剂应符合 NY/T 393 要求。

5.2 种子处理

精选种子晾晒 1 d~2 d，用 50 ℃~55 ℃ 温水浸泡，不断搅拌将温度降至室温，浸泡 4 h~6 h。

5.3 种子催芽

种子清洗、沥干水分后用湿毛巾裹好，30 ℃ 恒温催芽，待 80% 以上种子破嘴露白后播种。

6 播种和苗床管理

6.1 播种期

春季直播时，土壤温度应稳定在 12 ℃ 以上，气温应稳定在 10 ℃ 以上。

6.2 播种量
穴盘育苗用种量一般为 0.2 kg/亩，直播用种量一般为 0.3 kg/亩。

6.3 育苗基质
宜购买蔬菜专用育苗基质。

6.4 播种
播种前 1 d，基质装盘并且完全湿润，将催芽后的种子点播于 32 孔或 50 孔穴盘中，播种穴深 2 cm，每穴 1 粒。播种后用基质覆盖并浇少量盖籽水，春季覆盖薄膜保温，夏秋季用遮阳网降温。

6.5 苗期管理
冬春育苗注意保暖增温，夏秋育苗注意遮阳降温。设施育苗，出苗前控制温度不低于 15 ℃，出苗后白天保持在 25 ℃～30 ℃，夜晚保持在 15 ℃～20 ℃。

幼苗长出 2 片真叶后炼苗。早春定植前 7 d～10 d 适当降温通风，夏秋逐渐撤去遮阳网，适当控水。

6.6 壮苗标准
二叶一心至四叶一心期，茎秆粗壮，叶色浓绿，无病虫害，根系发达、健壮。

7 整地施肥

7.1 翻耕施基肥
定植前 15 d～30 d 翻晒土壤、耙碎整平，每亩施商品有机肥 300 kg 左右作基肥。

7.2 整地作畦
按畦宽 1.3 m～1.5 m 开沟，沟深 30 cm，沟宽 50 cm。

7.3 铺设滴灌带
畦面平整后合理铺设滴灌带，然后覆膜。

8 田间管理

8.1 定植
早熟品种宜按株距 50 cm 定植，每畦 2 行；中晚熟品种宜按株距 60 cm 定植，每畦 1 行。浇足定根水。

8.2 肥水管理
施肥结合浇水。施肥应符合 NY/T 394 的要求，追肥以水溶性有机肥为主，一般定植后 2 d～3 d 追平衡性三元复合肥一次，用量 7 kg/亩～8 kg/亩；开花前第二次追肥，以后每采收 2 次～3 次追平衡性三元复合肥一次，每次用量 10 kg/亩～15 kg/亩。

8.3 搭架引蔓
植株主蔓长 30 cm～60 cm 开始搭架吊蔓，宜搭平棚架或人字架等。搭架后在晴天下午及时引蔓。

植株高 1.8 m 以上时，打掉主蔓 1 m 以下的侧蔓，以确保主蔓生长粗壮。上架后留 2 条～3 条粗壮的侧蔓，及时摘除老叶、黄叶、畸形瓜。

8.4 人工授粉
开花期摘取当天开放的雄花，对雌花进行人工授粉，时间以上午 10 时前为宜。

9 病虫害防控

9.1 防控原则
坚持"预防为主，综合防治"的原则，采取农业防治、物理防治、生物防治为主，化学防治为辅的方式防控病虫害。

9.2 主要病虫害
主要病害有猝倒病、枯萎病、白粉病、霜霉病、灰霉病、疫病等；主要虫害有蚜虫、白粉虱、瓜实蝇、蓟马等。

9.3 防控措施

9.3.1 农业防治
选用适合本地气候条件的高产、优质、抗病苦瓜品种；培育适龄壮苗，提高抗逆性；合理轮作，与非葫芦科作物轮作3年以上；加强田间管理，中耕除草，及时清洁田园，降低病虫基数；增施优质有机肥，平衡施肥。

9.3.2 物理防治
可用杀虫灯、色板、银灰色膜、防虫网、套袋等符合绿色食品生产要求的物理防治措施诱杀或驱避害虫。一般每亩悬挂色板30块~40块；每15亩左右安装频振式杀虫灯1盏。

9.3.3 生物防治
通过生态环境调控，保护和利用天敌；有条件可人工释放丽蚜小蜂、瓢虫等寄生性和捕食性天敌；合理选用食诱剂；优先选用植物源、生物源农药防治害虫。

9.3.4 化学防治
化学防治应符合NY/T 393的要求，推荐农药使用方案见附录A。

10 采收

10.1 采收时期
开花后12 d~15 d即可采收。

10.2 采收标准
果实应符合NY/T 747的要求。外观新鲜，果瘤饱满，具有果实固有的色泽，不脱水、无皱缩；果身发育均匀，果形完整，果蒂完好，果柄切口水平、整齐；无裂果；果面清洁、无杂物、无异常外来水分；无异味；无冷害、冻害及机械伤；无病斑、腐烂或变质。

10.3 采后处理
采收后进行分级、包装，按NY/T 1588、NY/T 658和GB 43284的规定执行。

11 运输储藏

应符合NY/T 1056的规定，运输工具清洁、卫生、无污染，装运时，避免机械损伤，运输过程注意防冻、防雨、防晒、通风散热，严禁与有毒有害物质混装；冷链运输时温度应保持在10 ℃~13 ℃，空气相对湿度应控制在85%~90%，保证空气流通。

12 生产废弃物处理

将生产过程中的杂草、植株残体等废弃物进行无害化处理。农业投入品的包装废弃物应回收，交由有资质的部门或网点集中处理，不得随意弃置、掩埋或者焚烧。

13 生产档案管理

建立完整的绿色食品苦瓜生产档案，重点记录产地环境、生产技术、农药与肥料等投入品的购置和使用、产品储运和销售等情况。所有记录应真实、准确、规范，并具有可追溯性。生产档案应专人专柜保管，保存时间不少于 3 年。

附 录 A
（资料性附录）
闽赣鄂等地区绿色食品露地苦瓜生产主要病虫害防治推荐农药使用方案

闽赣鄂等地区绿色食品露地苦瓜生产主要病虫害防治推荐农药使用方案见表 A.1。

表 A.1 闽赣鄂等地区绿色食品露地苦瓜生产主要病虫害防治推荐农药使用方案

防治对象	防治时期	农药名称	使用剂量	使用方法	安全间隔期（d）
白粉病	发病初期	10%苯醚甲环唑水分散粒剂	70 g/亩～100 g/亩	喷雾	5
	发病初期	25%吡唑醚菌酯悬浮剂	20 mL/亩～40 mL/亩	喷雾	5
	发病初期	25%戊唑醇水乳剂	20 mL/亩～30 mL/亩	喷雾	30
霜霉病	发病期	80%烯酰吗啉水分散粒剂	25 g/亩～37.5 g/亩	喷雾	7
灰霉病	发病初期	50%啶酰菌胺水分散粒剂	35 g/亩～45 g/亩	喷雾	5
猝倒病	发病初期	30%噁霉灵水剂	2.5 mL/m²～3.5 mL/m²	苗床喷雾	7
疫病	发病初期	60%霜脲·嘧菌酯水分散粒剂	30 g/亩～40 g/亩	喷雾	5
蚜虫	发生初期	1.5%苦参碱可溶性剂	30 mL/亩～40 mL/亩	喷雾	10
	发生初期	80亿孢子/mL 金龟子绿僵菌 CQMa421 可分散油悬浮剂	40 mL/亩～60 mL/亩	喷雾	
蓟马	低龄若虫始盛期	5%甲氨基阿维菌素苯甲酸盐微乳剂	5 mL/亩～6 mL/亩	喷雾	5
注：农药使用应以最新版本 NY/T 393 的规定为准。					

绿 色 食 品 生 产 操 作 规 程

GFGC 2024A290

闽赣鄂等地区
绿色食品设施苦瓜生产操作规程

2024-07-04 发布　　　　　　　　　　　　　　　　2024-08-01 实施

中国绿色食品发展中心　发布

前言

本规程由中国绿色食品发展中心提出并归口。

本规程起草单位：湖北省农业科学院农业质量标准与检测技术研究所、湖北省绿色食品管理办公室、中国绿色食品发展中心、湖北省农业科学院经济作物研究所、中国农业科学院蔬菜花卉研究所、湖北省农业科学院畜牧兽医研究所、江西省农业技术推广中心、福建省绿色食品发展中心、广东省农产品质量安全中心、湖北省农业技术推广总站、张家界农业农村局、六安市农产品质量安全监测中心、宣恩县植保站、孝昌县土肥站、宜昌市夷陵区绿色食品中心、湖北省农业广播电视学校、武汉沛美达农业科技股份有限公司、团风县农业农村局。

本规程主要起草人：朱坤淼、彭西甜、刘军、陈鑫、吕昂、沈菁、刘骞、程运斌、胡西洲、严伟、彭立军、张惠贤、周有祥、温亮、华登科、姚晶晶、黄宇岑、周先竹、胡军安、杨远通、李峰、付小建、邢琪、陈璐、戴照义、于贤昌、马雪、吴艳、胡吕良、万其其、杨芳、胡冠华、张陈川、代旭光、邹波、张剑锋、程刚、张淑贞、王凌霞、黄韵雪、王力、王晓燕。

GFGC 2024A290

闽赣鄂等地区绿色食品设施苦瓜生产操作规程

1 范围

本规程规定了闽赣鄂等地区绿色食品设施苦瓜的产地环境、品种选择、栽培季节、栽培管理、病虫害防治、采收、生产废弃物处理、储藏、运输及生产档案管理。

本规程适用于福建省、江西省、湖北省、湖南省、广东省、广西壮族自治区、海南省、四川省设施栽培绿色食品苦瓜的生产。

2 规范性引用文件

下列文件中的内容通过文中的规范性引用而构成本规程必不可少的条款。其中，注日期的引用文件，仅该日期对应的版本适用于本规程；不注日期的引用文件，其最新版本（包括所有的修改单）适用于本规程。

GB 16715.1 瓜菜作物种子 第1部分：瓜类
GB 43284 限制商品过度包装要求 生鲜食用农产品
GB/T 24689 植物保护机械
NY/T 391 绿色食品 产地环境质量
NY/T 393 绿色食品 农药使用准则
NY/T 394 绿色食品 肥料使用准则
NY/T 658 绿色食品 包装通用准则
NY/T 747 绿色食品 瓜类蔬菜
NY/T 1056 绿色食品 储藏运输准则
NY/T 1588 苦瓜等级规格
NY/T 2118 蔬菜育苗基质
NY/T 2119 蔬菜穴盘育苗

3 产地环境

应选择没有工业污染，土壤耕作层深厚，土质疏松肥沃，地势平坦，排灌方便，前茬未种过葫芦科作物的地块。产地环境应符合 NY/T 391 的要求。

4 品种选择

根据当地土壤、气候、消费习惯和市场需求特点，选用优质、高产、抗病、抗逆性强、适应性广、商品性好的苦瓜品种。宜选择闽研3号、赣优2号、鄂苦瓜2号等品种。

5 栽培季节

塑料大棚冬春早熟栽培，宜在1月—3月播种育苗，2月—4月棚室土壤温度稳定在12 ℃以上、最低气温稳定在10 ℃以上时进行定植。5月—7月拉秧。

6 栽培管理

6.1 育苗

6.1.1 种子准备

选用均匀饱满、无破损的种子，纯度≥98%，净度≥99%，发芽率≥85%，水分≤8%，种子质量应符合GB 16715.1的要求。种子应提前晾晒4 h~6 h，包衣剂种子应符合NY/T 393的要求。

6.1.2 催芽处理

用清水将种子冲洗干净，在55 ℃的温水中浸种0.5 h并适当搅拌，转移至清水中继续浸泡4 h~6 h。沥水后用湿纱布或湿毛巾包好于30 ℃条件下催芽。有条件的可采用培养箱设置32 ℃/12 h、30 ℃/12 h变温催芽。芽长0.5 cm时播种。

6.1.3 育苗盘和基质

选用上口径6 cm~10 cm、高8 cm~12 cm的塑料营养钵或穴盘，穴盘50孔或72孔并符合NY/T 2119的要求。选用商品育苗基质，质量应符合NY/T 2118的要求。

6.1.4 播种

提前将基质装在营养钵或穴盘中并浇透水，每穴播1粒发芽的苦瓜种子，胚芽朝下，上面覆盖厚度0.5 cm~1 cm的基质，在穴盘上覆盖一层地膜。播种时间视当地情况而定。

6.1.5 苗床管理

播种后白天温度控制在30 ℃~35 ℃，夜间20 ℃~25 ℃，70%左右种子出苗后揭去地膜。出苗后白天温度控制在20 ℃~25 ℃，夜间温度控制在15 ℃~20 ℃。定植前7 d~10 d，控制水分，通风降温，进行炼苗。

6.1.6 壮苗标准

选择有2片~3片完整真叶、生长点正常、根系发达、茎粗壮、无病虫害、无机械损伤的健康种苗。提倡订购育苗工厂的商品苗。

6.2 田间准备

6.2.1 大棚设施

苦瓜定植前，应修缮好大棚结构，扣好棚膜，并用压膜绳固定。

6.2.2 整地作畦

深耕晒地，厢宽1.4 m，沟宽0.5 m，沟深0.3 m。

6.2.3 使用基肥

基肥施商品有机肥250 kg/亩、三元复合肥（N-P-K为15-15-15）40 kg/亩，有条件的地方推荐使用碳肥。肥料应符合NY/T 394的要求。

6.2.4 铺设滴灌管

厢面中间铺设水肥一体化滴灌管，上面覆盖银黑双色地膜，银色面朝上。

6.3 定植

选择晴朗天气的下午定植，双行种植，株距50 cm，每亩定植1 200株~1 500株，深度宜浅，以苦瓜苗基质上沿略低于地面为宜，浇足定植水。

6.4 田间管理

6.4.1 幼苗期

定植4 d~5 d后，根据土壤墒情和天气情况滴灌1次缓苗水，结合缓苗水追施7 kg/亩~8 kg/亩大量元素水溶肥或含腐植酸的水溶肥（N-P-K为15-15-15）。

6.4.2 插架牵蔓

苦瓜长到50 cm高时可进行牵蔓，在1.6 m高处沿栽培行拉一道铁丝，每株用1根吊绳，吊绳的上端绑在铁丝上，下端绑在地面固定物上，将蔓缠绕在吊绳上。

6.4.3 植株调整

留取主蔓，基部留取2个粗壮的侧蔓。苦瓜上架后，主蔓50 cm以下不留瓜，摘掉雌花。待主蔓结6个~7个瓜后，留5片~6片叶打顶，摘除其余子蔓、孙蔓。及时去除基部老黄叶、病叶、过密枝及病弱枝等，以利于通风透光。

6.4.4 追肥

抽蔓期，根据秧苗长势追施1次~2次7 kg/亩~8 kg/亩大量元素水溶肥或含腐植酸的水溶肥（N-P-K为15-15-15），将液体肥料兑水滴灌。第一批瓜坐果膨大期到采收前须追施1次10 kg/亩~15 kg/亩大量元素水溶肥或含腐植酸的水溶肥（N-P-K为19-6-25），以后每采收2批~3批追肥1次。

6.4.5 灌溉

晴天一般5 d~7 d滴灌一次，土壤湿度保持在70%~80%。

6.4.6 温度

苦瓜苗期生长温度控制在为20 ℃~25 ℃，抽蔓期和花果期温度控制在20 ℃~30 ℃。

6.4.7 光照

开花结瓜期需要较强的光照，若棚室光照较弱可增设补光灯进行补光。

6.4.8 授粉

采取棚内放置蜜蜂授粉或人工授粉。如采用人工授粉的方式，一朵雄花可为2朵~3朵雌花授粉。

7 病虫害防治

7.1 防治原则

贯彻"预防为主，综合防治"的植保方针。优先采用农业防治、物理防治、生物防治措施，按照病虫发生规律科学合理使用化学防治，做到防重于治。

7.2 常见病虫害

苦瓜主要病害有霜霉病、白粉病、灰霉病、炭疽病、疫病、病毒病等；主要虫害有蚜虫、蓟马、白粉虱、瓜实蝇、美洲斑潜蝇等。

7.3 防治措施

7.3.1 农业防治

严格实行轮作制度，忌与葫芦科蔬菜连作，选用有针对性的高抗多抗品种；科学管理肥水，培育适龄壮苗，提高抗逆性；通过放风、增强覆盖、辅助加温等措施，控制各生育期温湿度，避免生理性病害发生；增施充分腐熟的有机肥，减少化肥用量；清洁棚室，降低病虫基数；及时摘除病叶、病果，集中销毁。

7.3.2 物理防治

7.3.2.1 增设防虫网

增设防虫网，以40目防虫网为宜。

7.3.2.2 粘虫板诱杀

棚内悬挂黄色或蓝色粘虫板诱杀蓟马、白粉虱、蚜虫、瓜实蝇、美洲斑潜蝇等害虫，每亩30块~40块，15 d~20 d更换一次。

7.3.2.3 杀虫灯诱杀

采用频振式杀虫灯诱杀鳞翅目和鞘翅目害虫，悬挂高度为1.5 m~2.0 m，每天开灯时间为晚上8时至翌日早上6时。杀虫灯应符合GB/T 24689的规定。

7.3.3 生物防治
7.3.3.1 天敌杀虫
田间释放瓢虫、草蛉、胡瓜钝绥螨等捕食性天敌以及丽蚜小蜂等寄生性天敌，防治蚜虫、粉虱、蓟马等害虫；苦瓜收获后期，可按照益害比1∶10释放寄生蜂防控瓜实蝇，连续释放2次～3次。

7.3.3.2 性诱杀虫
诱捕器内装1根鳞翅目害虫诱芯，下接装有25%洗衣粉水的塑料瓶，悬挂于瓜棚下1.5 m处，每亩悬挂3个。

7.3.4 药剂防治
农药使用应符合NY/T 393的要求，严格控制农药安全间隔期，推荐农药使用方案见附录A。

8 采收
在果实充分长大、果瘤粗壮、光泽度好、达商品成熟时采收，采后按照NY/T 1588的规定进行分类分级，用包装箱分层装好。产品质量应符合NY/T 747的规定，按照NY/T 658、GB 43284的规定包装。

9 生产废弃物处理
生产资料的包装废弃物应集中收集后无害化处理。

10 储藏
适宜的储藏温度为10 ℃～13 ℃，空气相对湿度保持在85%～90%。库内应保证气流均匀流通。储藏应符合NY/T 1056的规定。

11 运输
运输过程中注意防冻、防雨、防晒、通风散热。绿色食品与非绿色食品运输时应严格分开，运输应符合NY/T 1056的规定。

12 生产档案管理
详细记录生产管理、投入品使用、病虫害防治、采收时间，建立生产档案，所有记录应真实、准确、规范，具有可追溯性并保存3年以上。

附　录　A
（资料性附录）
闽赣鄂等地区绿色食品设施苦瓜生产主要病虫害防治推荐农药使用方案

闽赣鄂等地区设施栽培绿色食品苦瓜生产主要病虫害防治推荐农药使用方案见 A.1。

表 A.1　闽赣鄂等地区设施栽培绿色食品苦瓜生产主要病虫害防治推荐农药使用方案

防治对象	防治时期	农药名称	使用量	使用方法	安全间隔期和施药频率
霜霉病	发病前或发病初期	80%烯酰吗啉水分散粒剂	25 g/亩～37.5 g/亩	均匀喷雾	7 d, 3 次
白粉病	发病初期	25%吡唑醚菌酯悬浮剂	20 mL/亩～40 mL/亩	均匀喷雾	5 d, 3 次
		15%苯醚甲环唑水分散粒剂	47 g/亩～66 g/亩	均匀喷雾	5 d, 3 次
		25%戊唑醇水乳剂	20 mL/亩～30 mL/亩	喷雾	5 d, 3 次
灰霉病	发病前或发病初期	50%啶酰菌胺水分散粒剂	35 g/亩～45 g/亩	均匀喷雾	5 d, 3 次
疫病	发病初期	60%霜脲·嘧菌酯水分散粒剂	30 g/亩～40 g/亩	均匀喷雾	5 d, 3 次
蚜虫	卵孵化盛期或低龄幼虫期	80 亿孢子/mL 金龟子绿僵菌 CQMa421 可分散油悬浮剂	40 mL/亩～60 mL/亩	均匀喷雾	
	发生初期	1.5%苦参碱可溶液剂	30 mL/亩～40 mL/亩	均匀喷雾	10 d, 3 次
蓟马	低龄若虫始盛期	5%甲氨基阿维菌素苯甲酸盐微乳剂	5 mL/亩～6 mL/亩	均匀喷雾	5 d, 1 次
注：农药使用应以最新版本 NY/T 393 的规定为准。					

绿色食品生产操作规程

GFGC 2024A291

长白山、大小兴安岭地区
绿色食品露地蓝莓生产操作规程

2024-07-04 发布

2024-08-01 实施

中国绿色食品发展中心　发布

前　言

本规程由中国绿色食品发展中心提出并归口。

本规程起草单位：黑龙江省绿色食品发展中心、东北农业大学、内蒙古自治区农畜产品质量安全中心、吉林省绿色食品办公室、内蒙古扎兰屯市绿色产业发展中心、哈尔滨森莓园生物科技有限公司、中国绿色食品发展中心。

本规程主要起草人：刘培源、霍俊伟、董宇辰、谷照星、陈雷、刘凤娟、刘琳、卓超、夏丽梅、罗淳钰、秦栋、张金锁、岳本奇、杨冬、马德慧、王冠、李佳成、高云、刘艳辉。

长白山、大小兴安岭地区绿色食品露地蓝莓生产操作规程

1 范围

本规程规定了长白山、大小兴安岭地区绿色食品露地蓝莓的建园、田间管理、整形修剪、花果管理、病虫鸟鼠害防治、采收、储藏运输、生产废弃物处理和生产档案管理。

本规程适用于内蒙古自治区、吉林省、黑龙江省绿色食品露地蓝莓的生产。

2 规范性引用文件

下列文件中的内容通过文中的规范性引用而构成本规程必不可少的条款。其中，注日期的引用文件，仅该日期对应的版本适用于本规程；不注日期的引用文件，其最新版本（包括所有的修改单）适用于本规程。

NY/T 391 绿色食品 产地环境质量

NY/T 393 绿色食品 农药使用准则

NY/T 394 绿色食品 肥料使用准则

NY/T 658 绿色食品 包装通用准则

NY/T 1056 绿色食品 储藏运输准则

3 建园

3.1 园地选择

选择地势平坦、光照充足、坡度≤10%、排灌方便、土壤疏松、土层深厚的地区建园，土壤pH值4.0～5.5、有机质≥5%的地区尤为适宜。产地环境条件应符合NY/T 391的规定。

3.2 园地准备

园地选择好后，在定植前一年深翻并结合压绿肥。土壤翻耕深度以20 cm～25 cm为宜，深翻熟化后平整土地，清除杂物。土壤为水湿地潜育土时，先清林，再深翻。在草甸沼泽地和水湿地潜育土建园，应设置排水沟，整好地后修台田，台面高25 cm～30 cm、宽1 m。

3.3 土壤改良

3.3.1 pH值调节

土壤pH值>5.5，须施硫黄粉降低pH值，在定植前半年或一年进行。每降低1个单位pH值，每立方米土用硫黄粉量为0.6 kg（壤土）或0.65 kg（黑土）。降低pH值与其他土壤改良措施（如添加有机物料等）一同进行。

土壤pH值<4.0，须用石灰进行调节，在定植前一年进行，施用量为533 kg/亩，可使pH值由3.3增至4.0以上。

3.3.2 有机质改良

土壤有机质含量≤5%时，应通过添加适量的草炭土（泥炭土）、松针、锯木屑和烂树皮等酸性基质进行改良，以草炭土的用量达到耕作层土壤体积的1/3，或松针、锯木屑、作物秸秆等的施用量达到耕作层土壤体积的2/3为宜。

3.4 品种（苗木）选择

3.4.1 品种选择

无霜期≤90 d的地区，以矮丛蓝莓为主，可选择美登等品种。无霜期90 d～125 d的地区，以矮

丛和半高丛为主,可选择美登、北陆、北蓝、瑞卡等品种。无霜期 125 d～150 d 的地区,可选择都克、北卫、蓝塔、瑞卡、蓝金等品种。

3.4.2 苗木选择

选择品种纯正、不定根数≥4 条、矮丛品种不定根长度≥10 cm(半高丛品种不定根长度≥15 cm、高丛品种不定根长度≥20 cm)、矮丛品种株高≥15 cm(半高丛品种株高≥20 cm、高丛品种株高≥30 cm)、茎粗≥0.6 cm、分枝 3 个～5 个、芽饱满、无病、无伤、生长健壮的苗木。

3.5 栽植

3.5.1 栽植时期

在早春枝芽萌动前解冻后或秋季停止生长后封冻前进行。

3.5.2 栽植密度

矮丛蓝莓的株行距为(60 cm～80 cm)×(180 cm～200 cm);高丛、半高丛蓝莓的株行距为(100 cm～120 cm)×(200 cm～250 cm)。

3.5.3 栽植技术

定植前挖好定植穴,高丛蓝莓宜 0.3 m×0.3 m×0.5 m,半高丛蓝莓和矮丛蓝莓可适当缩小。定植前进行土壤测试,根据测试结果,将所需元素与肥料和园土一同施入。栽植苗木时,种植床上挖深度 10 cm～15 cm、宽度 20 cm～30 cm 的小坑,将苗栽入并将根系展开,覆土至与地面相平,苗四周踩实。定植后及时浇足底水。

3.5.4 覆盖

苗木定植后,在台面和行间覆盖园艺地布,也可覆盖地膜或覆盖厚度在 10 cm 左右的锯末、松针、粉碎的玉米秸秆等。

4 田间管理

4.1 灌溉

4.1.1 灌溉时期

土壤相对含水量 60%～80%为宜,小于 60%应灌水。萌芽展叶期每隔 8 d～10 d 灌一次透水,花期、果期每隔 4 d～6 d 灌一次透水,果实采收后充分灌水,秋后冬前浇封冻水。夏季浇水宜上午 9 时前或下午 4 时后进行。

4.1.2 灌溉方式

微喷带喷灌或滴灌。

4.2 施肥

定植时施足底肥,施腐熟的草炭 1 000 kg/亩或腐熟农家肥 2 000 kg/亩。生长期追肥以氮磷钾为主,并配合使用必要的微量元素,其中氮肥为铵态氮。追肥 3 次,萌动期按氮磷钾的比例为 1∶1∶0.5 追施 1 次,施用量(1.0～1.3)kg/亩;开花前按氮磷钾的比例为 1∶1∶1 追施 1 次,施用量(0.8～1.1)kg/亩;果实膨大期按氮磷钾的比例为 0.5∶1∶1 追施 1 次,施用量(1.0～1.3)kg/亩。肥料使用应符合 NY/T 394 的规定。

4.3 除草

行间采用微型旋耕机或人工除草。行上采取地布覆盖、黑色地膜覆盖或有机物覆盖。

4.4 越冬防护

最低气温-5 ℃～-3 ℃时做好防寒准备,一般 10 月中下旬开始,地表土壤结冻前完成防寒作业。防寒前 2 d～5 d 浇灌封冻水,将蓝莓株丛压倒,取行间细碎的土壤将株丛埋严压实,埋土厚度

10 cm～15 cm，以枝条不外露、不透风为宜。树体可覆盖稻草、树叶、塑料地膜、麻袋片、稻草编织袋等。翌年春季气温稳定在10 ℃以上后，可撤除防寒物。

5 整形修剪

5.1 整形

二年苗或三年苗栽植当年短截10 cm左右，促发2个～4个新生枝。翌年选取3个～4个健壮基生枝，截留30 cm培养主枝，疏除密生、细弱枝，主枝延长枝留50 cm～60 cm。

5.2 修剪

5.2.1 短截和回缩

主枝在密芽处进行短截，枝条嫩梢顶端去除至侧芽处。当年结过果的结果枝回缩，宜回缩到结果枝基部芽间距最小位置。

5.2.2 疏枝

疏除下部病死枝、枯死枝、细弱枝、下垂枝、下部斜生枝、多余大枝、部分结果枝、交叉侧枝等。生长势较开张的品种，疏枝时去弱枝留强枝；直立品种去中心干、开天窗，并留中庸枝。当年位置适当、长势强健、芽眼饱满缓放不剪，留作结果枝。

5.2.3 拉枝

驱光南向斜生的枝条，用拉枝的方法拉回原位，调整空间。

6 花果管理

6.1 辅助授粉

在蓝莓开花初期田间放蜂辅助授粉，每5亩地放1箱蜜蜂。

6.2 疏花疏果

开花前后结合修剪调控花芽数量，疏除过多、成串、细弱的花枝以及畸形花、畸形果和小果。

6.3 授粉树配置

矮丛蓝莓品种一般可以单品种建园。半高丛和北高丛蓝莓需要配置授粉树，授粉树配置宜采取1∶1式或2∶1式。1∶1式即主栽品种与授粉树每隔1行或2行等量栽植，2∶1式即每隔2行主栽品种定植1行授粉树。

7 病虫鸟鼠害防治

7.1 防治原则

坚持"预防为主，综合防治"的方针，采取以农业防治、生物防治、物理防治为主，化学防治为辅的综合防控技术措施。

7.2 常见病虫害

主要病害有叶枯病、灰霉病、叶斑病、僵果病等；虫害有双斑长跗萤叶甲、琉璃弧丽金龟、绿尾大蚕蛾、折带黄毒蛾、地老虎、果蝇等。

7.3 防治措施

7.3.1 农业防治

清除园内杂草，及时剪除病枝、病叶、虫枝等，减少侵染源；采取科学施肥、合理灌溉、合理负载、强壮树势等措施，控制病虫害的发生。

7.3.2 物理防治

使用频振式杀虫灯、诱虫灯、糖醋液、粘虫板等诱杀害虫；使用防鸟网、稻草人、电驱鸟器、鞭炮等方法防止鸟类为害；使用捕鼠器捕杀老鼠。

7.3.3 生物防治

利用赤眼蜂、七星瓢虫等天敌捕食螨类及蚜虫等害虫。

7.3.4 化学防治

加强病虫害测报，选择最佳防治时期。主要病虫害化学防治推荐农药使用方案见附录 A。农药的使用应符合 NY/T 393 的规定。

8 采收

8.1 采收时间

果皮呈蓝黑色，用手持糖度计检测可溶性固形物≥10%时，可开始采收。矮丛蓝莓果实有 1/3 成熟时开始采收，宜每隔 10 d 采收一次，3 次采收完。半高丛、高丛蓝莓宜每隔 3 d～4 d 采收一次，持续 3 周～4 周。

8.2 采收方法

矮丛蓝莓，可使用梳齿状人工采收器；半高丛和高丛蓝莓果实成熟后人工采收，轻采轻放。果实采收后，清除枝叶或石块等杂物，装入容器。雨天、露水天，应在果实表皮及叶面无水时采收。

8.3 采后处理

采收后应立即在 0 ℃～1 ℃ 快速预冷，在冷库中完成选果、分级、包装等。包装应符合 NY/T 658 的规定。

9 储藏运输

9.1 储藏

储藏运输应符合 NY/T 1056 的规定。

9.1.1 低温储藏

蓝莓鲜果须在 0 ℃～1 ℃冷藏库中低温储存。

9.1.2 冷冻保存

果实分级包装后，可加工成速冻果，速冻温度应在-18 ℃以下。果实在冷库里宜"品"字形或"井"字形堆码。仓库应干净、无虫鼠害，无有害物质残留。

9.2 运输

采用冷链运输，做好标记，防止品种混杂。运输工具应清洁无污染，轻装轻卸，防止挤压。

10 生产废弃物处理

设置农业废弃物回收箱，集中收集废弃地膜、农药包装瓶（袋）等废弃物，分类回收，并做好登记。推广使用生物降解地膜代替塑料农膜，可改良土壤，增加土壤肥力。修剪后的枝条及残枝落叶统一回收用作堆肥原料等。

11 生产档案管理

应建立完整的生产档案，重点记录产地环境条件、生产技术、肥水管理、病虫草害的发生和防治、采收及采后处理等，记录应保存 3 年以上。

附 录 A
（资料性附录）
长白山、大小兴安岭地区绿色食品露地蓝莓生产主要病虫草害防治推荐农药使用方案

长白山、大小兴安岭地区绿色食品露地蓝莓生产主要病虫草害防治推荐农药使用方案见表 A.1。

表 A.1 长白山、大小兴安岭地区绿色食品露地蓝莓生产主要病虫草害防治推荐农药使用方案

防治对象	防治时期	农药名称	使用量	使用方法	安全间隔期（d）
病害	发病前和发病初期	25%多菌灵可湿性粉剂	250 倍液～500 倍液	喷雾	28
		25%多菌灵可湿性粉剂	2 500 倍液～5 000 倍液	喷雾	28
		40%多菌灵可湿性粉剂	400 倍液～800 倍液	喷雾	28
		40%多菌灵悬浮剂	400 倍液～800 倍液	喷雾	28
		50%多菌灵可湿性粉剂	500 倍液～1 000 倍液	喷雾	28
		80%多菌灵可湿性粉剂	800 倍液～1 600 倍液	喷雾	28
白粉病	发病初期	50%硫黄悬浮剂	200 倍液～400 倍液	喷雾	2
多种害虫	发病初期	18%杀虫双水剂	500 倍液～800 倍液	喷雾	15
蚜虫、螨、食心虫	发生期	40%辛硫磷乳油	1 000 倍液～2 000 倍液	喷雾	7
杂草	3 年以上树龄的蓝莓园杂草生长期	75%环嗪酮水分散粒剂	80 g/亩～160 g/亩	定向茎叶喷雾	90
注：农药使用应以最新版本 NY/T 393 的规定为准。					

绿色食品生产操作规程

GFGC 2024A292

京津冀等地区
绿色食品露地蓝莓生产操作规程

2024-07-04 发布

2024-08-01 实施

中国绿色食品发展中心 发布

前 言

本规程由中国绿色食品发展中心提出并归口。

本规程起草单位：北京市农产品质量安全中心、中国绿色食品发展中心、中国农业科学院郑州果树研究所、天津市农业发展服务中心、河北省农产品质量安全中心、保定市农业农村局、河南省农产品质量安全和绿色食品发展中心、陕西省农产品质量安全中心、密云区农业综合检验监测站、北京军兴广达农产品产销专业合作社、涿州市棠颂农业科技有限公司、天津市恒丰蓝莓种植专业合作社。

本规程主要起草人：祖恒、周绪宝、张宪、郝建强、郭俊英、李建兴、杨红星、马文宏、刘强、任伶、王珏、孙敏、李浩、习佳林、肖长坤、李启慧、赵剑、张淑杰。

京津冀等地区绿色食品露地蓝莓生产操作规程

1 范围

本规程规定了京津冀等地区绿色食品蓝莓的产地环境、土壤改良和整地、品种选择、栽植、土肥水管理、整形修剪、花果管理、病虫害防治、采收、生产废弃物处理、包装、储藏运输和生产档案管理。

本规程适用于北京市、天津市、河北省、河南省、陕西省绿色食品露地蓝莓的生产。

2 规范性引用文件

下列文件中的内容通过文中的规范性引用而构成本规程必不可少的条款。其中，注日期的引用文件，仅该日期对应的版本适用于本规程；不注日期的引用文件，其最新版本（包括所有的修改单）适用于本规程。

NY/T 391 绿色食品 产地质量环境
NY/T 393 绿色食品 农药使用准则
NY/T 394 绿色食品 肥料使用准则
NY/T 658 绿色食品 包装通用准则
NY/T 844 绿色食品 温带水果
NY/T 1056 绿色食品 储藏运输准则

3 产地环境

选择交通便利、地势平坦，水源充足、光照充沛、耕作与排灌方便、土壤有机质含量较高的地块。优先选择pH值4.5～5.5、有机质含量8%～12%的土壤，土壤有机质含量不得低于5%。要求土壤疏松，通气良好，湿润但不积水。对于不符合蓝莓生产要求的土壤应进行土壤改良（见4.1）。产地环境应符合NY/T 391的规定。

4 土壤改良和整地

4.1 土壤改良

4.1.1 土壤pH值调节

京津冀等地区的土壤pH值一般都大于6，应全园施用硫黄粉来调节土壤pH值。施硫黄粉要在定植前3个月以上（最好在定植前1年）进行。每降低1个单位pH值，砂壤土应施硫黄粉20 kg/亩～40 kg/亩，壤土应施硫黄粉40 kg/亩～80 kg/亩。按土壤状况计算出硫黄粉的施用量，均匀撒入全园，深翻15 cm混匀。改良后的土壤应符合NY/T 391的规定。

4.1.2 土壤有机质改良

当土壤有机质含量<5%时，每亩可施草炭土15 m^3、锯末15 m^3、腐熟的牛粪或羊粪5 m^3，均匀铺在地面上，用旋耕机深翻，深度在20 cm以上。

4.2 整地

清除大石块等杂物，设置排水沟。用起垄机起垄，垄高30 cm～40 cm，垄面宽100 cm。

5 品种选择

优先选择适合京津冀等地区生长的适应性与抗逆性强、花芽易形成、坐果率高、优质丰产的品种。京津冀地区、河南北部地区和陕西北部地区推荐"北高丛"系列品种，如蓝丰、蓝金、公爵、斯巴坦、布里吉塔、瑞卡、双丰、奴依等；河南南部地区和陕西南部部分地区推荐"南高丛"系列或"兔眼"系列品种，如"南高丛"系列的奥尼尔、密斯蒂、雷格西、夏普蓝，"兔眼"系列的奥斯汀、杰兔等，具体品种可根据种植基地所在地的气候条件进行选择。选择与主栽品种花期一致、花粉量大的授粉品种，主栽品种与授粉品种的配置比例为1∶1或2∶1，隔行或隔株栽植。

6 栽植

6.1 苗木选择

采用二年生或三年生苗木。要求苗木健壮，无病虫害或明显机械损伤，有2根以上完全木质化的分枝。

6.2 栽植时期

钵苗一年四季均可定植。裸根苗在春季或秋季定植均可，春季定植时间为解冻后苗木萌芽前，秋季定植为落叶后至土壤封冻前。

6.3 栽植密度

"北高丛"系列品种株行距建议为1.5 m×2.5 m；"南高丛"系列品种株行距建议为1 m×2 m；"兔眼"系列品种株行距建议为2 m×4 m，实际栽培密度根据品种特性、栽培地块条件确定。

6.4 栽植方法

在垄面上挖30 cm×30 cm×30 cm的定植穴。选择3个~5个分支，根系发达完整的苗木放入定植穴，扶正苗木，回填土，向上轻提苗木，用脚踏土，浇水1 L，水完全下渗后再覆土踏实，定植后浇足定根水。

6.5 滴灌管的安装

苗木栽植前顺行向铺设1条或2条滴管。栽植后，根据苗木位置安装滴头。为防止滴头堵塞，也可将滴管固定在支柱或主干上，距地面20 cm~30 cm。一般选用直径10 mm~15 mm、滴头间距40 cm~100 cm的滴灌管，以及流量稳定、不易堵塞的滴头。流量通常控制在2 L/h左右。

7 土肥水管理

7.1 土壤管理

7.1.1 中耕生草

早春至8月，行内中耕除草，松土保墒。行间种植紫花苜蓿、三叶草等矮秆豆科植物，收割后翻入土中或覆盖行间。

7.1.2 土壤覆盖

选用松针、锯末、农作物秸秆等进行行内覆盖。覆盖宽度为100 cm，厚度为10 cm左右。

7.1.3 土壤pH值检测与调节

每年应进行土壤pH值检测，合理地施用硫黄粉、酸性肥料（如硫酸铵、硫酸钾等），防止土壤pH值上升。

7.2 肥料管理

7.2.1 施肥原则

按照"有机肥为主，化肥为辅"的原则施肥。避免施用硝基态肥料和含氯的肥料，如硝酸铵、硝酸钾、氯化铵、氯化钾、氯基复合肥。少用或不用尿素。肥料的使用应符合NY/T 394的要求。

7.2.2 基肥

一般9月中旬至10月下旬，采用环状施肥法或条状沟施肥法，施肥深度5 cm~10 cm，撒施充分腐熟的牛粪，每株施肥量为 5 kg～10 kg，配合施用三元复合肥（N-P-K 为 15-15-15）30 g～50 g，施肥后及时灌水。

7.2.3 追肥

追肥根据树龄、树势、产量和土壤条件，少量多次施用。进入盛果期的蓝莓，一般每年施肥 3 次。第一次在萌芽期前，以氮肥为主，每株每年施用硫酸铵 30 g～50 g，分 3 次施用；第二次在果实膨大后，以钾肥为主，每株每年施用硫酸钾 30 g～50 g；第三次在采收后，以磷钾肥为主，每株每年施用磷钾复合肥 30 g～50 g。

7.3 水分管理

一般气候条件下，分别在蓝莓萌芽期、幼果期、果实膨大期、采收前及土壤封冻前浇水。采收前浇水要适量，封冻前浇水要透彻。

8 整形修剪

8.1 修剪时期

蓝莓修剪主要分休眠期修剪和生长季修剪，以休眠期修剪为主。休眠期修剪在落叶后至发芽前，主要是修剪交叉枝、内膛枝、枯枝、病枝、细弱枝，此时期修剪量大。生长季节修剪在萌芽后至秋季新梢停长前，时间是 4 月中下旬至 9 月下旬，主要是旺枝摘心和抹除多余萌蘖。

8.2 修剪方法

8.2.1 幼龄树修剪

幼期树要以去花芽修剪为主，可扩树冠、增枝条、促发育。栽植后第二、第三年春季疏除病弱枝，第三、第四年继续以扩大树冠为主，可适量留果。

8.2.2 成龄树修剪

成龄树修剪以控制树高和疏枝为主，通过去除过密枝、细弱枝、病虫枝和根蘖，改善通风透光条件。直立品种去除中心干，开天窗，并留中庸枝。露地蓝莓大果枝最优结果期为 5 年～6 年，过时须回缩更新。瘦弱枝可用抹花芽的方式修剪，促其转壮。成年蓝莓花芽量大，常去掉一部分花芽，一般每个壮果枝选留 2 个～3 个饱满花芽。

8.2.3 衰老树修剪

定植 25 年左右，地上部分衰老明显的老树要彻底更新，从紧贴地面处将地上枝丛全部锯除，一般不用留桩，若留桩，最高不能超过 2.5 cm。

9 花果管理

9.1 授粉

在初花前 3 d～5 d 采用蜜蜂授粉，一般采用熊蜂 2 箱/亩+蜜蜂 1 箱/亩，采用熊蜂和蜜蜂搭配授粉，是因为熊蜂活动温度范围广，在阴天也会出巢授粉，可弥补蜜蜂授粉不足。花期遇不良气候时应进行人工授粉。采用毛笔点授中心花，每蘸一次花粉可授 5 朵～10 朵花；应开一批花就授一次粉，连续授粉 2 次～3 次。

9.2 疏花疏果

萌芽前疏花芽，让每个结果枝有 3 个～5 个花芽。开花后还要疏花，让每个结果枝有 3 个～5 个花序。

9.3 套袋摘袋

蛀果害虫或鸟害发生严重的地区，应采用套袋处理。一般选用双层袋，在谢花后 30 d～40 d 开始套袋，套袋时应避开中午强光时段和阴雨天。一般在采收前 10 d～15 d 摘袋，摘袋时应避开中午强光时段。

10 病虫害防治

10.1 防治原则

坚持"预防为主，综合防治"的植保方针。推广绿色防控技术，优先采用农业防治、物理防治、生物防治的方法，无法有效控制病虫害时，可以采用化学防治。化学防治应遵循 NY/T 393 的规定。

10.2 防治措施

10.2.1 农业防治

增施有机肥，改良土壤，改善蓝莓生长条件，提高抗性；及时清理病僵果、病虫枝条、病叶等，减少初侵染源；加强栽培管理，培养健康树体。

10.2.2 物理防治

设置杀虫灯，诱杀金龟子等害虫；采用果实套袋，降低蛀果害虫或鸟类为害；红糖、醋、白酒和水按 1∶1∶3∶4 的比例配制糖醋酒液，防治梨小食心虫、金龟子、卷叶虫等害虫。

10.2.3 生物防治

保护天敌，利用瓢虫、寄生蜂、蜘蛛、捕食螨等自然天敌控制害虫。每亩地可放置 3 个～5 个性诱剂诱捕器，防治金纹细蛾；可使用迷向丝防治梨小食心虫等。

10.2.4 化学防治

根据保护天敌和安全性的要求，合理选择农药种类、施用时间和施用方法。注意不同作用机理农药的交替使用和合理混用，以延缓病菌和害虫产生抗药性。农药种类、施药浓度、施药次数、施药方法及安全间隔期等严格按照 NY/T 393 的规定执行。蓝莓主要病虫草害化学防治推荐农药使用方案见附录 A。

11 采收

蓝莓开花次序有先有后，果实的成熟期不一致，应分批采收。可采用手工采摘法。当果表面由最初的青绿色逐渐变成红色，再转变成蓝紫色到紫黑色时即成熟。一般盛果期 2 d～3 d 采收一次，初果期和末果期 4 d～6 d 采收一次。通常供鲜食、运输距离短且保藏条件好的在果蒂处出现黑色圆圈、果实较结实、颜色为深蓝色时采收；供加工饮料、果浆、果酒、果冻等在果实颜色变成紫黑色且开始变软时采收；供制作果实罐头，在果实颜色由红色变成浅蓝色时采收。蓝莓采收为人工采收，采收时要轻采、轻放、轻运。畸形果应单收单放。采收时蓝莓的各项理化指标应符合 NY/T 844 的要求。

12 生产废弃物处理

蓝莓病虫枝应进行无害化处理。修剪下的枝条，量大时，经粉碎、堆沤后还田。及时清理地膜、农药瓶和肥料袋等废弃物。

13 包装

包装箱上贴有产地、时间、品种、等级、数量等信息。包装要求、材料选择、包装尺寸按 NY/T 658 的规定执行。建立统一的生产批号编码原则，并能保证生产批号的唯一性，以实现产品生产全过程可追溯。

14 储藏运输

蓝莓包装后，直接运输至库房。库房应清洁、卫生，不得高温，并设置挡鼠板或电子驱鼠器。

储藏的适宜温度为 1 ℃～3 ℃，空气相对湿度为 85%～90%。运输应符合 NY/T 1056 的规定。运输工具在装入绿色食品蓝莓之前应清理干净，防止病虫感染。

15 生产档案管理

建立绿色食品露地蓝莓生产档案，详细记录产地环境条件、生产资料使用、肥水管理、病虫害发生和防治、果实采收、包装储藏等具体情况，所有记录应真实、准确、规范。档案应保存 3 年以上，由专人保管，做到生产可追溯。

附 录 A
（资料性附录）
京津冀等地区绿色食品露地蓝莓生产主要病虫草害防治推荐农药使用方案

京津冀等地区绿色食品露地蓝莓生产主要病虫草害防治推荐农药使用方案见表 A.1。

表 A.1 京津冀等地区绿色食品露地蓝莓生产主要病虫草害防治推荐农药使用方案

防治对象	防治时期	农药名称	使用剂量	施药方法	安全间隔期天数（d）
灰霉病	发病初期	40%多菌灵可湿性粉剂	400 倍液~800 倍液	喷雾	28
炭疽病	发病前或发病初期	40%多菌灵可湿性粉剂	400 倍液~800 倍液	喷雾	28
叶斑病	发病初期	40%多菌灵可湿性粉剂	400 倍液~800 倍液	喷雾	28
僵果病	开花前	40%多菌灵可湿性粉剂	400 倍液~800 倍液	喷雾	28
白粉病	发病初期	50%硫黄悬浮剂	200 倍液~400 倍液	喷雾	
蚜虫、花蓟马	发生初期	40%辛硫磷乳油	1 000 倍液~2 000 倍液	喷施	14
多种害虫	发生初期	18%杀虫双水剂	500 倍液~800 倍液	喷雾	15
杂草	3 年以上树龄的蓝莓园杂草生长期	75%环嗪酮水分散粒剂	80 g/亩~160 g/亩	定向茎叶喷雾	90

注：农药使用应以最新版本 NY/T 393 的规定为准。

绿色食品生产操作规程

GFGC 2024A293

辽东半岛和胶东半岛
绿色食品露地蓝莓生产操作规程

2024-07-04 发布

2024-08-01 实施

中国绿色食品发展中心 发布

前 言

本规程由中国绿色食品发展中心提出并归口。

本规程起草单位：山东省农业科学院农业质量标准与检测技术研究所、中国绿色食品发展中心、大连市现代农业生产发展服务中心、乳山市农业农村局、临沭县农业农村局、招远市农业农村局、山东省绿色食品办公室、大连金州丰汇现代农业生态园。

本规程主要起草人：张丙春、张宪、吕志明、王晓倩、刘艳辉、马善江、任显凤、范丽霞、宁明晓、郭长英、李伟、姜英林、栾其琛、黄艳玲、王晓鹏，王磊，王晓平、孔庆霞。

辽东半岛和胶东半岛绿色食品露地蓝莓生产操作规程

1 范围

本规程规定了辽东半岛和胶东半岛绿色食品露地蓝莓的产地环境、品种选择、建园、园区管理、病虫鸟害防治、采收、包装标识、储藏运输、生产废弃物处理及生产档案管理。

本规程适用于辽东半岛和胶东半岛绿色食品露地蓝莓的生产。

2 规范性引用文件

下列文件中的内容通过文中的规范性引用而构成本规程必不可少的条款。其中，注日期的引用文件，仅该日期对应的版本适用于本规程；不注日期的引用文件，其最新版本（包括所有的修改单）适用于本规程。

GB/T 191 包装储运图示标志
GH/T 1403 蓝莓气调贮藏技术规程
NY/T 391 绿色食品 产地环境质量
NY/T 393 绿色食品 农药使用准则
NY/T 394 绿色食品 肥料使用准则
NY/T 658 绿色食品 包装通用准则
NY/T 1056 绿色食品 储藏运输准则
DB 21/T 2594 蓝莓贮藏技术规程
DB 21/T 3693 蓝莓苗木
DB 37/T 3270 蓝莓综合病害防治技术规程
DB 52/T 1318 有机蓝莓鲜果贮藏保鲜技术规程

3 产地环境

应符合 NY/T 391 的规定。园区应生态条件良好、无污染、具有可持续生产能力，避开低洼地。园区土壤宜选择排灌方便、保水保肥性能好、土层深厚、土质疏松肥沃的砂壤土，pH 值 4.0～5.5（4.3～4.8 最佳），有机质含量＞5%（8%～12%最佳）。避免选用黏质土壤。

4 品种选择

选择具有一定耐寒能力、需冷量 400 h 以上的"北高丛"系列蓝莓品种。规模化蓝莓生产区宜主栽 3 个～5 个品种，早、中、晚熟合理搭配。可根据各地生态环境、品种特性和市场需求选择适宜当地种植的品种。

早熟品种：公爵（Duke）、大果蓝金（Big gold）、北陆（Northland）、绿宝石（Emerald）、珠宝（Jewel）等。

中早熟品种：伯克利（Berkeley）、德雷珀（Draper）等。

中熟品种：蓝丰（Bluecrop）、莱克西（Legacy）、喜莱（Serria）等。

晚熟品种：自由（Liberty）、尾声（Last call）、布里吉塔（Brigitta）、晚蓝（Lateblue）、达柔（Darrow）、奥扎克兰（Ozarkblue）、利珀蒂（Liberty）等。

极晚熟品种：埃利奥特（Elliot）、奥萝拉（Aurora）等。

授粉品种：蓝莓可自花授粉，花期一致的主栽品种和授粉品种可互作授粉树，按（6～7）：1

的比例配置。

5 建园

5.1 苗木选择

选择枝条粗壮、芽体饱满、根系完整发达、无徒长、无机械损伤、无病虫害的 1 级和 2 级钵苗或地栽苗。苗木要求见 DB 21/T 3693。

5.2 整地

5.2.1 平整土地

栽植前全园平整，清除地表附着物和杂草。山地丘陵地区应选择坡度不超过 15°的阳坡中下部；大于 15°的坡地应建设梯田。

5.2.2 土壤改良

每亩撒施草炭、菌棒、腐熟有机肥等 15 t～30 t；若土壤 pH 值大于 5.5，定植前 6 个月可结合施肥撒施硫黄粉改良，见 6.1.3。壤土按每亩施 67 kg 硫黄粉可降低 1 个单位 pH 值计算施用量，砂壤土减量 30%～50%。全面深翻 30 cm～50 cm 使硫黄粉入土。

5.2.3 翻耕做垄

旋耕后起垄，南北成行，垄顶宽 0.6 m～0.9 m，垄底宽 1.0 cm～1.5 cm，垄高 0.3 m～0.5 m，垄距 2.2 m～2.5 m。小型机械化作业果园垄距增至 3.0 m，树行两端留 2.5 m～3 m 机械移动空间。

5.3 栽植

地栽苗应秋季苗木休眠后或春季苗木萌芽前栽植，营养钵苗木全年可栽植。起苗时间与栽植时间一致。

栽植前，在垄上挖长宽深为 50 cm×50 cm×40 cm 的定植穴，株距 0.8 m～1.2 m，220 株/亩～300 株/亩。每穴施腐熟有机肥 5 kg～10 kg、钙镁磷肥 0.5 kg～1.0 kg、硫酸钾复合肥 25 g，与回填土混匀填平。栽植前根据苗木大小在定植穴上挖直径 20 cm～30 cm 的小穴。

栽植时，地栽苗根系自然舒展，直立于栽植穴中间，用种植土回填，原苗木土坨上部覆土 1 cm～2 cm 后踏实；营养钵苗从容器中取出，破开根团理顺根系栽植，栽植后及时浇透定根水，水渗后及时扶正下沉或歪斜的苗木，重新培土使苗木根茎部位与垄面相平。可在定植穴表面覆盖 10 cm 左右木屑、稻草、腐叶土等有机物。

6 园区管理

6.1 土壤管理

6.1.1 清耕除草

无覆盖垄间每年清耕除草 3 次～4 次，生长季灌溉或降雨后适时中耕，耕深 5 cm 左右，保持土壤疏松。入秋后不宜清耕。

6.1.2 地表覆盖

栽植后可在垄上覆盖地膜、园艺地布或 5 cm～10 cm 木屑、碎秸秆等，或垄上及行间满园覆盖园艺地布。

6.1.3 土壤 pH 值监测

种植 3 年后，每年监测土壤 pH 值，pH 值≥5.5 时，可在中耕、施基肥或防寒后整理垄面时撒施 200 目～300 目硫黄粉调节。硫黄粉用量参见 DB 37/T 3270 附录 B。

6.2 施肥管理

6.2.1 施肥要求

肥料使用应符合 NY/T 394 的规定，有机肥为主，化肥为辅。所施用的肥料不应对果园环境和果实品质产生不良影响。宜选用腐熟农家肥、生物菌肥和复合肥，忌大量使用酰胺态氮、硝态氮和含氯肥料。

6.2.2 土壤施肥

栽植当年不宜追肥。翌年起采用环状沟沟施，分期追施复合肥，氮磷钾比例为分别萌芽期1:1:0.5、花后1:1:1、果实成熟转色期0.5:1:1，亩施9 kg~18 kg。盛果期果园果实采收期结束后，在树体半径20 cm~30 cm处采用环状沟沟施，沟深15 cm~20 cm、沟宽30 cm~40 cm，亩施2 000 kg~3 000 kg腐熟有机肥，可混合少量复合肥，深翻入土；或每株穴施1 kg~2 kg，穴深10 cm左右。水肥一体化的地块，可结合滴灌系统施肥。

6.2.3 叶面施肥

初花期和幼果期，可叶面喷施低浓度硼酸1次~2次；果实采收后，每7 d~10 d可叶面喷施0.2%~0.3%磷酸二氢钾溶液，喷施2次~3次。

6.3 水分管理

6.3.1 浇水频次

宜晴天浇水，春秋季每3 d~5 d一次，夏季每天一次，灌水后及时松土。小水勤灌，忌大水漫灌，宜喷灌或滴灌。冬前灌封冻水。

6.3.2 土壤持水量

萌芽至展叶期土壤持水量宜为70%~80%，花期前后土壤持水量宜为60%~70%，果实膨大至成熟期土壤持水量宜为70%~80%、果实采收后土壤持水量宜为60%。

6.3.3 排涝

建园时设置排水系统。易涝地块在定植沟较低一端的地头挖深50 cm~60 cm的排水沟，与各定植沟相通以利排水，雨后无积水。

6.4 越冬保护（可选）

6.4.1 简易防寒

烟台和青岛地区可露天越冬。若出现极寒霜冻天气，应及时覆盖园艺编织布。

6.4.2 套袋防寒

辽东半岛冬季最低温度不低于-20 ℃的区域，通常采用镀铝反光膜套袋技术进行防寒。11月初将蓝莓株丛枝条用稻草绳捆扎后，套上专用镀铝反光膜做成的直径约45 cm的圆筒，圆筒下端外折8 cm~10 cm，用土压实；12月中旬日平均气温低于0 ℃时用绳扎紧上端开口；翌年春季土地完全解冻、气温5 ℃以上时打开上端开口透气，芽萌动前撤除全部防寒袋。

6.4.3 埋土防寒

辽东半岛冬季最低温度低于-20 ℃的寒冷区域，在植株基部一侧堆土枕以防枝条压折，土壤封冻前将植株缓缓压倒，用土将压倒的植株全部覆盖，上部枝条覆土厚度不少于10 cm，翌年春季土壤完全解冻后撤除防寒土，扶正植株并整理好床面。

6.5 修剪

6.5.1 幼树修剪

6.5.1.1 幼树成活后的第一个生长季，应不剪或少剪以扩大树冠和枝叶量，小苗笋枝可在秋季45°横拉压条，打断顶端优势，促进侧枝萌发生长。幼苗可撸花芽促使枝条生长，扩大冠幅。

6.5.1.2 夏季摘果后半个月内修剪（8月前），避免秋季和冬季修剪。剪除弱小基生枝条、干枯枝条和底部侧梢，选留2个～3个一年生强壮基生枝；疏除中上部细弱侧梢及褐色枝条；选留中上部粗壮枝条和嫩绿枝条。疏除或短截已结过果的枝条。

6.5.2 成年树修剪

夏季摘果后半个月内修剪（8月前），避免秋季和冬季修剪。疏弱枝留强枝，疏除干枯枝、病虫枝及根系分蘖；剪除内膛枝、密闭枝、交叉枝和重叠枝，结过果的枝条短截1/3～1/2；长枝条和徒长枝短截1/2。有的弱小枝可抹去花芽使其转壮；回缩更新5年以上的大结果枝。树势旺的植株，可短截枝条回缩冠幅。

6.5.3 老树更新

树龄20年左右的蓝莓树，夏季摘果后半个月内，靠近主树干锯掉贴近地面的枝条，以利萌发新枝。

6.6 花果管理

6.6.1 辅助授粉

开花量5%～8%时，每3亩～5亩释放1箱蜜蜂或熊蜂。放蜂期间不喷施杀虫剂。

6.6.2 疏花疏果

根据树势适时疏花，根据坐果情况，果实膨大前及时疏除小果和畸形果。高丛蓝莓单株产量控制在3 kg～5 kg。

6.6.3 促着色

蓝莓成熟转色期疏除过密遮光的新梢和叶片。

7 病虫鸟害防治

7.1 主要病虫鸟害

主要病害有根腐病、灰霉病、枝枯病、煤污病、叶斑病、叶枯病、叶锈病、僵果病等，主要虫害有双斑长跗莹叶甲、小青花金龟、小地老虎、卷叶蛾、刺蛾、果蝇等，主要鸟害有喜鹊、灰喜鹊、红嘴（长尾）蓝喜鹊、麻雀等。

7.2 防治原则

贯彻"预防为主，综合防治"的植保方针。农业防治、物理防治和生物防治为主，化学防治为辅。

7.3 农业防治

7.3.1 选用抗病品种无病苗木，增施有机肥，合理密植和修剪，减少荫蔽，种植区远离桧柏。

7.3.2 蓝莓成熟期间及时清理落果、僵果和病虫果等；秋季及时清理枯枝落叶，并剪除病枯枝、弱小枝、过密枝和基生青嫩徒长枝，行间深翻20 cm。pH值过高引起的黄叶病防治方法可参见6.1.3。

7.4 物理防治

7.4.1 每年开花前全园铺设防鸟网，果后撤除。

7.4.2 机械或人工捕捉害虫。

7.4.3 除花期外，每20亩～30亩果园，可在高于树冠0.3 m处架设一个黑光灯诱杀小地老虎、小金龟等害虫；可每亩悬挂40张～60张嫩绿板，预防谢花后的果蝇等。

7.4.4 用红糖、醋、白酒、水按1∶4∶1∶16或1∶2∶2∶4的比例配成糖醋液，盛装于盆中悬挂在果园诱杀果蝇等，每亩放5盆～8盆，随时添加溶液保持3 cm～5 cm深，上方加塑料防雨罩；或用密闭容器，在瓶壁钻直径 4 mm～5 mm 的孔。可在诱捕器外壁及防雨罩上喷黏胶提高诱杀效果；可收集果园落果浸入糖醋液增加诱杀效果。

7.5 生物防治

保护和利用蜘蛛、瓢虫、寄生蜂等天敌防治蚜虫等害虫。

7.6 化学防治

应符合 NY/T 393 的要求。蓝莓主要病虫草害防治推荐农药使用方案见附录 A。不实行生草栽培的果园，3 年以上树龄的蓝莓园内，每亩可用 75% 环嗪酮水分散粒剂 80 g～160 g 兑水 30 kg～40 kg，在杂草生长期进行定向茎叶喷雾，施药时加喷雾罩，压低喷头，以防药液飘至蓝莓树叶。每年最多使用 1 次，安全间隔期为 90 d，大风天或暴雨前严禁施药。

8 采收

8.1 果实具本品种应有的色泽时（部分品种表皮变蓝紫色或紫黑色并覆盖一层白色果粉），适时分批采收。辽东半岛采收期为 7 月初至 8 月下旬。胶东半岛采收期为 6 月中旬至 8 月初。

8.2 晴天上午 10 时前、傍晚或阴天时，光照适宜、气温较低时采收；高温、阴雨天、有雾、果面潮湿时不宜采收。盛果期每 2 d～3 d，初果和末果期每 4 d～6 d 采收一次。

8.3 采收时，戴洁净棉质手套或指套手工采摘，捏住蓝莓果实轻轻旋转摘下，轻摘轻放，避免果蒂撕裂、碰压等机械损伤，保持果粉完整。按品种和区域依次采摘。随时剔除机械损伤果、软化果、霉变果、畸形果、病虫害果、鸟害果等。

8.4 用分隔式采收容器，容器应清洁、干燥、底部平整、内壁光滑、内置软衬，装果厚度不超过 10 cm。避免多次倒筐、磕碰、挤压等。

8.5 采后置于阴凉通风处，避免日晒，尽快转移至预冷场所。

9 包装标识

9.1 采后 6 h 内完成分选，宜在温度低于 10 ℃ 的房间内分选和包装蓝莓，剔除腐烂、软化及其他不符合上市要求的果实。按同一产地、同一品种、同一等级、同一批次进行包装。每批次产品包装规格和质量一致。

9.2 内包装宜用耐压带孔聚酯塑料盒，推荐每盒果重 125 g、250 g 或 500 g，装果厚度不超过 3 cm，包装内果实紧密摆放。

9.3 外包装容器（木箱、纸箱、塑料箱）应大小一致、牢固、坚实耐压、洁净干燥透气、无污染、无破损、内壁无尖突物；有软衬，不宜用隔热密封包装；规格适中、包装容量 1.5 kg～3 kg，箱内小包装摆放整齐、紧密。

9.4 定量包装标识应包括产品名称、生产者名称、产品标准、等级、净含量、产地、采收和包装日期等。包装应符合 NY/T 658 的要求，包装图标应符合 GB/T 191 的要求，并印有包装回收标志。

10 储藏运输

10.1 预冷

可采用冷库、强制冷风或真空等预冷方式。需要长期储藏的果实，应在采收后 1 h 内尽快预冷至 0 ℃～2 ℃，宜使用气调包装储藏，按 GH/T 1403 的要求执行；中期储藏的果实，采用自发气调包装，将预冷后的果实装入内衬有 0.03 mm～0.05 mm 厚聚乙烯薄膜袋的包装箱中，扎紧袋口；短期储藏的果实，应在采收后 10 ℃～12 ℃ 预冷 12 h，预冷后用食品级塑料薄膜覆盖转移至冷藏库。

10.2 出入库要求

应间隔 3 h 以上分批转移至冷藏库，每次装入预冷蓝莓不超过库容量 1/3，最大装载量宜为库房容量的 75%。阴凉通风、清洁卫生的条件下，码放整齐按品种规格分别储藏，严防挤压等损伤，不得直接接触地面或靠墙。严防日晒、雨淋、机械伤和有毒物质污染。不得与有毒有害、有异味的物品混合储藏。及时分批出库。

10.3 储藏要求

应符合 NY/T 1056 的要求。储藏温度 0 ℃～2 ℃，库内温度不低于 0 ℃且温度浮动不超过±1 ℃；空气相对湿度 90%～95%。储藏管理参见 DB 52/T 1318 的第 6 部分和 DB 21/T 2594。若常温储藏，蓝莓鲜果可保鲜 3 d～5 d；若需要，经-25 ℃速冻后-18 ℃储藏，可储藏 2 年。

10.4 运输要求

冷藏蓝莓运输温度 1 ℃～3 ℃，冷冻蓝莓运输温度-18 ℃，堆码时确保车厢内冷却循环通畅。运输时轻装轻卸、快装快运、严防机械损伤，运输中防冻、防晒、防雨淋。不得与非绿色食品蓝莓及其他有毒有害物品混装混运。运输过程中行车平稳，转载适量。

11 生产废弃物处理

11.1 及时将枯枝落叶以及修剪产生的蓝莓枝条带出果园集中处理，可用于沤制腐熟的有机肥。

11.2 将病虫枝叶等带出田间集中处理，严禁乱丢或沤肥。

11.3 农药空包装不得重复使用，应清洗 3 次以上，清洗后压坏或刺破，必要时贴标签回收。施药时剩余药液和残留洗液按规定处理。废弃农药、肥料包装和园艺地布等统一回收分类处理。

12 生产档案管理

12.1 应建立绿色食品蓝莓档案管理和记录制度，详细记录蓝莓果园地块、整地施肥、栽植、土壤管理、灌溉、追肥、病虫害防治、采收、储藏、废弃物处理等情况。记录内容应真实、准确、规范，确保各环节有效追溯。

12.2 保存生产档案。对各项文件有效管理，确保各项文件均为有效版本。各项记录均应由记录和审核人员签名，保存 3 年以上。

附 录 A
（资料性附录）
辽东半岛和胶东半岛绿色食品露地蓝莓主要病虫草害防治推荐农药使用方案

辽东半岛和胶东半岛绿色食品露地蓝莓主要病虫草害防治推荐农药使用方案见表 A.1。

表 A.1 辽东半岛和胶东半岛绿色食品露地蓝莓主要病虫草害防治推荐农药使用方案

防治对象	防治时期	农药名称	使用量	使用方法	安全间隔期（d）
病害	发病前和发病初期	25%多菌灵可湿性粉剂	250 倍液～500 倍液	喷雾	28
		40%多菌灵可湿性粉剂	400 倍液～800 倍液	喷雾	28
		40%多菌灵悬浮剂	400 倍液～800 倍液	喷雾	28
		50%多菌灵可湿性粉剂	500 倍液～1 000 倍液	喷雾	28
		80%多菌灵可湿性粉剂	800 倍液～1 600 倍液	喷雾	28
白粉病、枝枯病	早期预防	50%硫黄悬浮剂	200 倍液～400 倍液	喷雾	2
多种害虫	发生初期	18%杀虫双水剂	500 倍液～800 倍液	喷雾	15
蚜虫、螨、食心虫	发生期	40%辛硫磷乳油	1 000 倍液～2 000 倍液	喷雾	7
杂草	3 年以上树龄的蓝莓园杂草生长期	75%环嗪酮水分散粒剂	80 g/亩～160 g/亩	定向茎叶喷雾	90
注：农药使用应以最新版本 NY/T 393 的规定为准。					

绿色食品生产操作规程

GFGC 2024A294

江浙皖等地区
绿色食品露地蓝莓生产操作规程

2024-07-04 发布　　　　　　　　　　　　　　　　2024-08-01 实施

中国绿色食品发展中心　发布

前　言

本规程由中国绿色食品发展中心提出并归口。

本规程起草单位：安徽农业大学、安徽省农产品质量安全管理站、中国绿色食品发展中心、安徽省公众检验研究院有限公司、宣城市农产品质量安全中心、泾县泾川镇农业农村发展中心、铜陵市义安区农业技术推广中心、怀宁县现代农业技术合作推广服务中心、湖北省农业科学院、金陵科技学院、怀宁县蓝莓产业发展服务中心、上海市农产品质量安全中心、江苏省绿色食品办公室、浙江省农产品绿色发展中心、江西省农业技术推广中心、湖北省荆门市绿色食品管理办公室、湖南省湘西土家族苗族自治州绿色食品办公室。

本规程主要起草人：叶振风、陈钫、宋晓、汤小美、潘迎九、洪曙光、杨彬、蒋军、杨夫臣、张长青、操海珍、杨琳、杭祥荣、李露、杜志明、喻小兵、谭周清。

GFGC 2024A294

江浙皖等地区绿色食品露地蓝莓生产操作规程

1 范围

本规程规定了江浙皖等地区绿色食品露地蓝莓的产地环境、建园、土肥水管理、整形修剪、花果管理、病虫害防治、采收、包装、运输、储藏、生产废弃物处理及生产档案管理。

本规程适用于江苏省、浙江省、安徽省、上海市、江西省、湖北省和湖南省绿色食品露地蓝莓的生产。

2 规范性引用文件

下列文件中的内容通过文中的规范性引用而构成本规程必不可少的条款。其中，注日期的引用文件，仅该日期对应的版本适用于本规程；不注日期的引用文件，其最新版本（包括所有的修改单）适用于本规程。

NY/T 391　绿色食品　产地环境质量
NY/T 393　绿色食品　农药使用准则
NY/T 394　绿色食品　肥料使用准则
NY/T 658　绿色食品　包装通用准则
NY/T 844　绿色食品　温带水果
NY/T 1056　绿色食品　储藏运输准则

3 术语和定义

下列术语和定义适用于本标准。

3.1 需冷量

落叶果树打破自然休眠（内休眠）所需的有效低温时数，称为需冷量。一般以低于7.2 ℃的累计时数计算，以小时为单位。

3.2 容器苗

指繁殖生根的苗木移栽到装有配制营养土的容器内，经过一定时期管理后达到出圃规格的苗木。

3.3 短截

修剪去一年生枝梢的一部分。

3.4 回缩

多年生枝条，修剪到二年生或二年生以上的部分。

4 产地环境

产地应选择无空气污染和水污染，具有良好生态环境的区域，并且符合NY/T 391的规定。园区宜距离公路100 m以上，有防护隔离林带，交通便利，靠近水源，远离污染源，坡度一般不超过25°。选择排水良好的平地或光照充足的向阳缓坡为佳。土质深厚、肥沃、疏松通气、保肥保水力强。"兔眼"系列蓝莓品种土壤pH值宜在4.5～5.5，"高丛"系列蓝莓品种土壤pH值宜在4.5～5.2，土壤有机质含量达到5%以上。

5 建园

5.1 品种选择

在江浙皖等区域适宜种植的蓝莓品种有"南高丛""北高丛"和"兔眼"三大系列。长江以南地区以"南高丛"和"兔眼"系列品种为主；长江以北地区宜以"高丛"系列品种为主，"北高丛"系列从中选择需冷量低的品种。同一地块至少种植同一类型且花期较为一致的品种2个以上，利于相互授粉。推荐品种如下。

"南高丛"系列品种：奥尼尔（O'Neal）、密斯蒂（Misty）、绿宝石（Emerald）、珠宝（Jewel）。

"兔眼"系列品种：灿烂（Brightwell）、巴尔德温（Baldwin）、园蓝（Gardenblue）、顶峰（Climax）。

"北高丛"系列品种：莱格西（Legacy）、公爵（Duke）、布里吉塔（Brigitta）、蓝丰（Bluecrop）。

5.2 土壤改良

土壤pH值大于5.5时，应采取有效措施降低pH值，一般在种植前6个~12个月采用酸性有机质和酸性肥料来调整土壤pH值；也可以结合深翻在全园撒施硫黄粉来降低pH值，每降低1个单位pH值，砂壤土应施硫黄粉20 kg/亩~40 kg/亩，壤土应施硫黄粉40 kg/亩~80 kg/亩。将硫黄粉按土壤状况计算出的施用量均匀撒入全园，深翻15 cm混匀。当土壤有机质含量低于3%时，可使用泥炭、碎松树皮和松树锯屑等酸性材料作为基质来增加土壤有机质含量。

5.3 整地

首先清除田间杂草、杂物，然后全园翻耕平整，翻耕深度应不少于50 cm。

深翻土壤泡松后起种植垄，垄长度宜在50 m以内，宽度1.2 m~1.5 m，高度0.3 m~0.5 m。排水沟宽0.8 m~1.0 m，深0.8 m~1.2 m。

对于山地应按等高线修筑梯状种植带，保证排水通畅。

5.4 栽植密度

"兔眼"系列品种行株距宜为（3.0 m~4.0 m）×（1.5 m~2.0 m）；"高丛"系列品种行株距宜为（1.5 m~3.0 m）×（1.2 m~1.5 m），挖40 cm×40 cm×40 cm见方的定植穴或40 cm×40 cm的定植沟。

5.5 苗木定植

5.5.1 苗木质量

选择二年生以上、植株无病害与伤口、分枝多、枝条粗壮、根系发达的健壮苗木。苗木高度在30 cm以上，主茎直径在0.4 cm以上。宜选择使用容器苗。

5.5.2 定植时间

在秋季停止生长后至春季花芽萌动前进行；带土球的容器苗可以在任何季节定植，以休眠期定植为宜。

5.5.3 定植方法

苗木定植前，每亩施松针或锯木屑等酸性基质500 kg~1 000 kg，基肥用经无害化处理的有机肥，每亩施用2 000 kg~3 000 kg。栽植时，把苗木扶正、根系舒展，边覆土边轻轻向上提苗，使根系与土壤紧密接触，栽植深度略高于苗木在苗圃或容器时原土痕2 cm~3 cm。浇足定根水。植株根系不得与肥料直接接触。

6 土肥水管理

6.1 土壤管理

提倡树盘覆盖。定植后3年内，可在树盘覆盖松针、锯末、作物秸秆等，厚度5 cm~8 cm，与根茎部位保持 10 cm 距离。行间清耕，每年清耕 2 次～3 次，入夏以后不宜清耕，中耕深度以 5 cm～10 cm 为宜。

定植 4 年以后，行间间种低矮的豆科绿肥，刈割后翻入土中或覆盖于行内，以提高土壤有机质含量。

6.2 施肥

6.2.1 原则

以有机肥为主，化肥为辅，平衡施肥。具体参照 NY/T 394 的规定执行。

6.2.2 肥料种类

有机肥可使用畜禽粪便、锯末、松针等发酵腐熟制成，化肥应选择有机复合肥和硫酸钾型复合肥，不宜选用氯化钾型复合肥、硝态氮肥料和碳酸氢铵等碱性肥料。

6.2.3 施肥方法

6.2.3.1 基肥

对比较疏松的砂质土壤采用全园撒施法，对壤土和黏土，采用沟施或穴施，在树冠正投影边缘外围开挖不连续的环状沟或穴，基肥与土壤混合均匀施入，幼树沟穴离树干基部距离不少于 30 cm，沟穴深度为 25 cm～30 cm。

6.2.3.2 追肥

可在树冠正投影边缘处分多点施入或在畦面上撒施，并结合浅耕除草混入土层，追肥宜雨后施入或追施后浇水。对土壤施肥的同时，根据树体缺素症状喷施叶面肥。有条件的园区宜采用滴灌施肥。

6.2.4 施肥时间和数量

每年施肥 2 次。第一次在开花前后追肥，以速效氮肥为主，每亩可用尿素 30 kg，施后及时浇水。第二次在果实采收结束后，施入基肥，以充分腐熟的有机肥为主，每亩 1 000 kg～2 000 kg，适当加入复合肥 50 kg～80 kg，施后及时浇水。

6.3 水分管理

幼年果园田间持水量保持在 50%～70%；果实成熟前应控制水分供应，果实采收后，恢复适宜的水分供应。雨水过多时，应及时排水防涝。晚秋季节应减少水分供应，以利于植株及时进入休眠。

7 整形修剪

7.1 修剪时期

修剪时期可分为生长期修剪和休眠期修剪。提倡采用生长期修剪，采后修剪宜在果实采收后 15 d 进行，修剪时间不宜过早或过晚。

7.2 修剪方法

7.2.1 幼树修剪

幼树期修剪以扩大树冠为主，幼树宜在 2 月或 3 月定干，定干高度为离地 10 cm。第一年秋冬季，轻剪缓放，仅剪去花芽及少量过分细弱的枝条。定植后第二、第三年疏除幼树下部的细弱枝、下垂枝、水平枝以及树冠内的交叉枝、过密枝、重叠枝。

7.2.2 初果期修剪

修剪以少量结果并且兼顾树冠扩大为原则。去除弱枝，保留中庸枝及部分粗壮枝用于结果，短截外围强壮枝。

7.2.3 盛果期修剪

以控制树冠、稳定果实产量、提高果实质量为主。控制单株主枝数量 4 个～8 个，及时疏除下垂枝、重叠枝，回缩或短截树冠间交叉枝，保留强壮枝，利用短截使结果枝的花芽串长度控制在20 cm以内。夏季合理选留萌蘖新枝，逐步更新衰老的成年枝。

8 花果管理

8.1 疏花疏果

以疏花为主，疏果为辅。冬季或早春修剪时根据树势确定结果量，疏除多余花芽，根据坐果情况疏除幼果。"兔眼"系列品种成年树单株产量控制在5 kg～8 kg，"高丛"系列品种成年树单株产量控制在3 kg～5 kg。

8.2 辅助授粉

花期每亩宜放置1箱以上蜜蜂辅助授粉，花期禁止使用杀虫剂。

8.3 果园防鸟

果实成熟期，利用防鸟网、电动驱鸟器或驱鸟剂等方式驱赶鸟类。

9 病虫害防治

9.1 防治原则

遵循"预防为主，综合防治"的植保方针，优先采用农业防治、物理防治和生物防治等防治措施，保护利用各类天敌。必要时可采用化学防治，但应符合NY/T 393的要求。

9.2 主要病虫害

蓝莓主要病害有灰霉病、僵果病、炭疽病等，虫害主要有金龟子及其幼虫蛴螬、果蝇和蓟马等。

9.3 防治方法

9.3.1 农业措施

选择抗性强的品种，加强苗木检疫。控制植株长势，通过修剪改善通风透光条件，减少病虫害发生。加强田间管理，控制结果量，增强树势，提高树体对病虫害的抵抗力。及时清除病虫枝和果实，集中无害化处理。禁止使用未腐熟的有机肥料。人工除草和覆盖防草。

9.3.2 物理防治

使用黑光灯、频振式杀虫灯等光源性灯具诱杀害虫，一般每20亩～30亩安装一盏；利用黄板等诱杀害虫，每亩放置30张规格20 cm×30 cm的黄板，高出蓝莓树体15 cm左右。对发生量大、分布集中或具有假死性的害虫采用人工捕杀。

9.3.3 生物防治

保护和利用当地主要的有益生物，合理使用生物制剂防治虫害。

9.3.4 化学防治

加强病虫害监测，掌握病虫害发生规律及为害情况，科学合理用药。提倡使用生物源农药，选用高效、低毒、低残留的农药。按农药包装标签执行安全间隔期。主要病虫害为害症状及防治措施见附录A。主要病虫草害防治推荐农药使用方案见附录B。

10 采收、包装、运输、储藏

10.1 采收

根据栽培品种固有的成熟表现分批采收。一般2 d～3 d采收一次。采摘时轻摘、轻拿、轻放，按品种进行采收，对病果、畸形果应单收单放。产品质量应达到NY/T 844要求。

按果实用途分期采收，供鲜食的果实、运输距离短且保藏条件好的可在果实基本成熟时采收，加工饮料、果酱、果酒、果冻等产品的蓝莓在充分成熟后采收。采摘应在早晨露水已干至中午高温以前，以及下午气温下降以后进行。采收后须尽快采用风冷或水冷措施，以降低果实的田间热。

10.2 包装、运输

遵循小包装、多层次、少挤压、避高温的原则进行包装和运输。装果容器采用较浅的透气筐篓、纸箱、果盘等，鲜食果选用有透气孔的聚乙烯盒或做成一定规格的纸箱，加工用果实可用较大的透气筐或浅的周转箱等运输至加工厂。周转箱与包装材质应符合 NY/T 658 要求，运输过程应符合 NY/T 1056 要求。

10.3 储藏

在常温条件下，蓝莓鲜果的保质期为 3 d～5 d；在 0 ℃～5 ℃冷藏，鲜果保质期为 12 d～15 d；长期储藏果应经-25 ℃速冻后在-18 ℃冷藏，储藏期可达 2 年。

11 生产废弃物处理

11.1 彻底清园

枯枝、落叶、僵果是许多病虫的主要越冬场所之一，必须将枯枝、落叶、杂草、树皮、僵果集中清理出果园，进行沤肥、深埋或无害化处理。

11.2 枝条综合利用

每年冬季整形修剪的枝梢数量较多，可积极开展综合利用，制造生物质颗粒燃料产品，也可将树枝粉碎，混入畜禽粪便和生物菌，发酵制成肥料。

11.3 投入品包装物处理

果园施用的农药肥料包装袋和包装瓶等废弃物，按指定地点存放，并定期处理，统一销毁或二次利用，不得乱扔乱放，避免对土壤和水源的二次污染。

12 生产档案管理

园区生产管理人员应如实做好各项生产操作、投入品使用等方面的记录，建立绿色食品蓝莓生产档案，以便查阅并控制质量安全。记录保存 3 年以上，做到生产过程可追溯。

投入品使用和生产操作档案的记录参照附录 C。

附 录 A
（资料性附录）
江浙皖等地区绿色食品蓝莓主要病虫害为害症状及防治措施

A.1 灰霉病

A.1.1 为害症状

为害蓝莓的果实、叶片及果柄，初期多从叶尖形成"V"形病斑，逐渐向叶内扩展形成灰褐色枯斑，后期病斑上产生灰色霉层，被感染的果实呈水渍状，软化腐烂，风干后果实干瘪、僵硬。

A.1.2 防治措施

（1）发病初期，及时摘除病枝叶，深埋或焚烧。
（2）加强栽培管理，增加园内通风透光，降低空气湿度，可有效控制病害流行。

A.2 僵果病

A.2.1 为害症状

主要为害蓝莓的幼嫩枝条和果实，致使感病植株体内细胞失衡，叶和花细胞破裂死亡，幼叶与嫩枝表现出不同程度的萎蔫现象；果实表面呈黄褐色或浅红色，表皮萎蔫、软化，慢慢失水、变干形成僵硬的小果脱落。越冬后，脱落僵果上的孢子萌发，再次进入翌年循环侵害。

A.2.2 防治措施

（1）入冬前清除果园内落叶、落果，集中无害化处理或深埋，能有效控制僵果病发生。
（2）春季开花前浅耕，土壤施用尿素，有助于减轻病害。
（3）药剂防治：可在不同阶段使用不同的药剂，早春喷施0.5%尿素，控制僵果的最初发生阶段，减轻僵果发生程度。

A.3 炭疽病

A.3.1 为害症状

病原菌多侵染一年生或二年生枝条的花芽和叶芽，先出现水渍状褐色斑点，后病斑呈灰白色，病斑周围有红棕色晕圈，感病枝条萎蔫、枯死；病原菌也可侵染幼嫩叶片和枝条，产生红色圆形小病斑，病斑逐渐扩大呈棕褐色，病健交界处有红色晕圈；病斑上散生黑色小点，即病原菌的分生孢子盘。蓝莓开花至坐果期是病原孢子传播高峰期。

A.3.2 防治措施

（1）选用抗性强的蓝莓品种。
（2）均衡施肥，增加根系吸收能力，提高植株对病原菌的抵抗力；同时，保持园地土壤湿润，无积水。
（3）修剪树形，增强园内通风透光，及时剪除病枝，结合冬季修剪，剪除徒长枝、病枝，连同枯落物集中无害化处理。

A.4 金龟子

A.4.1 为害症状

成虫主要为害蓝莓嫩梢上的幼叶，新梢顶端嫩叶残缺不全，影响枝梢生长。低龄幼虫（蛴螬）啃食细根，高龄幼虫啃食根颈附近大根的根皮，严重时可造成整株死亡。

A.4.2 防治措施

A.4.2.1 农业防治

加强园区肥水管理，增强树体抗性；及时清除落叶和枝条，减少蛴螬的越冬场所；有机绿肥须经高温腐熟后再施用。

A.4.2.2 物理防治

（1）灯光诱杀：在蛴螬成虫发生为害期，利用成虫的趋光性，在果园安置频振式杀虫灯诱杀成虫，收集虫体带出园外集中处理。

（2）糖醋液诱杀：利用金龟子的趋化性，配制糖醋液，放在行间诱杀。配成诱饵糖醋液（红糖1份，醋2份，白酒0.4份，水10份）用塑料瓶装好，每亩蓝莓园树冠荫蔽处悬挂20瓶，悬挂高度1 m，每周更换一次糖醋液，并定期清除瓶内成虫。

（3）人工捕杀：利用金龟子的假死性，在6月—7月成虫发生盛期，晚上8时—9时，树下铺置塑料布，摇动树枝，收集、捕杀掉落的成虫。

A.5 果蝇

A.5.1 为害症状

幼虫在果实内部为害（黑腹果蝇多为害过熟果，斑翅果蝇有锯齿状产卵器，可在未成熟果实上产卵为害），受害果实逐渐软化、变褐、腐烂、脱落。

A.5.2 防治措施

及时清除蓝莓园内及周边腐烂的有机物和垃圾，避免田间蓝莓果实过度成熟，成熟采收期间清除园内外的落果、烂果，悬挂果蝇诱杀剂、糖醋酒液或蓝莓汁（利用收集来的坏果打成汁）等诱杀果蝇成虫。

A.6 蓟马

A.6.1 为害症状

成虫和若虫锉伤植株幼嫩组织，破坏输导组织并吸取汁液。受害叶片变硬、卷曲变小失绿，叶片边缘干枯；生长点受害变硬，芽枯萎，植株生长缓慢；影响花芽形成，花蕾期受害造成花畸形，严重者花序枯死；受害果实和枝条表面变粗糙，果实转色不良。

A.6.2 防治措施

垄上铺设防草布，阻断蓟马成虫入土化蛹；蓟马喜干旱环境，因此勤浇水，可有效消灭地下若虫和蛹；冬剪时短截受害的枝条，树间挂蓝色粘板诱杀成虫。

附 录 B
（资料性附录）
江浙皖等地区绿色食品露地蓝莓主要病虫草害防治推荐农药使用方案

江浙皖等地区绿色食品露地蓝莓生产主要病虫草害防治推荐农药使用方案见表 B.1。

表 B.1 江浙皖等地区绿色食品露地蓝莓生产主要病虫草害防治推荐农药使用方案

防治对象	防治时期	农药名称	使用量	使用方法	安全间隔期（d）
僵果病	开花前	25%多菌灵可湿性粉剂	2 500 倍液～5 000 倍液	喷雾	28
灰霉病	花后 1 个月内	25%多菌灵可湿性粉剂	2 500 倍液～5 000 倍液	喷雾	28
炭疽病	发病初期	25%多菌灵可湿性粉剂	2 500 倍液～5 000 倍液	喷雾	28
蚜虫、螨、食心虫	害虫发生期	40%辛硫磷乳油	1 000 倍液～2 000 倍液	喷雾	7
多种害虫	开花前和夏剪后	18% 杀虫双水剂	500 倍液～800 倍液	喷雾	15
杂草	3 年以上树龄的蓝莓园杂草生长期	75%环嗪酮水分散粒剂	80 g/亩～160 g/亩	定向茎叶喷雾	90
注：农药使用应以最新版本 NY/T 393 的规定为准。					

附 录 C
（规范性附录）
江浙皖等地区绿色食品蓝莓农业投入品使用和生产操作档案

C.1 农业投入品使用档案见表C.1。

表C.1 农业投入品使用档案

单位名称： 种植地点： 种植面积：
品种名称： 种植密度： 树龄：

序号	使用日期（年-月-日）	品名	剂型	生产厂家	用量	施用方法	效果	记录人
1								
2								
3								
……								

注：①：根据事项发生先后顺序逐项记载。
　　②：化肥用量计量单位为kg/亩，农药用量计量单位为g/亩。

C.2 生产操作档案见表C.2。

表C.2 生产操作记载表

单位名称： 种植地点： 种植面积：
品种名称： 种植密度： 树龄：

土壤种类及肥力	序号	操作日期（年-月-日）	操作内容与方法	完成情况及效果	记录人
	1				
	2				
	3				
	……				

绿 色 食 品 生 产 操 作 规 程

GFGC 2024A295

闽粤桂等地区
绿色食品露地蓝莓生产操作规程

2024-07-04 发布

2024-08-01 实施

中国绿色食品发展中心　发布

前 言

本规程由中国绿色食品发展中心提出并归口。

本规程起草单位：福建省绿色食品发展中心、福建省农业科学院农业质量标准与检测技术研究所、福建省植保植检总站、中国绿色食品发展中心、广东省农产品质量安全中心、广西壮族自治区绿色食品发展站、海南省绿色食品发展中心。

本规程主要起草人：杨芳、汤宇青、傅建炜、曾晓勇、刘晨、张宪、马雪、陈丽华、胡冠华、陆燕。

闽粤桂等地区绿色食品露地蓝莓生产操作规程

1 范围

本规程规定了闽粤桂等地区绿色食品露地蓝莓的建园、土肥水管理、树体管理、花果管理、病虫鸟草害防治、果实采收、分级包装、储藏运输、生产废弃物处理和生产档案管理。

本规程适用于福建省、广东省、广西壮族自治区、海南省等地区绿色食品露地蓝莓的生产。

2 规范性引用文件

下列文件中的内容通过文中的规范性引用而构成本规程必不可少的条款。其中，注日期的引用文件，仅该日期对应的版本适用于本规程；不注日期的引用文件，其最新版本（包括所有的修改单）适用于本规程。

NY/T 391　绿色食品　产地环境质量
NY/T 393　绿色食品　农药使用准则
NY/T 394　绿色食品　肥料使用准则
NY/T 658　绿色食品　包装通用准则
NY/T 1056　绿色食品　储藏运输准则

3 建园

3.1 产地环境

产地环境条件应符合 NY/T 391 的规定。

3.2 园地选择与规划

3.2.1 园地选择

选择平地或光照充足的向阳山缓坡地，园地土层深厚、排水良好、通气性强、水源充足。土壤尽量选择疏松透气、pH 值 4.5～5.5、有机质含量≥5%的砂壤土或壤土；当土壤的 pH 值和有机质含量不能满足要求时，须进行土壤改良，具体参见 3.5。

产地年平均气温 20 ℃，年降水量 800 mm～1 200 mm，无霜期 280 d，极端低温＞-15 ℃，冬季 7.2 ℃以下的低温积累≥450 h。

3.2.2 园地规划

蓝莓园区的规划应满足三通一平（通水、通电、通路、地平）的基本原则。

道路规划：蓝莓园区道路一般分为主路、支路和作业道三级。主路宽度一般在 6 m 左右；支路宽度一般为 4 m；为了农事操作方便设立宽度 3 m 左右的作业道。

作业区规划：每个作业区域长度不能超过 100 m，地形起伏较大的地块可以适当缩短。

排水系统：蓝莓喜土壤湿润，但又不能积水，排水系统的规划和布局，要根据园区的地形、地势及道路走向设计。一般是由园区内的集水沟、作业区内的排水支渠和排水干渠组成。垄头（作业道两侧）要有小型排水沟，接入主排水沟。

3.3 品种（苗木）选择

选择品种纯正、适应当地气候条件、通过品种审定的"南高丛""兔眼"系列品种，如阳光蓝、蓝钻石、早蓝、玫瑰嫣红、泰坦、梯芙蓝、芭尔德温、门梯、杰兔、布莱特蓝、蓝雨、绿宝石、薄雾、优瑞卡、H5 等品种。

选择二年生或三年生健壮苗木，植株高 30 cm～60 cm，茎粗≥0.3 cm；不定根长≥15 cm，须根呈白色或黄白色、数量多且分布均匀为宜，根系褐变或发黑则不宜选择；至少有 2 个木质化枝条，分枝多、芽饱满、叶色浓绿、无病虫害、无机械损伤。

3.4 整地起垄（作畦）

园地进行清园，清除田间杂草杂物，全园深翻 0.3 m～0.4 m，黏滞土壤或 pH 值需要调整的土壤施入相应物料（酸性或碱性肥料）的同时全园改土深翻。园地经翻耕起垄作畦，改善土壤结构，增加土壤透气性，促进微生物活动，利于排水防涝；畦长宜在 50 m 以内，畦宽 1.0 m～1.5 m，畦高 0.3 m～0.5 m；排水沟宽 1.0 m～1.5 m，排水沟深 0.8 m～1.2 m。

3.5 土壤改良

3.5.1 土壤 pH 值调节

土壤 pH 值改良需要在苗木定植前的 1 年或至少 6 个月进行，根据土质和土壤 pH 值的不同进行调节，当 pH 值大于 5.5 时，可在土壤中施入适量硫黄粉、草炭以降低土壤 pH 值；在果园灌溉时可用硫酸或硫酸亚铁将灌溉水的 pH 值调节到 4.5～5.5 后再进行灌溉，以保证耕地土壤 pH 值不再升高，使蓝莓能更好地生长。当 pH 值小于 4.0 时，可在定植前 1 年施入适量石灰以调节土壤 pH 值，施用量为 533 kg/亩，可使 pH 值由 3.3 增至 4.0 以上。经过改良后的土壤应符合 NY/T 391 的规定。

3.5.2 土壤有机质改良

土壤中有机质含量低时，施入有机物料以提高土壤有机质，同时，可以提高土壤的疏松度。有机物料主要为草炭土、锯末、松针、烂树皮、粉碎的秸秆、腐熟的牛羊粪、花生麸等，推荐以草炭土为主，松针锯末、腐苔藓、稻壳、锯末、椰糠等为辅，同时添加少量牛羊粪。将配好的有机物料充分混合，均匀堆放发酵，可以有效杀灭有机物料中的虫卵和病菌，并避免在种苗后产生烧苗现象；或者直接选择商品草炭土和经腐熟的牛羊粪混合使用。施用方式：定植前整地起垄作畦后进行局部改良，挖深 40 cm×宽 50 cm×长 50 cm 的定植穴，将上述有机质和园土按 1∶1 的比例混合均匀，回填到种植穴或者种植坑内，回填后种植穴或种植坑高出地面 20 cm。

3.6 定植

3.6.1 定植时间

蓝莓定植苗木以 2 年或 3 年为宜，一般在秋季至第二年春季萌前种植最佳。蓝莓营养钵苗全年皆可以种植，但须避开高温天气以及雨季、寒潮等时期种植，推荐在 12 月至翌年 3 月蓝莓苗木落叶后萌芽前定植。

3.6.2 定植密度

"南高丛"系列品种植株行距推荐为（0.8 m～1.5 m）×（2.0 m～3.0 m），一般每亩地定植 150 株～220 株；"兔眼"系列品种株行距常采用（1.5 m～2.5 m）×（2.5 m～3 m），一般每亩地定植 110 株左右。

3.6.3 配置授粉树

"高丛"系列品种、"兔眼"系列品种都需要配置授粉树，可以有效提高坐果率，增加单果重，提高产量和品质。推荐主栽品种与授粉品种的配置比例为（2～3）∶1，每隔 2 行主栽品种种植 1 行授粉树。

3.6.4 定植方法

定植时挖大小为（20 cm～50 cm）×（20 cm～50 cm）、深度为 15 cm～40 cm 的定植穴，挖出来的土放在一旁备用。穴内放满改土物料（混入适量硫黄粉的草炭土、锯末、松针、烂树皮、碎秸秆、腐熟牛羊粪、花生麸等），将营养钵苗的根团用手破开（注意不能损伤根部），放入定植穴，先盖入少量细土，向上轻提苗木，让苗木根系舒展开，与盖入的细土充分接触，然后盖入剩余的土壤，土壤与地面平齐，在营养钵苗原土上方 1 cm～3 cm 处。埋土后轻踩按实，浇透水，然后在定植穴表面覆盖 5 cm～10 cm 厚的腐叶土、树皮、木屑、稻草等有机物或覆盖透气地膜，以保持水分、抑制杂草、增加土壤有机质。

3.6.5 杂草防治

蓝莓幼树抗草害能力差，宜在定植前除尽园地内的水花生等多年生宿根类杂草。根据园地条件，可种植适合的绿肥，有效抑制杂草生长。

4 土肥水管理

4.1 土壤管理

4.1.1 土壤 pH 值监测

定期检测土壤的 pH 值。种植 3 年后，每年监测土壤 pH 值，pH 值≥5.5 时，可在中耕、施基肥或防寒后整理垄面时撒施 200 目～300 目硫黄粉调节。硫黄粉用量参见附录 A。

4.1.2 清耕除草

定植后，在蓝莓幼苗期注意及时除草，防止杂草争夺树体养分和水分，抑制树体发育。每年早春到 8 月期间，可在蓝莓行内轻耕 2 次～3 次，轻耕深度 3 cm～5 cm 为宜，不可过度深耕，容易损伤蓝莓根部。

4.1.3 土壤覆盖

苗木种植后，可在树下覆盖银色或白色防草布、作物秸秆、锯末、树皮、松针等，覆盖厚度 10 cm～15 cm，以后每年覆盖 2.5 cm 进行补充；3 年以上果园可采用行间生草或间种矮生豆科绿肥，割后翻入土中或覆盖于行内，可以有效提高土壤肥力和含水率，增加蓝莓产量。

4.2 施肥

4.2.1 施肥原则

施肥以有机肥为主，复合肥为辅，平衡施肥。有机肥可选择堆肥、沤肥、腐熟牛羊粪、饼肥、骨粉等，化肥可选择硫酸钾、磷酸二铵、硫酸钾、过磷酸钙、有机复合肥和硫酸钾型复合肥等，不要使用碳酸氢铵、硝酸铵、氯化铵、尿素及含氯的肥料。施用复合肥时氮磷钾的比例以 1∶1∶1 为宜。

肥料使用应符合 NY/T 394 的规定。

4.2.2 施肥方法

对土壤比较疏松的砂壤土采用全园施法，对壤土和黏土采用沟施或穴施，在树冠滴水线外缘挖不连续的环状沟或穴，肥料与土壤混合均匀施入，沟、穴深度一般壤土为 10 cm，黏土为 15 cm～20 cm；在对土壤施肥的同时，根据果树缺素症状，补施中微量元素。叶、叶柄、花、花梗等细小，起初叶脉间黄化，然后叶片发红、脱落，则应施用氮肥。叶片和枝条之间的夹角变小、叶片几乎是贴在枝条上，叶片小而深绿、叶缘和叶尖发紫，叶脉和叶背会呈现黄褐色、叶片有坏死斑点，则应施用磷肥。老叶会率先发病死亡，叶边缘似烫金状，叶边缘逐渐干枯，枝条中部叶片会出现不规则坏死斑点，后期新萌发的枝梢叶脉间黄化，则应施用钾肥。

4.2.3 施肥时间

每年施肥 2 次，分别在早春萌芽前和果实采收结束后 1 周进行。

4.2.4 施肥数量

施肥以有机肥为主，化肥为辅。每年早春萌芽前，采用环状或条状沟施基肥，每亩施有机肥 800 kg～1 000 kg，施肥深度 5 cm～10 cm。在 3 月中下旬幼树每株每亩追施复合肥 10 kg～15 kg，盛果树每株每亩追施复合肥 20 kg～25 kg，每年秋季每亩施硫酸钾 2 kg～2.5 kg。

4.3 水分管理

蓝莓园土壤应保持湿润，土壤含水量保持60%～75%。幼树期要注意土壤水分，注意控制浇水用量，保证土壤不干旱；盛果期、成熟期和落叶时期应减少浇水用量，其余时间正常浇水。高温干旱季节，每1 d～2 d灌溉一次，其他季节视天气情况每周灌溉一次。浇灌蓝莓的水可以用柠檬酸、硫酸亚铁调节pH值。雨季汛期时注意园区是否有积水，及时排水防止蓝莓根部缺氧致使植株死亡。灌溉水质应符合NY/T 391的规定。

5 树体管理

5.1 修剪

5.1.1 修剪原则

维持壮枝、壮芽和壮树结果，达到果园中高产量，防止过量结果。修剪程度应根据果实的用途来确定，如加工使用，蓝莓果实大小均可，修剪宜轻，以提高果实产量；如作为鲜果销售，则修剪宜重，以增大果个、提高果实的商品价值。

5.1.2 修剪时期

果实采收后进行生长期修剪，生长期修剪在春夏季进行，夏季高温应停止剪枝以防脱水；冬季进行休眠期修剪，休眠期修剪自秋季落叶后至早春萌芽前进行。以休眠期修剪为主，生长期修剪为辅。

5.1.3 修剪方法

首先，应剪除有机械伤、病虫害的枝条及细弱枝；其次，剪掉交错在一起的枝条，避免因互相摩擦造成外伤后感染病菌；最后，剪掉妨碍行间操作的枝条以及内膛郁蔽的短丛生枝。剪除基生枝时，注意剪口应靠近基部，尽量不要留桩。

5.1.4 幼树修剪

栽植当年以去花芽为主，增加枝量、扩大树干、培育根系；为迅速扩冠，保留所有枝条自然生长。当年冬剪，选留5个～6个健壮基生枝，截留40 cm～50 cm培养主枝，疏除密生枝、细弱枝和花芽；第二年以疏花为主，进一步培育树形；第三年以疏弱枝、留强枝为主，可适量挂果；第四年进入丰产期后，以疏除内膛枝、弱枝、病枝为主，壮枝结果。一般第三年株产量应控制在1 kg以下，以壮枝结果为主。

5.1.5 成龄树修剪

在休眠期进行疏枝，去除下部弱小枝条、下垂枝条、交叉重叠枝条等；在旺盛生长期对部分徒长的枝条及时摘心或短截，促进分支。树冠较开张的品种，疏枝时去弱留强；直立品种去中心干，开天窗，留中等枝。大枝结果最佳树龄为5年～6年，超过要及时回缩更新。弱小枝抹除花芽，使其转壮。蓝莓树进入成年后，花量大，要剪去一部分花芽，一般每个壮枝留2个～3个花芽；成年树内膛易郁蔽，树冠比较高大，修剪以疏枝为主，疏除过密枝、细弱枝、病虫枝、根蘖枝，控制树高，改善光照条件。

6 花果管理

疏花疏果，以疏花为主，疏果为辅。疏花疏果宜早不宜迟，主要抓好疏花芽、疏花朵、疏果3个环节。开花期可以采用人工放蜂授粉或喷施0.2%磷酸二氢钾加强坐果，盛花期注意水分管理，防止干旱，可以有效提高蓝莓产量。冬季或早春修剪时根据树势确定结果量，疏除多余花芽，根据坐果情况疏除幼果。结果枝粗的可以留3个～4个花芽，细一些的留1个～2个花芽，防止果实过多导致果实小、糖度降低和采收延后。成年树控制叶果比为（4～5）：1，或控制单株产量，因品种不同，单株产量控制在 3 kg～5 kg。

7 病虫鸟草害防治

7.1 防治原则

贯彻"预防为主，综合防治"的植保方针，按照病虫害的发生规律和经济阈值，科学、综合、协调利用农业、物理、生物和化学防治等方法，有效防控病虫草害。农药使用应符合 NY/T 393 的规定。

7.2 主要病虫鸟害

主要病害：僵果病、白粉病、锈病、炭疽病、灰霉病、叶斑病等。

主要虫害：果蝇、蛾类、叶蝉、蚜虫、金龟子、地老虎等。

主要鸟害：喜鹊、灰喜鹊、红嘴（长尾）蓝鹊、麻雀等。

7.3 防治措施

7.3.1 农业防治

选用抗性品种，冬季清园，注意防止果园积水，降低果园湿度；结合修剪和冬季清园，剪除病叶、伤残枝、病枝、弱枝，并集中烧毁，减少病源。加强栽培管理，保证通风、排水、日照良好，基地清洁，通过健壮树势等措施防治病虫害。

7.3.2 物理防治

7.3.2.1 粘虫板、杀虫灯诱杀

粘虫板诱杀：在春秋两季，每亩果园悬挂黄板或嫩绿板 25 片～30 片，诱杀带翅蚜虫、叶蝉、蛾类等害虫，每隔 30 d 左右更换一次。

杀虫灯诱杀：每 15 亩果园安装 1 台杀虫灯，诱杀金龟子、叶蝉、蛾类等害虫的成虫。

7.3.2.2 防虫网阻隔

蓝莓虫害高发时，可在果园四周架设 6 m～8 m 高的 40 目～60 目防虫网阻隔墙，阻隔叶蝉、蛾类、金龟子等害虫，减少虫媒病害。

7.3.2.3 彩带驱鸟

在果园布设以聚酯薄膜为基材的闪光驱鸟带，彩带的一面为银白色，另一面为红色，驱鸟带通过反射光线来驱鸟；在有风的情况下，彩带还可发出金属样的响声，也有助于驱鸟。

7.3.2.4 驱鸟器使用

当驱鸟器探测到鸟类靠近时，可启动系统发出超声波刺激鸟类的神经系统，同时，模拟鹰叫声、鞭炮声、敲打声等，吓阻鸟类靠近果园。

7.3.2.5 人工防治

采取人工防治的办法消灭害虫，人工防治的主要害虫有金龟子、小地老、黄褐天幕毛虫、横纹菜蜻虎、美国白蛾、黄刺蛾、绿尾大蚕蛾、木橑尺蛾、桑褶翅尺蛾、双齿绿刺蛾、折带黄毒蛾、灰斑台毒蛾、舞毒蛾等。具体人工防治方法参见附录B。

7.3.3 生物防治

7.3.3.1 生态调控

调节果园生态环境，建立生态屏障隔离有害生物，保护天敌生物生存条件，创造适宜天敌繁殖的自然环境；合理间种对蓝莓害虫具有吸引作用和驱避作用的功能植物，如薄荷、蓖麻、万寿菊、孔雀草、九里香、番石榴等，达到协同防控的效果，或合理喷施香茅油、天然除虫菊酯、薄荷等，吸引天敌昆虫，驱控蓝莓害虫，减少虫媒病害。

7.3.3.2 天敌防控

人工繁育并释放害虫的病原性天敌、捕食性天敌或寄生性天敌，提倡以螨治螨、以虫治虫、以菌治虫，如释放瓢虫、赤眼蜂、捕食螨、草蛉、寄生蜂等天敌，用于捕食叶蝉和蚜虫等，天敌释放时应避开下雨等不良天气。

7.3.3.3 性诱剂诱虫

每亩果园放置1个~2个诱捕器，借助性诱剂诱杀蓝莓果实蝇、蛾类等害虫，诱捕器每隔35 d左右添加性诱剂或更换性诱芯一次。

7.3.3.4 生防菌剂喷施

蓝莓病害初发症状时，可利用蓝莓病虫害鉴定技术，准确确定病害的发生种类，然后对症选用生防菌剂。蓝莓花期喷施300倍液木醋2次~3次杀灭病菌，提高树体的抗病能力，可防治叶斑病、僵果病、白粉病、锈病等。

7.3.4 化学防治

7.3.4.1 科学选药用药

根据病虫害发生规律进行化学防治，以防为主。农药以矿物源、植物源和生物源农药为主，选择高效、低毒、低残留、环境友好型农药并合理复配，严格控制药量和间隔期，避免连续施用单一农药，可采取轮换使用或混用方式。根据不同有害生物的发生与流行特性，有针对性地确定关键施药时期，绿色统防统治，收获期前20 d禁止使用化学农药。

农药使用应符合NY/T 393的规定。

7.3.4.2 选用高效施药器械及剂型

宜使用超低容量、静电等高效喷雾器械及其配套剂型，提高农药利用率，减少农药用量，确保蓝莓产品安全。

7.4 草害防治

7.4.1 以草控草

采用果园生草栽培、果园留草的方法控制恶性杂草。适合蓝莓园生草栽培的植物种类有假花生、大翼豆和百喜草等，适合蓝莓园留草的植物有阔叶丰花草、泥花草等根系较浅的种类。植物定植后3年内行内清耕，每年清耕2次~3次，覆盖松针、杂草、作物秸秆等；3年以上果园行间生草，间种低矮的豆科绿肥，割后翻入土中或覆盖于行内。

7.4.2 地膜覆盖除草

果园杂草全年可发生，恶性杂草发生为害较严重时，可采用黑色防草布或农用纸膜覆盖除草；为防止长期覆盖防草布导致土壤有机质含量下降，在果园覆盖半年后可掀开防草布一次，2个~3个月后再次覆盖。

7.4.3 化学除草

必要时可使用除草剂防治果园杂草，除草剂使用应符合NY/T 393的规定。

绿色食品露地蓝莓主要病虫草害防治推荐农药使用方案参见附录C。

8 果实采收

根据蓝莓果实成熟度、用途和市场需求综合确定采收适期，一般2 d~3 d采用人工方式采收一次，采收时间为上午和傍晚，应避开高温、阴雨、有雾时期采收；采收时应按先采外围、后采内膛，先采下层、后采上层的顺序进行。采收前要求洗手，戴一次性指套。采收要轻拿轻放，防止挤压、碰撞、刺伤、防止果蒂撕裂；采后宜放在阴凉处，避免阳光直射。蓝莓盛果期每2 d~3 d采收一次，初果期和末果期每4 d~6 d采收一次。

9 分级包装

果实采收后，根据不同品种等级规格及时就地或运到预冷场所进行分级、包装，从采收到入库不宜超过 24 h。分级包装操作员工要统一穿戴清洁工作服、帽，戴一次性口罩、手套。包装箱或包装盒上如标注绿色食品标识，标志设计应按照绿色食品相关规定执行。

蓝莓包装应符合 NY/T 658 的规定。

10 储藏运输

10.1 储藏

蓝莓在常温储藏保质期为 2 d～3 d，为延长储藏期，鲜果可采取冷藏、气调储藏和冷冻储藏。冷藏温度宜在 0 ℃～1 ℃，空气相对湿度应保持在 90% 以上，鲜果保存期为 60 d～90 d。气调冷藏适宜的气体成分为 O_2 3%～5%、CO_2 5%～8%，储藏温度 -0.5 ℃～0.5 ℃，同时，要求配备自动雾化加湿设备，空气相对湿度保持在 90% 以上，鲜果保存期为 90 d～120 d。长期储藏果应在 -25 ℃ 速冻后在 -18 ℃ 条件下冷藏。蓝莓冷藏库和冷冻库使用前应用紫外线杀菌消毒，果品存入后每日定时采用低浓度臭氧消毒，以杀菌保鲜。蓝莓储存在专用的冷藏库货架上，冷藏库内要保持卫生清洁、无异味。蓝莓储藏期不可使用化学药品保鲜。

10.2 运输

蓝莓运输工具要清洁卫生，不能与有毒、有害、有异味的物品混装，在运输期间，要注意保温、防日晒、防雨淋，装卸时要轻装轻放。

蓝莓储藏运输应符合 NY/T 1056 的规定。

11 生产废弃物处理

11.1 枝条、落叶综合利用

枯枝、落叶是许多病虫的主要越冬场所之一，清园时必须将枯枝、落叶、杂草、树皮等集中清理出果园，集中烧毁或进行堆沤、深埋。

11.2 地膜、农药包装处理

地膜、农药肥料包装瓶（袋）等废弃物，存放于指定地点，并定期处理，不得在园区内乱扔，避免对土壤和水源造成二次污染。建立农药瓶（袋）回收机制，统一销毁或二次利用。

12 生产档案管理

建立绿色食品蓝莓的生产档案，重点记录产地环境与气候、生产技术、肥水管理、病虫草害发生与防治、采收及采后处理等情况，记录保存 3 年以上，做到蓝莓生产过程可追溯。

附 录 A
（资料性附录）
闽粤桂等地区绿色食品露地蓝莓土壤改良硫黄粉用量

闽粤桂等地区绿色食品露地蓝莓土壤改良硫黄粉用量见表A.1。

表A.1 闽粤桂等地区绿色食品露地蓝莓土壤改良硫黄粉用量

土壤调节前pH值	土壤调节至相应pH值每100 m² 园地硫黄粉的用量（kg）															
	4.0		4.5		5.0		5.5		6.0		6.5		7.0		7.5	
	砂质土	壤土	砂质土	壤土	砂质土	壤土	砂质土	壤土	砂质土	壤土	砂质土	壤土	砂质土	壤土	砂质土	壤土
4.0	0.00	0.00														
4.5	1.95	5.86	0.00	0.00												
5.0	3.91	11.73	1.95	5.86	0.00	0.00										
5.5	5.86	17.10	3.91	11.73	1.95	5.86	0.00	0.00								
6.0	7.33	22.48	5.86	17.10	3.91	11.73	1.95	5.86	0.00	0.00						
6.5	9.29	28.34	7.33	22.48	5.86	17.10	3.91	11.73	1.95	5.86	0.00	0.00				
7.0	11.24	33.71	9.29	28.34	7.33	22.48	5.86	17.10	3.91	11.73	1.95	5.86	0.00	0.00		
7.5	13.19	33.09	11.24	33.71	9.29	28.34	7.33	22.48	5.86	17.10	3.91	11.73	1.95	5.86	0.00	0.00
数据来源：Paul Eck，Blueberry Culture。																

附 录 B
（资料性附录）
闽粤桂等地区绿色食品露地蓝莓主要虫害人工防治方法

闽粤桂等地区绿色食品露地蓝莓主要虫害人工防治方法见表 B.1。

表 B.1 闽粤桂等地区绿色食品露地蓝莓主要虫害人工防治方法

防治对象	防治方法
金龟子	人工捕杀成虫：利用金龟子的假死习性，傍晚在树盘下铺一块塑料布，再摇动树枝，然后迅速将振落在塑料布上的金龟子收集起来，进行人工捕杀
小地老虎	鲜草堆诱杀：用鲜嫩的灰菜、苦荬菜、刺菜、苜蓿等，每隔 4 m～5 m 放一堆，次日晨日出前后翻草捕虫。4 d～5 d 换一次鲜草
黄褐天幕毛虫	人工采卵法：在卵期人工采集黄褐天幕毛虫的卵集中销毁
横纹菜蝽	人工摘除卵块；冬季清除病残体枯枝，消灭部分越冬成虫
美国白蛾	处理网幕：在幼虫 3 龄前发现，人工剪除网幕并集中处理；如幼虫已分散，则在幼虫下树化蛹前采取树干绑草的方法诱集下树的幼虫，定期集中处理
黄刺蛾	①消灭越冬虫源：黄刺蛾越冬代茧期历时很长，一般可达 7 个月，可根据黄刺蛾的结茧地点分别用敲、挖、翻等方法消灭越冬茧，从而降低翌年的虫口基数。②摘除虫叶集中销毁：黄刺蛾的低龄幼虫有群集为害的特点，幼虫喜欢群集在叶片背面取食，被害寄主叶片往往出现白膜状，及时摘除受害叶片集中消灭，可杀死低龄幼虫
绿尾大蚕蛾	秋后至发芽前清除落叶、杂草，并摘除树上虫茧，集中处理
木橑尺蛾	秋季人工挖蛹，可大量消灭成虫
桑褶翅尺蛾	对发生虫害较重的蓝莓园，可于秋末中耕杀灭越冬虫蛹；清除受害枝条和寄主附近的杂草并烧毁，以消灭其上的幼虫和卵。幼虫一般有假死性，可在树盘下铺一块塑料布，摇动树干，将落下的幼虫集中消灭。人工捕捉树干上的成虫，刮卵或捕杀群集的初龄幼虫和卵
双齿绿刺蛾	秋冬季人工挖虫茧烧毁；幼虫群集时，摘除虫叶，人工捕杀幼虫
折带黄毒蛾	①冬季清除落叶、杂草，杀灭越冬幼虫。②及时摘除卵块，捕杀群集幼虫
灰斑台毒蛾	①人工摘茧法：灰斑台毒蛾在植株上结茧后，人工摘除茧壳集中消灭。②诱捕法：取雌蛾成虫置于诱捕器中，诱杀雄蛾
舞毒蛾	采集卵块法：在舞毒蛾大发生的年份，舞毒蛾的卵一般大量集中在石崖下、树干及草丛等处，卵期长达 9 个月，所以易于人工采集并集中销毁

附 录 C
（资料性附录）
闽粤桂等地区绿色食品露地蓝莓主要病虫草害防治推荐农药使用方案

闽粤桂等地区绿色食品露地蓝莓主要病虫草害防治推荐农药使用方案表见 C.1。

表 C.1 闽粤桂等地区绿色食品露地蓝莓主要病虫草害防治推荐农药使用方案

防治对象	防治时期	防治方法	使用量	使用方法	安全间隔期（d）
炭疽病、灰霉病、叶斑病、僵果病、白粉病、锈病	发病前和发病初期	40%多菌灵可湿性粉剂	400 倍液～800 倍液	喷雾	28
金龟子、蛾类、叶蝉、蚜虫	发生初期	18%杀虫双水剂	500 倍液～800 倍液	喷雾	15
蚜虫、螨、食心虫	采摘前	40%辛硫磷乳油	1 000 倍液～2 000 倍液	喷雾	7
杂草	3 年以上树龄的蓝莓园杂草生长期	75%环嗪酮水分散粒剂	80 g/亩～160 g/亩	定向茎叶喷雾	90
注：农药使用应以最新版本 NY/T 393 的规定为准。					

绿色食品生产操作规程

GFGC 2024A296

西南地区
绿色食品露地蓝莓生产操作规程

2024-07-04 发布　　　　　　　　　　　　　2024-08-01 实施

中国绿色食品发展中心　发布

前言

本规程由中国绿色食品发展中心提出并归口。

本规程起草单位：云南省绿色食品发展中心、云南省农业科学院高山经济植物研究所、曲靖市绿色食品发展中心、昆明市农产品质量安全中心、昭通市绿色食品发展中心、曲靖市麒麟区农产品质量安全中心、重庆市绿色食品发展中心、四川省绿色食品发展中心、贵州省绿色食品发展中心、西藏自治区绿色食品办公室、中国绿色食品发展中心。

本规程主要起草人：王祥尊、和加卫、李聪平、钱琳刚、卢白娥、和志娇、杨永德、江波、徐俊、周雪芳、杨肖艳、吕硕、刘萍、代平、董悦、陈义康、彭春莲、陈海燕、黄鹏程、袁翠连、孟雪菲、李正科、叶淑娥、赵元侠、刘艳辉。

西南地区绿色食品露地蓝莓生产操作规程

1 范围

本规程规定了西南地区绿色食品露地蓝莓的产地环境、品种选择、整地与栽植、田间管理、病虫鸟害防治、采收、生产废弃物处理、包装储运及生产档案管理。

本规程适用于重庆市、四川省、贵州省、云南省、西藏自治区绿色食品露地蓝莓的生产。

2 规范性引用文件

下列文件中的内容通过文中的规范性引用而构成本规程必不可少的条款。其中，注日期的引用文件，仅该日期对应的版本适用于本规程；不注日期的引用文件，其最新版本（包括所有的修改单）适用于本规程。

NY/T 391　绿色食品　产地环境质量

NY/T 393　绿色食品　农药使用准则

NY/T 394　绿色食品　肥料使用准则

NY/T 658　绿色食品　包装通用准则

NY/T 1056　绿色食品　储藏运输准则

3 产地环境

产地环境条件应符合 NY/T 391 的要求。应选择生态环境好、无污染、远离工矿区和公路铁路干线的地区，地块周围有防护林隔离带，地下水位 1 m 以下。地块坡度≤10°，优先选择土壤 pH 值 4.5～5.5，土壤有机质含量 8%～12%的地块，土壤有机质最低不得低于 5%。如果不能满足条件，应进行土壤改良（见 5.1.2）。

4 品种选择

根据园地土壤、气候、环境条件及市场需求，选择适宜当地气候、抗性强的品种。"南高丛"系列品种可选用奥尼尔、绿宝石、珠宝、优瑞卡、密斯提、春高、天后、海岸、法新、莱格西、比洛克西、阳光蓝、蓝雨等；"兔眼"系列品种可选用粉蓝、灿烂、芭尔德温、顶峰、园蓝等；"北高丛"系列品种可选用蓝丰、布里吉塔、瑞卡、卡拉等。

5 整地与栽植

5.1 土壤改良

5.1.1 土壤 pH 值调节

当土壤 pH 值＞5.5 时，施用硫黄粉降低 pH 值。施用硫黄粉要在定植前的 1 年或至少 6 个月进行，施用时将硫黄粉均匀撒入全园土壤，用旋耕机旋耕 3 遍～5 遍，直到均匀。调节土壤 pH 值至 4.5 的硫黄粉用量见附录 A；当土壤 pH 值＜4.0 时，用生石灰进行调节，亩施用生石灰 534 kg 可使 pH 值从 3.3 增至 4.0 以上。改良后的土壤应符合 NY/T 391 的要求。

5.1.2 有机质改良

土壤有机质含量低于 5%时，须增施腐熟农家肥或腐殖土提高土壤有机质含量。栽植蓝莓时可将无害化处理后锯末、草炭、松针、农家肥或腐殖土等物料掺入土壤。改良后的土壤应符合 NY/T

391 的要求。

5.1.3 pH 值监测

实时监测果园 pH 值变化，如果土壤 pH 值高于 5.5，可用硫黄粉、黑帆、酸性有机复合肥、硫酸铵等进行调节。

5.2 整地与起垄

深松土壤后每亩撒施腐殖土 4 000 kg～5 000 kg、锯末 1 000 kg～2 000 kg，旋耕 1 次～2 次。起垄栽培，南北成行，垄面下底宽 1.0 m～1.5 m，上底宽 0.8 m～1.0 m，高度不低于 0.5 m，挖 0.4 m×0.4 m×0.5 m 定植穴。

5.3 苗木选择

选择二年生或三年生苗木。要求苗木健壮，无病虫害或明显机械损伤，有 2 根以上完全木质化的分枝。

5.4 栽植密度

"高丛"系列品种行距 2.0 m～3.0 m、株距 0.6 m～1.2 m；"兔眼"系列品种行距 3.0 m～4.0 m、株距 1.5 m～2.0 m。

5.5 栽植方法

在秋季植株停止生长后至春季萌芽前进行栽植。栽植时在定植穴内回填基肥和熟土 20 cm～30 cm，将苗木放在穴中央熟土层上，填土，回填土层深度以苗木根茎部略高于原地面为宜，踏实，浇足定根水，再覆盖一层 1.0 cm～2.0 cm 厚的细土，植株根系不得与肥料直接接触。

6 田间管理

6.1 土壤管理

定植后 3 年内，每年进行行内清耕 3 次，春季清耕 2 次，冬季清耕 1 次，清耕后覆盖松针、树皮、松壳、秸秆等物料。

6.2 肥料管理

6.2.1 施肥原则

以有机肥为主，化肥为辅，平衡施肥，严格控制有机肥料质量。忌施硝基氮肥、含氯肥料、酰胺态氮肥料。肥料施用应符合 NY/T 394 的要求。

6.2.2 施肥方法

采用沟施或穴施，在树冠滴水线外缘挖穴，肥料与土壤混合均匀施入，沟、穴深度一般壤土为 8 cm～12 cm，黏土为 15 cm～20 cm。

6.2.3 施肥数量和次数

每年施基肥 2 次，分别在早春萌芽前和果实采收结束后 1 周进行。基肥以腐熟农家肥或有机肥为主，每年施用 2 000 kg/亩～3 000 kg/亩。追肥用量每年不超过 30 kg/亩，宜采用水肥一体化方式施用大量元素水溶性肥料。

6.3 水分管理

果园土壤应保持湿润，土壤含水量 50%～65%，高温干旱季节，每天至少灌溉 3 次，其他季节视天气情况每 3 d 灌溉一次。雨季汛期及时排水防涝。

6.4 树体管理

6.4.1 幼树修剪

幼树栽植后，选取强壮主枝留 10 cm～15 cm 短截，促发新枝，疏除细弱小枝；7 月底前将主枝上发出的长度超过30 cm的新梢和基生枝短截1/3；白露前后，将基生枝和新梢上未停长的二次枝在其半木质化位置进行摘心，以促进花芽形成；定植第二年应继续以扩大树冠为主，修剪方法同第一年。

6.4.2 成年树修剪

栽植3年以上成年树以控制树高、改善光照条件为主，疏除过密枝、细弱枝、病虫枝及分蘖枝；树姿较开张的品种去弱枝留强枝，树姿直立的品种去中心干、开天窗，并留中庸枝；成年树花量大，除去一部分花芽，每个壮枝留2个~3个花芽。

6.5 花果管理

花前结合修剪，疏除过多的细弱花枝、花芽；花期放蜂促进授粉，每亩放蜂1箱；在初花期、幼果期叶面喷施1次~2次0.2%磷酸二氢钾提高坐果率；摘除后期开花所结的小果、畸形果、密闭果。

7 病虫鸟害防治

7.1 防治原则

坚持预防为主，综合防治的植保方针，优先采用农业防治、物理防治、生物防治方法，科学合理地采用化学防治方法。加强病虫鸟害的预测预报工作，及时掌握病虫鸟害的发生情况。科学、综合、协调利用农业、物理、生物和化学防治等手段，有效控制病虫鸟害。农药的选择和使用应符合NY/T 393的要求。

7.2 主要病虫鸟害

西南地区蓝莓的主要病害有僵果病、枝枯病等；虫害有蓝莓蚜螨、菜蚜、金龟子、果蝇等；鸟害主要有麻雀、喜鹊、乌鸦、斑鸠等。

7.3 防治措施

7.3.1 农业防治

选用抗（耐）病虫品种，培育壮苗。加强田间管理，保持田间通风透光，科学施肥灌水，增施有机肥，减少化肥用量。结合冬季修剪，剪除病枝、虫枝，及时清园和人工除草，减少越冬的病虫基数。果实采前半个月内控水，适时采收，避免碰伤等。

7.3.2 物理防治

利用频振式杀虫灯、黑光灯、糖醋液诱饵罐（瓶）、粘虫板等诱杀害虫；蓝莓果实成熟期，用防鸟网、稻草人、电驱鸟器、反光条（带）等驱赶鸟类。

7.3.3 生物防治

改善果园生态环境，建立生态屏障隔离有害生物，保护天敌生物生存条件。人工繁育并释放害虫的病原性天敌、捕食性天敌或寄生性天敌。充分利用信息素、性诱剂等监测和防治害虫。

7.3.4 化学防治

根据蓝莓病虫害发生规律进行化学防治，发病初期及早用药，提倡兼治和不同作用机理农药交替使用，优先选用矿物源、植物源和生物源农药。严格控制施药量和施药次数，避免连续施用单一农药。蓝莓主要病虫草害防治推荐农药使用方案参见附录B。

8 采收

根据果实成熟特有的色泽变化，按果实用途适时采收。鲜食蓝莓宜手工采摘，盛果期每2 d~3 d采收一次，初果期和末果期每4 d~6 d采收一次。采摘应在早晨露水已干至中午高温以前或下午气温下降后进行。采摘时应戴手指套，轻摘、轻拿、轻放，按果径大小进行分级。采收后须尽快采用风冷或水冷措施，降低果实的田间热。采收时严格遵守农药安全间隔期要求。

9 生产废弃物处理

采收结束后应及时将植株残体、杂草、农药与肥料包装物、废旧地膜、滴灌带等集中回收处理。农药包装袋、包装瓶及病株应做无害化处理。园内杂草及疏花疏果后产生的枝叶可就地深埋或与有机肥一同发酵腐熟后作为肥料使用。绿色食品生产中应使用可降解地膜或无纺布地膜，减少对环境的危害。

10 包装储运

10.1 包装

蓝莓包装材料应坚实、牢固、干燥、清洁卫生，无不良气味。按同一品种、同一批次进行包装。包装应符合 NY/T 658 的要求。

10.2 储藏

果实采收后 5 ℃~8 ℃预冷 10 h~12 h，存放在 2 ℃~5 ℃的冷库中。库房应定期清理打扫并消毒，保持库房低温、清洁、无异味。果实不与有毒有害物品混合存放。长期储藏果应经-25 ℃速冻后在-18 ℃的条件下冷藏。在冷库中，包装的果实不得直接着地或靠墙，垛间留有通道。储藏应符合 NY/T 1056 的要求。

10.3 运输

运输工具应保持清洁、卫生、干燥、无异味，定期消毒。专车运输，不与有毒、有害物品混装混运。长途运输宜采用冷藏车辆。装卸时轻拿轻放，减少颠簸。运输应符合 NY/T 1056 的要求。

11 生产档案管理

生产者须建立绿色食品蓝莓生产档案，做好整个生产过程的全面记载，为生产活动追溯提供可查资料。详细记录产地环境条件、生产技术、肥水管理、病虫草害防治、采收、储藏、运输、销售、申诉与投诉等情况。记录应真实准确，生产档案保存 3 年以上，做到生产全过程可追溯。

附 录 A
（资料性附录）
西南地区绿色食品露地蓝莓生产土壤改良硫黄粉推荐用量

将土壤 pH 值调节至 4.5 的硫黄粉用量见表 A.1。

表 A.1 将土壤 pH 值调节至 4.5 的硫黄粉用量

土壤原始 pH 值	各类别土壤的硫黄粉用量（kg/亩）		
	砂质土	壤土	黏质土
4.5	0	0	0
5.0	13.1	39.7	60.0
5.5	26.3	78.7	120.0
6.0	39.7	115.5	173.2
6.5	49.5	151.5	227.2
7.0	63.0	191.6	287.2
7.5	75.0	228.0	342.0

附 录 B
（资料性附录）
西南地区绿色食品露地蓝莓生产主要病虫草害防治推荐农药使用方案

西南地区绿色食品露地蓝莓生产主要病虫草害防治推荐农药使用方案见表 B.1。

表 B.1 西南地区绿色食品露地蓝莓生产主要病虫草害防治农药使用方案

防治对象	防治时期	农药名称	使用量	使用方法	安全间隔期（d）
病害	发病前和发病初期	25%多菌灵可湿性粉剂	250 倍液～500 倍液	喷雾	28
		40%多菌灵可湿性粉剂	400 倍液～800 倍液	喷雾	28
		40%多菌灵悬浮剂	400 倍液～800 倍液	喷雾	28
		50%多菌灵可湿性粉剂	500 倍液～1 000 倍液	喷雾	28
		80%多菌灵可湿性粉剂	800 倍液～1 600 倍液	喷雾	28
白粉病、枝枯病	早期预防	50%硫黄悬浮剂	200 倍液～400 倍液	喷雾	2
多种害虫	发病初期	18%杀虫双水剂	500 倍液～800 倍液	喷雾	15
蚜虫、螨、食心虫	发生期	40%辛硫磷乳油	1 000 倍液～2 000 倍液	喷雾	7
杂草	3 年以上树龄的蓝莓园杂草生长期	75%环嗪酮水分散粒剂	80 g/亩～160 g/亩	定向茎叶喷雾	90
注：农药使用应以最新版本 NY/T 393 的规定为准。					

绿色食品生产操作规程

GFGC 2024A297

苏浙闽等地区
绿色食品设施杨梅生产操作规程

2024-07-04 发布

2024-08-01 实施

中国绿色食品发展中心　发布

前 言

本规程由中国绿色食品发展中心提出并归口。

本规程起草单位：浙江省农产品绿色发展中心、中国绿色食品发展中心、绿城农科检测技术有限公司、江苏省绿色食品办公室、上海市农产品质量安全中心、福建省绿色食品发展中心、江西省农业技术推广中心、安庆市农产品质量安全检测中心。

本规程主要起草人：郑永利、李露、张宪、张玉换、李雅、章虎、杭祥荣、杨琳、杨芳、杜志明、王莹、杨鸿勋。

GFGC 2024A297

苏浙闽等地区绿色食品设施杨梅生产操作规程

1 范围

本规程规定了苏浙闽等地区绿色食品设施杨梅的建园、品种选择、设施类型及其搭建要求、温湿度控制、整形修剪、花果管理、土肥水管理、病虫害防治、采收、包装储运、生产档案管理。

本规程适用于江苏省、浙江省、福建省、上海市、安徽省、江西省等地区绿色食品设施杨梅的生产。

2 规范性引用文件

下列文件中的内容通过文中的规范性引用而构成本规程必不可少的条款。其中，注日期的引用文件，仅该日期对应的版本适用于本规程；不注日期的引用文件，其最新版本（包括所有的修改单）适用于本规程。

NY/T 391　绿色食品　产地环境质量
NY/T 393　绿色食品　农药使用准则
NY/T 394　绿色食品　肥料使用准则
NY/T 658　绿色食品　包装通用准则
NY/T 750　绿色食品　热带、亚热带水果
NY/T 1056　绿色食品　储藏运输准则
NY/T 2315　杨梅低温物流技术规范
NY/T 2861　杨梅良好农业规范

3 建园

3.1 园地选择

园地空气、水源、土壤应符合 NY/T 391 的规定。宜选择通风向阳、土层疏松、排灌良好、pH 值为 4.5～6.5 的砂质壤土。

3.2 园地规划

栽植前对道路、设施、排灌系统等进行科学规划，做到合理布局。园地与其他生产区域之间应设置有效的缓冲带或物理屏障。

4 品种选择

4.1 应根据当地自然条件、市场需求等，选择病虫害抗性强、经济效益好的品种。

4.2 常见的杨梅品种有东魁、荸荠种、丁岙、晚稻、细蒂、浮宫、早荠、晚荠、桐子、早佳、软丝、硬丝等。

5 设施类型及其搭建要求

5.1 单株防虫网室

5.1.1 搭建材料

毛竹或钢管（≥Φ32 mm×1.8 mm）、40 目防虫网、塑料绳等。

5.1.2 搭建方法
根据树形选取 4 根～8 根毛竹或钢管搭建支架，支架高度和宽度均应离杨梅树体 50 cm 以上。

5.1.3 覆网要求
宜在采摘前 40 d～50 d 在支架上覆盖防虫网，防虫网大小应能覆盖整个支架，四周裙网用石块、泥土等压实固定。通过拉链进入网帐，进出后及时拉上拉链。单株防虫网室示意见图 1。

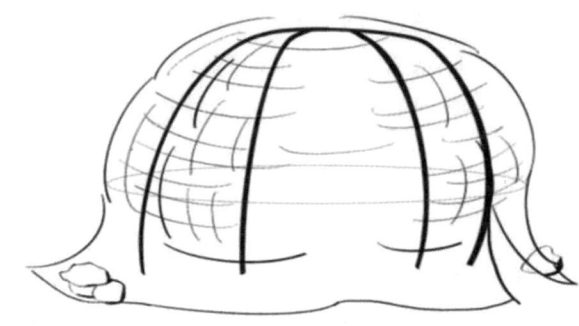

图 1 单株防虫网室示意

5.2 钢架大棚

5.2.1 单株避雨棚

5.2.1.1 选取钢管（≥Φ 32 mm×1.8 mm）、聚乙烯薄膜、塑料绳等搭建材料。

5.2.1.2 根据树形选取 8 根～10 根钢管搭建伞形大棚，高度和宽度均应离杨梅树体 50 cm 以上。

5.2.1.3 宜在梅雨季节到来前或果实成熟前 15 天在钢架顶部覆盖聚乙烯薄膜。果实采收后揭膜。单株避雨棚示意见图 2。

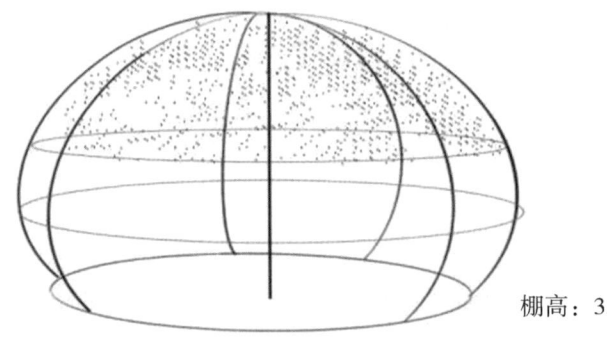

棚高：3.5 m～4.0 m

图 2 单株避雨棚示意

5.2.2 连栋大棚

5.2.2.1 选取钢管（≥Φ 32 mm×1.8 mm）、扣件、聚乙烯薄膜、40 目防虫网、卷膜器、喷淋装置、温湿度计等材料。

5.2.2.2 地面坡度小于 15°时选用标准钢架大棚结构，顶高 5.5 m～6.0 m，肩高 4.0 m～4.5 m，跨度和长度均根据实际需求确定，长度宜为 30 m～50 m。大棚主立柱间距 3 m～4 m，周边立柱间距 1 m，立柱埋地深度应超过 1 m，或采用水泥筑墩。大棚顶部可采用平顶形、圆弧形和三角形等多种结构，宜在顶部设置可开闭的天窗和通风口等，通风口覆盖 40 目防虫网。标准钢架大棚结构示意见图 3。

GFGC 2024A297

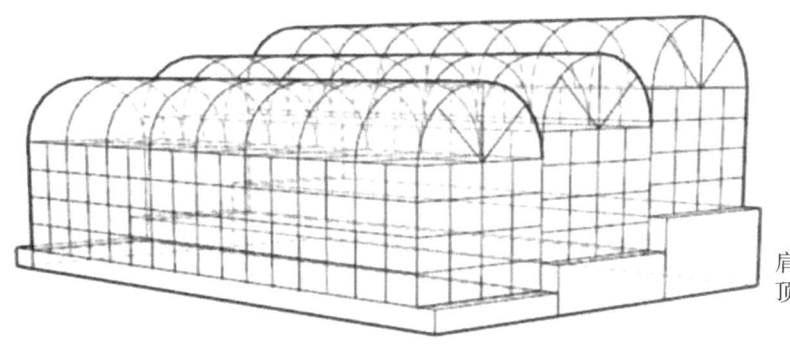

肩高：4.0 m～4.5 m
顶高：5.5 m～6.0 m

图 3 标准钢架大棚示意

5.2.2.3 地面坡度大于15°时选用阶梯式拱形大棚结构，顶高 6.0 m、肩高 5.5 m 为宜，相邻拱棚落差处、棚体前后立面分别设通风口。最低拱棚前棚顶、每相邻拱棚前棚顶设天沟，天沟两端出水口处设排水管。棚体外立面横向立柱间距 2.0 m，纵向立柱间距 1.5 m，横杆间距以 1.2 m 为宜。阶梯式拱形大棚结构示意见图 4。

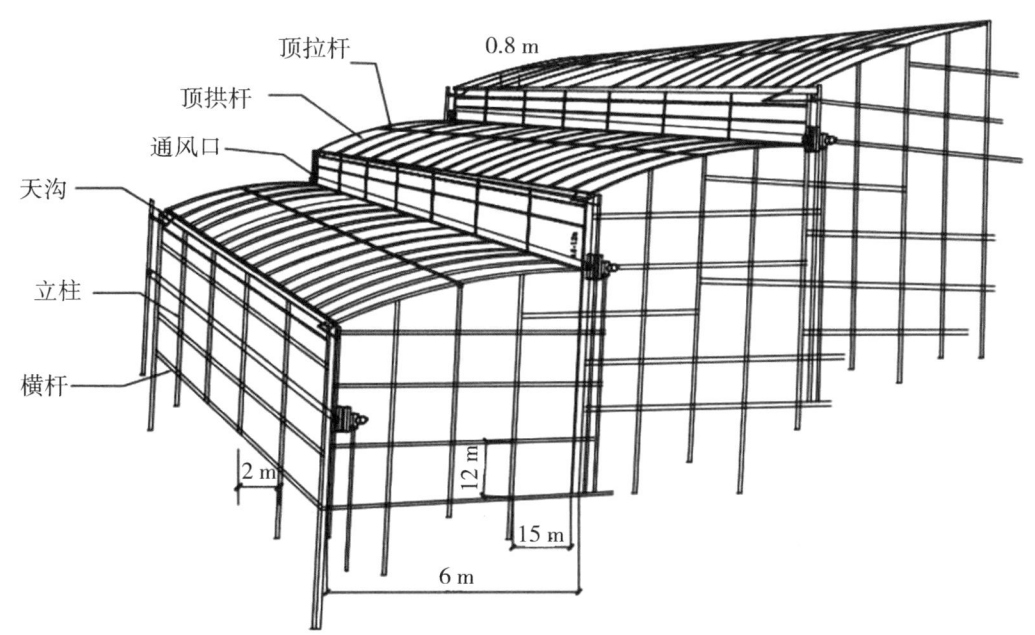

图 4 阶梯式拱形大棚示意

5.2.2.4 卷膜器、喷雾装置、温湿度计等根据需求合理配备。

5.2.2.5 根据降水量、温度等于11月底至12月上旬对大棚覆膜，采收后揭膜。顶膜厚度 0.07 mm～0.08 mm，每年换一次；边膜厚度 0.1 mm～0.12 mm，可重复使用 3 年～4 年。

5.2.2.6 采前 40 d 对大棚覆顶膜，四周覆防虫网。采收后揭膜去网，防虫网可重复使用 3 年～5 年。

6 温湿度控制

6.1 温度要求

6.1.1 一般要求白天棚内温度不超过 30 ℃；夜间棚内温度不低于 2 ℃。1月—2月尽量少开膜；

165

3月—4月温度超过30 ℃，开膜通风降温。授粉后至第一次生理落果期最高温度不宜高于30 ℃，幼果期至采摘期温度不宜高于35 ℃。

6.1.2 温度过高时揭膜通风降温，宜揭边膜、留顶膜。高于35 ℃时，宜打开喷淋装置进行喷水降温。

6.2 湿度要求

在盖棚以前，可将水分灌足。初期湿度可以适当偏高，但后期湿度不宜超过75%。湿度过高时，可及时通风降湿。

7 整形修剪和花果管理

7.1 整形修剪

7.1.1 整形

7.1.1.1 杨梅树形宜采用圆头形或低干开心形，单株防虫网室和单株避雨棚树高宜控制在3.0 m以内；连栋大棚树高宜控制在3.5 m以内。

7.1.1.2 定植1年~2年，选留均匀分布、利于通光透风的主枝；主枝、副主枝和侧枝应保持合理的角度和从属关系，每个主枝保留2个~3个副主枝，每个副主枝保留3个~5个大侧枝。

7.1.1.3 定植3年后，再去弱留强，适当疏删，保持通风透光。

7.1.1.4 定植5年后，按不同栽培方式对树体进行修剪。

7.1.2 修剪

7.1.2.1 生长期修剪宜在4月—8月，休眠期宜在11月至翌年3月。

7.1.2.2 宜疏删、短截相结合，去直留斜、通风透光、立体结果。

7.1.2.3 夏季修剪去除病虫枝、机械损伤枝以及影响树形的大枝，秋冬季修剪除顶上直立徒长枝、弱枝、交叉枝、过密枝等。

7.2 花果管理

7.2.1 花期授粉

7.2.1.1 宜选择晴天，空气相对湿度低于65%时授粉。

7.2.1.2 授粉方式采用人工授粉。人工采集雄花粉，将雄花粉抖落于干燥且干净的塑料或玻璃容器内，或用收粉器（吸尘器）收集雄花粉，常温干燥密封保存。用风扇、吹风机等逐枝逐花吹粉。

7.2.2 疏花疏果

7.2.2.1 对花芽过多的结果树，可疏除过多结果枝，并疏除细密、弱生结果枝。

7.2.2.2 遵循"强树多果，弱树少果"的原则，疏果主要去除畸形果、小果、病虫果和过密果。硬核后建议疏果2次~3次，每次间隔1周左右。疏果标准为15 cm以上的长果枝和粗壮果枝留果3个~4个，5 cm~15 cm长的留果2个~3个，5 cm以下的留果1个。

8 土肥水管理

8.1 土壤管理

8.1.1 选用树盘覆盖或园地覆盖地膜、秸秆、稻草等材料保墒控草。采后果园浅松土1次，每2年深翻1次。

8.1.2 成年园地提倡自然生草法，及时清理木本植物和高秆草本植物，每年割草2次~3次。

8.2 施肥管理

8.2.1 应符合NY/T 394的要求，根据树势及目标产量合理施肥。宜在树冠滴水线内挖深20 cm、宽 40 cm 的环状沟，均匀撒施后随即覆土。

8.2.2 幼龄树以促为主，每年追肥 4 次～5 次，施肥量依树势逐年增多，初期以氮肥为主，树龄增大后配施磷肥、钾肥。

8.2.3 成年树须促控结合，遵循"少氮、控磷、增钾"的原则，一般每年施肥 3 次～4 次。4 月下旬至 5 月初施壮果肥，株施硫酸钾肥 1 kg～2 kg，并喷施硼、锌、钼等微量元素；6 月底至 7 月上旬施采后肥，株施硫酸钾复合肥 0.5 kg～1 kg，加生物有机肥 10 kg，树势强结果少的可少施或不施；10 月底至 11 月施基肥，株施生物有机肥 10 kg～15 kg。

8.3 水分要求

8.3.1 灌溉宜少量多次，保持土壤湿润、空气干燥。

8.3.2 应根据墒情适时适量灌溉，并确保越冬水、催芽水、花期水、促果水、熟前水的灌溉量。

8.3.3 果园内应确保灌排水沟疏通，对于地下水位低的地块，注意抗旱；对于地下水位高的地块，注意排水、防涝。

9 病虫害防治

9.1 主要病虫害

9.1.1 主要虫害

介壳虫、果蝇、卷叶蛾、尺蠖、粉虱、蚜虫等。

9.1.2 主要病害

褐斑病、癌肿病、白腐病、灰霉病、赤衣病、凋萎病、梢枯病、根腐病等。

9.2 防治原则

遵循"预防为主，综合防治"的植保方针，强化病虫害的监测预警。根据病虫害发生规律和进程，优先采用农业防治、物理防治和生物防治，适时辅以必要的化学防治。

9.3 防治方法

9.3.1 农业防治

选择适宜的生态环境，避免带入病虫害；合理整形，控制树高并改善树体通风透光条件；及时清理枯枝、落叶、杂草，用于沤肥或深埋；及时清理病虫越冬场所。

9.3.2 物理防治

宜采用食物源诱杀、性诱剂诱杀和色板诱杀等。以食物源诱杀果蝇，宜选用糖醋诱剂或香蕉诱剂等；采用性诱剂诱杀褐带长卷叶蛾；采用色板诱杀桃蚜、黑腹果蝇等有翅成虫。

9.3.3 生物防治

宜保护和利用害虫天敌，充分利用鸟类、瓢虫、草蛉、螳螂等捕食性天敌，以及赤眼蜂、丽蚜小蜂等寄生性天敌。

9.3.4 化学防治

必要时采用化学防治，选用高效、低毒、低残留、环境友好型农药，使用的农药应符合 NY/T 393 和 NY/T 750 的要求，并以矿物源或生物源农药为主。使用农药时应严格控制施药剂量、次数和安全间隔期。主要病虫害防治推荐农药使用方案详见附录 A。

10 采收

10.1 采收原则

参照 NY/T 2861 的规定执行，应轻采轻放，不应击落或摇落。采收时先将病果、虫果、残果剔除，再将果实按大小分级放入果箱中。

10.2 采收期

5月—7月，根据市场需求和销售终端距离等，宜在果实达到完熟期，着色达到该品种应有的色泽时分批采收。

10.3 采收时间

宜在温度适宜的清晨或傍晚采收。

11 包装储运

11.1 包装

应符合 NY/T 658 的相关规定。宜采用定型泡沫箱等能够保护杨梅完整性的包装，且包装材料应清洁、卫生、干燥、无毒、无异味。

11.2 储藏及运输

应符合 NY/T 1056 和 NY/T 2315 的规定。低温储藏温度宜为 0 ℃~2 ℃。宜采用低温冷藏车运输，运输车车内温度宜为 2 ℃~5 ℃，运输时长不宜超过 24 h。

12 生产档案管理

应按照 NY/T 2861 的要求，建立生产记录档案，重点记录产地环境条件、生产技术、肥水管理、病虫害防治、采收及采后处理等情况，生产记录档案保存 3 年以上。

附 录 A
（资料性）
苏浙闽等地区绿色食品设施杨梅生产主要病虫害防治推荐农药使用方案

苏浙闽等地区绿色食品设施杨梅生产主要病虫害防治推荐农药使用方案见表 A.1。

表 A.1 苏浙闽等地区绿色食品设施杨梅主要病虫害防治推荐农药使用方案

防治对象	防治时期	农药名称	使用剂量（倍液）	使用方法	安全间隔期（d）
褐斑病	果实采收后、发病前至发病初期	6%井冈·嘧苷素水剂	200～400	喷雾	7
		25%嘧菌酯悬浮剂	800～1 000	喷雾	收获期
		33.5%喹啉铜悬浮剂	1 000～2 000	喷雾	14
		43%氟菌·肟菌酯悬浮剂	1 500～3 000	喷雾	15
		30%吡唑醚菌酯·腈菌唑悬浮剂	2 500～3 000	喷雾	14
		20%抑霉唑水乳剂	600～800	喷雾	14
		68%精甲霜·锰锌水分散粒剂	600～800	喷雾	21
癌肿病	发病前至发病初期	33.5%喹啉铜悬浮剂	500～750	喷雾	14
白腐病	果实转色期、发病前至发病初期	25%吡唑醚菌酯悬浮剂	1 200～1 500	喷雾	7
		36%喹啉·戊唑醇悬浮剂	800～1 200	喷雾	14
		22.5%啶氧菌酯悬浮剂	1 000～1 500	喷雾	7
灰霉病	发病前至发病初期	38%唑醚·啶酰菌悬浮剂	1 000～2 000	喷雾	14
介壳虫	发生前至发生初期	95%矿物油乳油	50～60	喷雾	
		20%松脂酸钠可溶粉剂	200～300	喷雾	
		65%噻嗪酮可湿性粉剂	2 500～3 000	喷雾	15
果蝇	发生前至发生初期	100亿孢子/mL短稳杆菌悬浮剂	300～500	喷雾	
		60 g/L乙基多杀菌素悬浮剂	1 500～2 500	喷雾	3
尺蠖	发生前至发生初期	16 000 IU/mg苏云金杆菌可湿性粉剂	1 000～1 500	喷雾	
		0.5%除虫菊素水乳剂	200～300	喷雾	
卷叶蛾	发生前至发生初期	5%甲氨基阿维菌素苯甲酸盐乳油	4 000～6 000	喷雾	10
注：农药使用应以最新版本 NY/T 393 的规定为准。					

绿色食品生产操作规程

GFGC 2024A298

湘鄂粤桂等地区
绿色食品露地杨梅生产操作规程

2024-07-04 发布

2024-08-01 实施

中国绿色食品发展中心 发布

前　言

本规程由中国绿色食品发展中心提出并归口。

本规程起草单位：湖南省绿色食品办公室、湖南省园艺研究所、湖南绿色食品协会、靖州苗族侗族自治县农业农村局、湖北省咸宁市绿色食品管理办公室、广东省农产品质量安全中心、梧州市农产品质量安全综合检测中心、广西壮族自治区绿色食品发展站、中国绿色食品发展中心。

本规程主要起草人：刘娟、刘丽辉、易斌、刘新桃、龚碧涯、周玲、朱勇、孙红梅、谭周清、任艳芳、李先信、刘丝雨、王伟、李佳、胡晓金、刘枫、陆燕、王俊飞。

GFGC 2024A298

湘鄂粤桂等地区绿色食品露地杨梅生产操作规程

1 范围

本规程规定了湘鄂粤桂等地区绿色食品露地杨梅的建园、肥水管理、整形修剪、花果管理、病虫害综合防控、采收、分级包装与物流、生产废弃物处理和生产档案管理。

本规程适用于湖南省、湖北省、广东省、广西壮族自治区等地区绿色食品露地杨梅的生产。

2 规范性引用文件

下列文件中的内容通过文中的规范性引用而构成本规程必不可少的条款。其中，注日期的引用文件，仅该日期对应的版本适用于本规程；不注日期的引用文件，其最新版本（包括所有的修改单）适用于本规程。

GB 43284　限制商品过度包装要求　生鲜食用农产品
NY/T 391　绿色食品　产地环境质量
NY/T 393　绿色食品　农药使用准则
NY/T 394　绿色食品　肥料使用准则
NY/T 658　绿色食品　包装通用准则
NY/T 1056　绿色食品　储藏运输准则

3 建园

3.1 园地选择

建园选择土层深厚、有机质含量≥1.5%、pH值4.5～6.5、排灌良好、质地疏松的壤土或砂壤土，园区年平均温度≥15 ℃，极端最低温不低于－9 ℃，1月平均气温2 ℃以上，≥10 ℃的有效积温在4 500 ℃以上，年均降水量≥1 000 mm，交通便利。产地环境条件应符合NY/T 391的规定。

3.2 园地规划

3.2.1 道路与缓冲带

应根据果园地形、面积大小合理设置主道、干道和作业道。宜在园地外围6 m～8 m处的迎风面建立主缓冲带，与主导风向垂直，宜采用3行～5行防护林；在干道和支道的两侧建立次缓冲带，宜采用2行防护林。防护林宜选用与杨梅无共生性病虫的南阳杉、枫香、木荷等树种。

3.2.2 整地与排灌系统

15°以下的缓坡地宜采取起垄栽培，按坡向将两条栽植线中间的表土垒到栽植线附近，形成一条略高于地面约30 cm的垄，垄宽2.0 m～2.5 m。

15°～25°的坡地宜采取等高梯田，自上而下按等高线逐级筑成。梯面宽度依园地坡度而定，宜3.0 m～4.5 m，并保持向内2°～3°的倾斜。

复杂地形可采取鱼鳞坑栽培，根据等高线、株行距确定定植点，并从定植点上部挖土，修成外高内低的半月形小台面。

宜在主干道、作业道的两侧，挖一条宽、深各0.5 m的排水沟。每行梯田内侧均须开设宽30 cm、深30 cm的浅沟。每10亩～20亩建一个容积20 m³～30 m³的蓄水池。

3.3 苗木定植

3.3.1 品种与授粉树的配置

宜选择适应当地生态环境、抗病虫能力较强的优良特色品种，例如，早熟品种丁岙梅等，中熟品种荸荠种、深红种等，晚熟品种木洞、东魁、晚稻等，同时注重早熟、中熟和晚熟品种间的合理搭配。雌雄株的配置比例以（100～200）：1为宜，雄株栽于全园地势高处或园地中央。

3.3.2 苗木选择

选择品种纯正、生长健壮、根系发达、嫁接口愈合良好、主干粗壮、无病虫为害的健壮苗木，苗木宜选择一年生或二年生容器苗，尽量不使用裸根苗。

3.3.3 栽植时期

容器苗可全年栽植，以2月中旬至3月底或9月下旬至10月下旬为宜。

3.3.4 栽植密度

株行距宜5 m×（5 m～6 m）。

3.3.5 栽植技术

挖定植穴：定植穴长、宽、深均为1 m，梯地的定植穴应挖在梯面外侧1/3处。

土壤改良：每定植穴填入秸秆、枯草、谷壳等有机质20 kg～30 kg，复合肥2 kg～4 kg，枯饼、腐熟食草动物粪便、商品有机肥等有机肥5 kg～10 kg，钙镁磷肥2 kg～3 kg，并与土拌匀后压实。

定植：先将育苗容器除去，适当疏松土球外围使根系舒展，然后将苗木栽植于穴中央，避免根系与基肥直接接触，覆盖细土，然后压实，浇足定根水。

4 肥水管理

4.1 生草栽培

提倡自然生草或人工生草栽培。自然生草栽培应注意清除恶性杂草。人工生草栽培宜选择矮秆浅根作物，如白三叶、苕子、黑麦草和紫花苜蓿等，春季和秋季均可播种，以秋季播种成活率较高。自然生草或人工生草生长高度≥30 cm时刈割，每年割3次～4次，覆盖于树盘。

4.2 肥料种类和质量

应符合NY/T 394的规定。

4.3 幼树施肥

4.3.1 生长期施肥

栽植后半年内不宜施用任何化肥。一年生至三年生幼树，春夏按"一次梢二次肥"的原则，即新梢抽发前半个月施一次以氮肥为主的"促梢肥"，待新梢老熟前再施一次以钾肥为主的"壮梢肥"，可株施尿素50 g～100 g、高钾型复合肥50 g～100 g，8月下旬后停止施速效肥。

4.3.2 基肥

11月上中旬，每株环状沟施有机肥10 kg～15 kg。

4.4 结果树施肥

4.4.1 三要素配比

杨梅成年树应注重钾肥的施用，成年结果树全年施肥三要素的比例应为氮（N）：磷（P_2O_5）：钾（K_2O）= 1：0.3：4。

4.4.2 基肥

10月中旬至11月上旬，每株施用有机肥10 kg～15 kg、高钾复合肥0.5 kg～1 kg。基肥施用量应占全年施肥量60%以上。宜采用辐射沟或行间开沟施入。

4.4.3 壮果肥

4月中旬，每株施硫酸钾或低氮高钾复合肥0.3 kg～1 kg，氮钾配比宜为1∶5。宜采用开浅沟的方式施入。

4.4.4 采后肥

采果后，每株施入氮磷钾比例为（8～10）∶（3～4.5）∶（18～28）的复合肥0.5 kg～1 kg，根据需求配施适量硼、锌、镁、钼等微量元素肥料。

4.4.5 叶面喷肥

膨果肥：3月中旬，叶面喷施1次0.1%～0.2%硼酸、0.2%～0.3%磷酸二氢钾、0.2%～0.3%硫酸锌或适当浓度的多元素叶面肥等。

提质肥：4月下旬至5月上旬，叶面喷施1次0.2%～0.3%磷酸二氢钾+适当浓度的螯合钙或多元素氨基酸叶面肥等。

4.5 水分管理

灌溉水质应符合NY/T 391的规定。

干旱应及时灌溉；雨水过多应适时排水。

5 整形修剪

5.1 幼树整形

宜采用自然开心形或自然圆头形树冠结构。树干高30 cm～40 cm；主枝3个～4个，枝距15 cm～25 cm；每主枝上配置3个～4个副主枝，主枝基角45°～50°；树高控制在2.5 m～3.0 m。

5.2 成年树修剪

5.2.1 生长期修剪

在采果后的7月上中旬进行，夏季宜大枝修剪，剪除直立旺长大枝、疏剪郁闭枝及扰乱树形的强枝。

5.2.2 休眠期修剪

在11月中旬至翌年3月上旬萌芽前进行，树势强的宜在11月上旬至12月上旬修剪，树势弱的宜在2月上旬至3月上旬修剪。树冠上部修剪宜"去强留弱"，下部修剪宜"去弱留强"，疏删病虫枝、衰弱枝、枯枝、密生枝、重叠枝、拖地枝。

12月下旬至翌年1月下旬不宜过度修剪，以免发生冻害。

6 花果管理

6.1 促花

对营养生长过旺的植株，于6月下旬至7月中旬进行环割或适当断根。

6.2 保花保果

在开花前，宜叶面喷施0.1%～0.2%硼酸+0.2%～0.3%硫酸锌+0.2%～0.3%磷酸二氢钾；谢花后，叶面喷施0.1%～0.2%硼酸+0.2%～0.3%硫酸锌+0.2%～0.3%磷酸二氢钾+2%苄氨基嘌呤可溶液剂700倍液～1 000倍液，或40%赤霉酸可溶液剂10 000倍液～20 000倍液。

6.3 疏花疏果

结合冬季修剪，疏除细弱枝、密生枝和直立性强旺结果枝；4月下旬开始，逐次疏除密生果、小果、劣质果及病虫果，但每次不宜疏果过多，每结果枝宜留1个～3个定果。

7 病虫害综合防控

7.1 防控原则

坚持"预防为主,综合防治"的原则,综合运用农业防治、物理防治、生物防治和化学防治等手段,有效防控病虫害。

7.2 主要病虫害

主要病害有癌肿病、凋萎病、褐斑病、枝腐病和白腐病等。

主要虫害有蓑蛾类、卷叶蛾类、介壳虫、蚜虫、黑腹果蝇和白蚁等。

7.3 防控措施

7.3.1 农业防治

选择抗病强品种,培育健壮无病苗木;营造防护林,实行生草栽培;合理肥水管理,培养健壮树势,提高抗病力;重视冬季清园消毒。

7.3.2 物理防治

杀虫灯诱杀:每15亩~20亩安装1盏太阳能杀虫灯或1盏频振式杀虫灯。杀虫灯宜安装在果园的制高点和外围。

糖醋液诱杀:6月初至果实采收完,园间放置糖醋液挂瓶以诱杀果蝇成虫,挂瓶数量每亩15个~20个,每7 d~10 d换一次糖醋液。糖醋液配方为60 g/L乙基多杀菌素:红糖:白酒:白醋:清水=0.5:10:10:20:20。

诱捕器诱杀:设置专用果蝇诱捕器。

防虫网帐避虫:对地势较平坦的园区,可搭建单株圆拱形防虫网帐。防虫网规格为40目~60目。防虫网帐顶部距离树顶≥1.0 m,四周间距离树冠0.2 m;在采收前40 d~60 d覆盖,底部用泥土压实。如有果蝇等害虫,盖网后地面喷施1次杀虫剂,使用方案见附录A。

7.3.3 生物防治

采用果园生草,保护和利用瓢虫、寄生蜂和食蚜蝇等天敌;建立生态屏障隔离有害生物,建立庇护所保护天敌生物;人工释放松毛虫赤眼蜂防控松毛虫、杨梅卷叶蛾等,人工释放红点唇瓢虫防控介壳虫等。

白蚁防治:在被害植株下埋入浸药的桉树皮(特制)、茶籽饼或白蚁饵剂(使用方案见附录A)。

7.3.4 化学防治

农药使用应符合NY/T 393的规定。主要病虫害防治推荐农药使用方案见附录A。

8 采收

适时分期分批采收。宜选择晴天的早晚或阴天采果。

鲜食果实采收时连果柄采下,轻采轻放,每容器装果3 kg~4 kg为宜,容器底部衬垫杨梅树叶、青草等为宜;加工用果采收时,在树下垫塑料布,直接摇落果实后捡拾,并及时存放至专用冷冻库或直接加工处理。

9 分级包装与物流

9.1 分级包装

果实采收后,在0 ℃~3 ℃条件下预冷1 h~3 h。在预冷场所根据不同品种尽快进行分级、包装,并符合GB 43284和NY/T 658的规定。

9.2 物流

宜采用冷链物流，并符合 NY/T 1056 的要求。

10 生产废弃物处理

枯枝、落叶等生产废弃物应进行无害化处理。农业投入品的包装废弃物应回收，交由有资质的部门或网点集中处理，不得随意弃置、掩埋或焚烧。

11 生产档案管理

建立完整的生产档案，重点记录产地环境、生产技术、农药与肥料等投入品购置和使用、储运和销售等情况；所有记录应真实、准确、规范，并具有可追溯性；生产档案应专人专柜保管，至少保存 3 年。

附 录 A
（资料性）
湘鄂粤桂等地区绿色食品露地杨梅生产主要病虫害防治推荐农药使用方案

湘鄂粤桂等地区绿色食品露地杨梅生产主要病虫害防治推荐农药使用方案见表 A.1。

表 A.1 湘鄂粤桂等地区绿色食品露地杨梅生产主要病虫害防治推荐农药使用方案

防治对象与用途	防治时期	农药名称	使用剂量	使用方法	安全间隔期（d）
冬季清园	11月中旬至12月中旬	45%松脂酸钠可溶粉剂	100倍液~160倍液	喷雾	
粉介壳虫	2月上旬至3月上旬				
调节生长	谢花期及幼果期	2%苄氨基嘌呤可溶液剂	700倍液~1 000倍液	喷雾	
	谢花后	40%赤霉酸可溶液剂	10 000倍液~20 000倍液	喷雾	
癌肿病	3月中旬至4月中旬	33.5%喹啉铜悬浮剂	500倍液~750倍液	喷雾	14
褐斑病	4月中旬至5月下旬，7月上旬至8月上旬	25%嘧菌酯悬浮剂	800倍液~1 000倍液	喷雾	收获期
		43%氟菌·肟菌酯悬浮剂	1 500倍液~3 000倍液	喷雾	15
		30%吡唑醚菌酯·腈菌唑悬浮剂	2 500倍液~3 000倍液	喷雾	14
白腐病	5月下旬至6月初	40%二氯异氰尿酸钠可溶粉剂	400倍液~600倍液	喷雾	5
		36%喹啉·戊唑醇悬浮剂	800倍液~1 200倍液		14
介壳虫	4月中旬至5月下旬，7月上旬至8月上旬	65%噻嗪酮可湿性粉剂	2 500倍液~3 000倍液	喷雾	15
		95%矿物油乳油	50倍液~60倍液		
尺蠖	4月中旬至5月下旬，7月上旬至8月上旬	16 000 IU/mg苏云金杆菌悬浮剂	1 000倍液~1 500倍液	喷雾	
		0.5%除虫菊素水乳剂	200倍液~300倍液		
卷叶蛾	低龄幼虫发生高峰期	5%甲氨基阿维菌素苯甲酸盐乳油	4 000倍液~6 000倍液		10
果蝇	5月中旬至6月上旬	60 g/L乙基多杀菌素悬浮剂	1 500倍液~2 500倍液	喷雾	3
		100亿孢子/mL短稳杆菌悬浮剂	300倍液~500倍液		
白蚁	发生期	0.5%氟铃脲饵剂		投放	
		20%吡虫啉悬浮剂	20 mL/m³	土壤处理	
注：农药使用应以最新版本 NY/T 393 的规定为准。					

绿色食品生产操作规程

GFGC 2024A299

云贵川等地区
绿色食品露地杨梅生产操作规程

2024-07-04 发布　　　　　　　　　　　　　　　　　　2024-08-01 实施

中国绿色食品发展中心　发布

前　言

本规程由中国绿色食品发展中心提出并归口。

本规程起草单位：四川省绿色食品发展中心、四川省农业科学院农业质量标准与检测技术研究所、中国绿色食品发展中心、遂宁市农业农村局、重庆市农产品质量安全中心、云南省绿色食品发展中心、贵州省绿色食品发展中心。

本规程主要起草人：孟芳、郑业龙、闫志农、杨晓凤、敬勤勤、张宪、马雪、周伟、张海彬、郭玲、丁燕、邹金、彭春莲、刘均、刘贤文、汪湖、钱琳刚、梁潇。

GFGC 2024A299

云贵川等地区绿色食品露地杨梅生产操作规程

1 范围

本规程规定了云贵川等地区绿色食品露地杨梅的产地环境、品种选择、定植、田间管理、采收、包装、生产废弃物处理、运输储藏和生产档案管理。

本规程适用于云南省、贵州省、四川省、重庆市等地区绿色食品露地杨梅的生产。

2 规范性引用文件

下列文件中的内容通过文中的规范性引用而构成本规程必不可少的条款。其中，注日期的引用文件，仅该日期对应的版本适用于本规程；不注日期的引用文件，其最新版本（包括所有的修改单）适用于本规程。

NY/T 391　绿色食品　产地环境质量
NY/T 393　绿色食品　农药使用准则
NY/T 394　绿色食品　肥料使用准则
NY/T 658　绿色食品　包装通用准则
NY/T 1056　绿色食品　储藏运输准则
NY/T 2315　杨梅低温物流技术规范

3 产地环境

3.1 环境条件

应符合 NY/T 391 的规定。

3.2 气候条件

年平均温度 15 ℃～20 ℃，绝对最低温度不低于-9 ℃，≥10 ℃的年积温在 4 500 ℃以上，年平均降水量在 1 000 mm 以上。

3.3 园地选择

宜选择生态环境良好、远离污染源，平地或坡度≤30°、海拔≤2 000 m 的缓坡地与山地建园。

3.4 土壤条件

宜选择土层深厚、通透性良好，pH 值 4.5～6.5 的砂壤土或轻壤土。

4 品种选择

4.1 选择原则

根据种植区域和生长特点，选择耐寒、耐旱、抗病能力强，适合当地生长的优质品种。

4.2 品种选用

宜选择东魁、荸荠种、黑炭等优良品种。

4.3 苗木选择

宜选择一年生或二年生根系发达的优质嫁接苗。一年生苗直径大于 0.5 cm，高度大于 40 cm；二年生苗应带土移栽。

5 定植

5.1 定植时间

分为春植和秋植，选择无风阴天栽植。春植于 2 月上旬至 3 月中旬，秋植于 10 月上旬至 12 月中旬，以春植为宜。

5.2 定植密度

株距 4 m～5 m，行距 5 m～6 m，一般每亩种植 25 株～35 株。

5.3 定植方法

5.3.1 挖穴、施足基肥

定植穴以直径 100 cm，深度 80 cm 为宜。定植前 15 天，在定植穴内施好基肥。基肥分两层，底层为粗秸秆，厚约 30 cm；上层为焦泥灰、腐殖土或腐熟农家肥加 1 kg 复合钾肥均匀搅拌，厚约 30 cm。施完基肥后，表土回填，厚约 30 cm。

5.3.2 栽植方法

一年生苗采用裸根苗移栽，剪除过长和劈裂根系，嫁接口以上留 25 cm～30 cm 短截，留叶柄，剪除全部叶片，去除嫁接膜；二年生苗采用树苗带土移栽，泥球应包裹侧根不外露，再用草绳包紧泥球。在定植穴表土层上定植，理顺根系，踩实，浇足定根水。

6 田间管理

6.1 土壤管理

6.1.1 深翻改土

秋冬季节进行，从树冠外围滴水线处开始，向上坡面和左右两侧深翻，逐年向外扩展，可结合施基肥，采用放射状、环状等方式，并隔年轮换。

6.1.2 生草套种

提倡自然生草或人工生草。每年在采收前及伏旱前刈割 2 次进行树盘覆盖；每 3 年～4 年于秋冬季进行一次深翻，深度宜 20 cm～30 cm。

6.2 施肥管理

6.2.1 施肥原则

宜遵循培肥地力、改良土壤、平衡施肥、以地养地的原则，科学、平衡、合理施用肥料。根据土壤状况、杨梅品种和生长阶段以及栽培条件等因素，选择肥料类型和施肥方式。肥料的使用应符合 NY/T 394 的规定。

6.2.2 施肥方法

6.2.2.1 幼龄树

在萌芽前或萌芽后施用。注重速效性肥料的施用，以氮肥为主，配合磷钾肥。每株每次施复合肥 0.2 kg，每年施 3 次～5 次。

6.2.2.2 成年树

一般年施肥 2 次～3 次。实行适氮控磷增钾的施肥原则，氮、磷、钾的配比以 1∶0.3∶4 为宜。4 月下旬至 5 月初，施壮果肥，株施硫酸钾肥 1 kg 左右，同时注意喷施硼、锌、钼等微量元素；6 月底至 7 月上旬，施采后肥，株施硫酸钾复合 0.5 kg～1 kg，加生物有机肥 10 kg，树势强结果少的可少施或不施；10 月底至 11 月，施基肥，株施生物有机肥 10 kg～15 kg。

6.3 水分管理

灌溉水应符合 NY/T 391 的规定。果实膨大期、花芽分化期以及季节性旱涝期，加强水分管理。

6.4 整形修剪

6.4.1 幼树整形

采用自然开心形，定干高度约 60 cm，主枝 3 个～5 个，主枝与水平基角呈 30°～45°。主枝上配置不同方位的副主枝 3 个～4 个，副主枝上培养结果枝组。采用抹芽、摘心、拉枝、短截、疏枝等方法，使枝梢疏密适中，分布有序，形成良好的丰产、稳产树体结构。

6.4.2 结果树修剪

适当疏删过密枝、直立枝、交叉枝、病虫枝，逐年锯除中心直立大枝，使树冠开张、枝梢生长健壮、通风透光良好，防止树冠内和株间枝梢交叉，通过枝梢控制保持树体生长与结果相对平衡。树体高度控制在 3 m 以下，锯口和剪口宜平整，锯口可用 20%硫酸铜溶液消毒，再涂上保护蜡、调和漆等保护剂。

6.4.3 衰老期修剪

逐年对主枝或副主枝适当回缩，更新结果枝组，恢复树势，延长结果年限。

6.4.4 修剪时间

休眠期修剪时间主要在 11 月至翌年 2 月，冷空气来临前后不宜修剪；生长期修剪时间为 4 月—7 月，采后大枝修剪要求在 7 月中下旬前完成。

6.5 花果管理

对杨梅旺树采取不施氮、增施钾肥和磷肥的措施保果。对花枝、花芽过量或结果过多的树进行适度修剪，疏除过密、过弱的花枝，以促发抽生春梢，确保适量挂果；少花树则在开花前后喷硼、磷、钾混合液保花保果，并疏除树冠中上部部分春梢保果。对东魁等树势旺盛的品种，宜采取人工疏果。疏果在果实生理落果结束后至果实迅速膨大期前进行，一般分 2 次～3 次疏除病虫果、畸形果、小果。疏果标准为 15 cm 以上的长果枝和粗壮果枝，留果 3 个～4 个；5 cm～15 cm 长的中果枝，留果 2 个～3 个；5 cm 以下的短果枝留果 1 个。

6.6 病虫害防控

6.6.1 常见病虫害

6.6.1.1 主要病害

癌肿病、白腐病、干枯病、枝腐病、褐斑病等。

6.6.1.2 主要虫害

果蝇、蓑蛾、尺蠖、卷叶蛾等。

6.6.2 防治原则

应本着"预防为主，综合防治"的方针，优先采用农业措施，尽量利用物理和生物措施，必要时合理使用低风险农药，药剂选择和使用应符合 NY/T 393 的规定。

6.6.3 防治方法

6.6.3.1 农业防治

培育健壮树势，增强树体抗性。合理修剪，改善通风透光条件。清理园地，清除腐烂杂物。晚秋（11 月上旬）及早春（3 月上旬），可用石灰 5 kg、硫黄 0.5 kg、食盐 100 g、动物油 100 g、水适量调成糊状，将果树的主干基部涂白。人工捕杀害虫卵块、幼虫、虫茧（蛹）和成虫。人工刮除病斑，或摘除病枝集中烧毁。

6.6.3.2 物理防治

4月中旬至6月下旬每株树挂黄板1张，每10 d换一次；悬挂盛有糖醋液的容器诱杀果蝇，每树挂1个～2个；采用频振式杀虫灯诱杀卷叶蛾、尺蠖、蓑蛾等多种害虫，每5亩～10亩安装1盏杀虫灯，悬挂于果园周边或相对制高点，5月下旬至7月中旬开灯，采果结束后停止使用。

6.6.3.3 生物防治

保护和利用瓢虫、草蛉、螳螂等捕食性天敌，以及赤眼蜂、丽蚜小蜂、广大腿小蜂、肿腿蜂等寄生性天敌。应用微生物源、植物源等生物类农药防治病虫害。5月下旬至6月下旬，采用昆虫性诱剂诱杀果蝇等害虫，在离地1.5 m处，每树悬挂1个果蝇性诱剂诱集器。

6.6.3.4 化学防治

加强病虫害的预测预报，选用已登记的农药和NY/T 393推荐的农药，适时用药；注重药剂的轮换使用和合理混用；严格按照农药安全使用间隔期、规定浓度用药，严格掌握施药浓度，喷雾或撒施均匀。严格、准确地记录农药的使用情况，主要病虫害防治推荐农药使用方案见附录A。

7 采收

7.1 适时采收

以果实呈现该品种成熟果固有色泽或形态为标准，例如，东魁果实为深红色，荸荠种、黑炭果实为紫黑色，肉柱由尖变钝圆时采收。

7.2 采收方法

采收应在晴天早晨进行，每天采收1次。分批采收，一般不宜在雨天或雨后初晴采收，但遇果实过熟，亦可采收。采收时以三指握住果实，食指顶住柄部，往下按动，即可轻轻采下果实。采收时应轻采、轻放、轻挑，不应摇落果实。

7.3 采收后处理

杨梅采收后，分级、分类、预冷应符合NY/T 2315的规定。应在通风良好、配备大功率风扇的操作间进行分级和分装，分级时应剔除不良果品，轻拿轻放，减少机械损伤。果实采收后宜在2 h内完成分级并进行预冷处理，宜选用差压预冷机、真空预冷机等进行预冷，使果心温度降至0 ℃～2 ℃。

8 包装

应符合NY/T 658及NY/T 2315的规定。在分装果盒内底部及顶部垫具有缓冲作用的材料，或选用半真空包装形式来固定包装内杨梅果实。运输包装宜选择泡沫箱、蓄冷材料组合的形式。产品应有统一的包装标识，包装物或者标识上应当按规定标注品牌、产品名称、产地、生产或销售单位及其联系电话、生产日期、产品质量等级。

9 生产废弃物处理

9.1 资源化处理

及时收集生产中使用的投入品包装袋等废弃物，集中回收并统一运输到残膜收购和再生加工企业，不可随处堆放。疏花疏果后产生的废弃枝叶可粉碎处理后还田，增加土壤的有机质，改良土壤，培肥地力。

9.2 无害化处理

农业投入品的包装废弃物应回收交由有资质的部门或网点集中处理，不得随意弃置、掩埋或焚烧。

10 运输储藏

应符合 NY/T 1056 及 NY/T 2315 的规定。杨梅果实从包装场到达销售端运输时间期限，不宜超过 48 h；运达后应及时销售，期间不宜再次分装。采用低温冷藏车运输，运输温度宜为 2 ℃～5 ℃；冷藏车应行车平稳，减少颠簸和剧烈振荡；装卸货时应轻装轻卸，车厢内温度宜控制在 8 ℃ 以内，并尽量缩短装卸货时间。

11 生产档案管理

建立绿色食品露地杨梅生产档案。应有完善的农事活动档案，记录生产过程中农药、肥料的使用情况以及其他栽培管理措施，并至少保存 3 年。

附录 A
（资料性）
云贵川等地区绿色食品露地杨梅生产主要病虫害防治推荐农药使用方案

云贵川等地区绿色食品露地杨梅生产主要病虫害防治推荐农药使用方案见表 A.1。

表 A.1 云贵川等地区绿色食品露地杨梅生产主要病虫害防治推荐农药使用方案

防治对象	防治时期	农药名称	使用剂量（倍液）	使用方法	安全间隔期（d）
褐斑病	果实采收后、发病前至发病初期	6%井冈·嘧苷素水剂	200～400	喷雾	7
		25%嘧菌酯悬浮剂	800～1 000	喷雾	收获期
		33.5%喹啉铜悬浮剂	1 000～2 000	喷雾	14
		43%氟菌·肟菌酯悬浮剂	1 500～3 000	喷雾	15
		30%吡唑醚菌酯·腈菌唑悬浮剂	2 500～3 000	喷雾	14
		20%抑霉唑水乳剂	600～800	喷雾	14
		68%精甲霜·锰锌水分散粒剂	600～800	喷雾	21
癌肿病	发病前至发病初期	33.5%喹啉铜悬浮剂	500～750	喷雾	14
白腐病	果实转色期、发病前至发病初期	25%吡唑醚菌酯悬浮剂	1 200～1 500	喷雾	7
		36%喹啉·戊唑醇悬浮剂	800～1 200	喷雾	14
		22.5%啶氧菌酯悬浮剂	1 000～1 500	喷雾	7
灰霉病	发病前至发病初期	38%唑醚·啶酰菌悬浮剂	1 000～2 000	喷雾	14
介壳虫	发生前至发生初期	95%矿物油乳油	50～60	喷雾	
		20%松脂酸钠可溶粉剂	200～300	喷雾	
		65%噻嗪酮可湿性粉剂	2 500～3 000	喷雾	15
果蝇	发生前至发生初期	100亿孢子/mL短稳杆菌悬浮剂	300～500	喷雾	
		60 g/L乙基多杀菌素悬浮剂	1 500～2 500	喷雾	3
尺蠖	发生前至发生初期	16 000 IU/mg苏云金杆菌可湿性粉剂	1 000～1 500	喷雾	
		0.5%除虫菊素水乳剂	200～300	喷雾	
卷叶蛾	发生前至发生初期	5%甲氨基阿维菌素苯甲酸盐乳油	4 000～6 000	喷雾	10
注：农药使用应以最新版本 NY/T 393 的规定为准。					

绿 色 食 品 生 产 操 作 规 程

GFGC 2024A300

广东广西
绿色食品荔枝生产操作规程

2024-07-04 发布　　　　　　　　　　　　　　　　　　2024-08-01 实施

中国绿色食品发展中心　发布

GFGC 2024A300

前 言

本规程由中国绿色食品发展中心提出并归口。

本规程起草单位：广西壮族自治区绿色食品发展站、广西大学、广西绿色食品协会、广东省绿色食品发展中心、浦北县农业农村局、桂平市农业农村局、中国绿色食品发展中心。

本规程主要起草人：李仕强、张艳青、刘淑梅、蓝怀勇、邓英毅、覃海强、黄燕英、朱怡珍、邱海吉、徐炯志、杨奕志、胡冠华、钟英海、何玉华、乔春楠。

GFGC 2024A300

广东广西绿色食品荔枝生产操作规程

1 范围

本规程规定了广东广西绿色食品荔枝的园地选择与规划、品种选择和定植、土肥水管理、树冠管理、病虫害防治、采收、包装储藏运输、生产废弃物处理及生产档案管理。

本规程适用于广东省、广西壮族自治区绿色食品荔枝的生产。

2 规范性引用文件

下列文件中的内容通过文中的规范性引用而构成本规程必不可少的条款。其中，注日期的引用文件，仅该日期对应的版本适用于本规程；不注日期的引用文件，其最新版本（包括所有的修改单）适用于本规程。

GB 4806.7 食品安全国家标准 食品接触用塑料材料及制品
GB 5737 食品塑料周转箱
GB 6543 运输包装用单瓦楞纸箱和双瓦楞纸箱
GB 7718 食品安全国家标准 预包装食品标签通则
GB 43284 限制商品过度包装要求 生鲜食用农产品
NY/T 355 荔枝 种苗
NY/T 391 绿色食品 产地环境质量
NY/T 393 绿色食品 农药使用准则
NY/T 394 绿色食品 肥料使用准则
NY/T 658 绿色食品 包装通用准则
NY/T 1056 绿色食品 储藏运输准则

3 园地选择与规划

3.1 园地选择

3.1.1 环境要求

应符合 NY/T 391 规定的要求。

3.1.2 气候条件

年平均温度 18 ℃～24 ℃，绝对最低温度≥－2 ℃，1 月平均气温 8 ℃～17 ℃，年降水量 1 200 mm～2 100 mm，年日照时数 1 800 h～2 100 h，≥15 ℃的年积温在 6 000 ℃以上，年平均霜日＜5 d。

3.1.3 土壤条件

土壤质地良好，疏松肥沃，土层深厚，保水保肥，透气性良好，有机质含量≥2%，pH 值 5.0～6.5，地下水埋深＞1 m。

3.1.4 水源

应具备水源和灌溉条件。

3.2 园地规划

3.2.1 总体规划

宜选择坡度不超过 20°的开阔向阳、避风寒的山地、丘陵地或平地建园，有霜冻地区避免在西北方向及容易沉聚冷空气的低洼谷地建园，综合考虑排灌系统、种植区划分、房屋建筑、道路分布、有机肥存放与堆积沤制、水土保持、防护林设置等问题，实行水、电、土、肥、林、路和房屋建筑的统筹规划，合理布局。

3.2.2 防护林带

园地四周宜种植防护林带，防护林与荔枝种植距离为 8 m～10 m，并有 1 m 深的隔离沟。防护林应选用抗风性强、耐干旱瘠薄、速生快长、抗荔枝主要病虫害的树种。

3.2.3 小区分区

根据园地地形、坡向和土壤条件，与排灌和道路相结合进行分区，平缓地小区面积宜 45 亩～75 亩，丘陵山地小区面积宜 15 亩～30 亩。同一小区避免种植成熟期差异大的品种。

3.2.4 道路系统

根据园地规模、地形地势设立主道（宽 5 m～7 m）和干道（宽 4 m～5 m），作为小区的分界线；设立支道（宽 2 m～3 m），作为小区内作业的通道。

3.2.5 排水系统

阻洪沟设在山地果园最顶部与水源林交界处。排洪沟设在山地果园最低处。设果园纵排水沟和梯田内排水沟，纵排水沟每隔 2 行～3 行设一个沉沙池。

低洼地或地下水位高的园地或地段，要起墩栽植，使地下水位低于 1 m。

3.2.6 灌水系统

采用沟灌、淋灌、喷灌、滴灌或活动的机灌设备进行灌溉。水源远的果园宜修建机井及地头水柜。

3.2.7 水土保持

坡度在 6°以下，沿等高线种植；坡度为 6°～20°，修筑等高梯田种植，梯面的宽度不小于 3 m，内倾 3°～5°，成为内斜式梯带，梯带的内侧挖宽、深各 20 cm 的背沟，沟底面每隔 10 m～15 m 保留一条高约 10 cm 的土埂，梯壁与梯间带保留植被，定期割刈；坡度超过 20°的坡地不宜种植。

4 品种选择和定植

4.1 品种选择

根据产区的气候、土壤等条件，选择优质、高产、稳产、抗逆性强、砧穗亲和性强、商品性好、适合市场需求的品种，南部地区宜种花芽分化早且对低温要求不严的品种，偏北地区宜种花芽分化要求较低温的品种。推荐桂早荔、妃子笑、白糖罂、草莓荔、贵妃红、鸡嘴荔、钦州红荔、桂味、仙进奉、岭丰糯、井岗红糯、冰荔、无核荔等品种。一般小型果园（100 亩以下）种植单一品种，大型果园（100 亩以上）种植 2～3 个成熟期不同的主栽品种，同一品种集中种植。

4.2 苗木质量

苗木质量参考 NY/T 355 的要求。

4.2.1 荔枝嫁接苗

荔枝嫁接苗按 NY/T 355 的要求执行。

4.2.2 荔枝圈枝苗

4.2.2.1 品种纯正。

4.2.2.2 苗木植株生长健壮，苗木植株高 50 cm，泥团上方 2 cm 处主干直径在 1.5 cm 以上，主枝 2 条～3 条，二次梢老熟，枝梢粗壮，叶片整齐且浓绿，芽饱满。

4.2.2.3 苗木根系发达，分布均匀，根量多，无损伤，假植后已生根 2 次以上。

4.2.2.4 无病虫害及严重的机械伤。

4.3 定植

4.3.1 定植季节

宜在气温 18 ℃～25 ℃ 的温暖湿润季节种植，通常或在 2 月—5 月春植或在 9 月—10 月秋植。裸根苗只宜在春季种植。带土团苗在春、夏、秋季均可种植，在苗木枝梢老熟而又未抽生新梢时进行。

4.3.2 定植方式及密度

根据品种特性、园地条件、土壤、气候、栽培管理措施等决定定植密度，株距宜为 5 m～7 m，行距宜为 7 m～10 m。平地和土壤肥力较好的园地宜稀植，坡度较大、肥力较低的园地可适当缩小株行距或进行计划密植。密植的园地后期视植株生长情况有计划地间伐。

4.3.3 定植技术

4.3.3.1 定植坑的准备

定植前 1 个～2 个月挖好定植坑并施足基肥。定植坑长、宽、深各 1 m。其风化一段时间后施基肥。基肥每株施腐熟有机肥 20 kg～25 kg、磷肥 1 kg～2 kg，若土壤属酸性，可加石灰粉 0.5 kg～1 kg，混匀。分层将肥料与泥土回填。有机肥、磷肥、石灰和表土填于定植坑中下层，底土填于定植坑上层。种植前做好树盘，高出地面 20 cm～30 cm。肥料的选择和使用按 NY/T 394 的规定执行。

4.3.3.2 定植方法

裸根嫁接苗定植时根颈稍高于地面，在树苗周围做成直径 1 m 的树盘，淋足定根水，并用杂草或薄膜覆盖保湿；带土嫁接苗或圈枝苗定植时应去除包装薄膜或容器，保护泥团完整、不松散，不宜大力压实，回土时用手轻压即可。压完后整理好树盘，浇透定根水。

5 土肥水管理

5.1 土壤管理

5.1.1 扩穴深翻改土

深翻改土在定植后第二年开始，第三至第四年全部完成；在每年秋梢老熟后在树冠滴水线的外围开深 40 cm～60 cm、宽 50 cm 的条状沟或环状沟，每年每株分层压入腐熟有机肥、绿肥、杂草、树叶及土杂肥等 50 kg～100 kg，钙镁磷肥 1 kg～1.5 kg，偏酸性土加入石灰粉 0.5 kg～1 kg。深翻时挖出的土分层堆放，回填时表土放底层，底土放在表层。

5.1.2 土壤覆盖

定植后树盘盖杂草，厚度为 15 cm～20 cm。杂草不应接触苗木主干。提倡生草栽培或幼年果园间作套种。间套种可选择绿肥、牧草或瓜豆类作物，如白花三叶草、假地豆、阔叶丰花草、黑皮冬瓜、南瓜、西瓜、花生、绿豆等。间种物间距荔枝树干不少于 1 m，不能与荔枝树有较强的肥、水、光竞争，不能与荔枝树有共同的病虫害。缓坡地果园行间也可采用黑色地膜或防草布覆盖。

5.1.3 中耕除草培土

园地杂草采用人工、机械或微生物除草剂控制。结合施肥，每年中耕除草、培土 2 次～3 次。

5.2 施肥技术

5.2.1 施肥原则

施肥必须满足荔枝对各种营养元素的需要。以有机肥为主，配合施用允许使用的化学肥料和微生物肥料。肥料的选择和使用按 NY/T 394 的规定执行。

5.2.2 幼树施肥
5.2.2.1 土壤追肥
勤施薄施，以氮肥为主，配合磷钾肥。定植后第一次新梢萌发后开始追肥。春梢、夏梢、秋梢抽生期各施肥 1 次～2 次，至 11 月停止施肥。追肥可选用花生麸、人畜尿发酵液或沼气液，植后第一年每株每次施肥 3 kg～5 kg，第二年增至 5 kg～10 kg，第三年增至 7 kg～15 kg；也可同时加施尿素、复合肥、氯化钾等，第一年每次每株施尿素 20 g～25 g 或复合肥 25 g～30 g，第二年和第三年施肥量相应提高，均比上年增加 50%～100%。

5.2.2.2 幼树根外追肥
在每次新梢叶片转绿期根外施肥 1 次～2 次，可喷 0.2%～0.5%尿素或磷酸二氢钾、0.1%硼砂、0.1%～0.2%硫酸铜或硫酸镁，也可喷施有机营养叶面肥。

5.2.3 结果树施肥
5.2.3.1 施肥量
生产 50 kg 荔枝鲜果每年需施氮肥（N）1.2 kg～3.5 kg、磷肥（P_2O_5）0.7 kg～1.9 kg、钾肥（K_2O）1.5 kg～3.5 kg，养分比例为 N：P_2O_5：K_2O=1：（0.3～0.6）：（1～1.5）。

5.2.3.2 施肥时间和方法
（1）基肥

在末次秋梢老熟后或花穗将抽出时施基肥。在树冠滴水线下挖环状沟或对面条沟，沟深度、宽度均为 50 cm，对面条沟长 100 cm。每年轮换位置施肥。每株施肥量为绿肥、秸秆、杂草等 20 kg～25 kg，人畜粪或鸡粪 50 kg，饼肥 1 kg～2 kg，钙镁磷肥 1 kg～2 kg，酸性土加石灰 0.5 kg～1 kg。

（2）追肥

花前肥：在出现花序原基（俗称"白点"）后或抽穗时施用，早熟品种在小寒至大寒期间（1月上中旬）施用，中、晚熟品种大寒至雨水期间（1 月下旬至 2 月中旬）施用。每生产 50 kg 果，每株施 20 kg～40 kg 腐熟有机肥、6 kg～7 kg 花生麸、2.5 kg 钙镁磷肥和 1 kg 钾肥，或 20 kg～40 kg 腐熟有机肥和 1 kg～3 kg 高磷钾复合肥。

壮果肥：雌花谢花后施用。结果较多的树可在假种皮迅速生长期加施一次肥。每生产 50 kg 果，每株每次施腐熟有机肥 20 kg～25 kg，或施复合肥 1.5 kg～2.0 kg、氯化钾 1 kg～1.5 kg 和尿素 0.5 kg。

促梢壮梢肥：肥料一般以速效氮为主，配合磷钾肥。结果多的植株采前 10 d～15 d 施，结果较少的植株可采后施。每生产 50 kg 果，每株施腐熟有机肥 20 kg～25 kg，或沤熟的花生麸 2 kg～3 kg，也可施复合肥 1 kg～2 kg、过磷酸钙 0.5 kg～1 kg、氯化钾 0.5 kg～1 kg 和尿素 0.5 kg。

根外追肥：嫩梢期、抽穗期、花期、幼果期等物候期采用根外追肥。土壤中微量元素缺乏地区，应针对缺素状况增加叶面追肥的种类和数量。喷施部位以叶背为主。常用肥料有人畜尿液、花生麸水、沼气液，或使用尿素、0.2%～0.5%磷酸二氢钾、0.1%～0.2%硼酸（硼砂）、0.02%～0.10%钼酸铵、0.1%～0.2%硫酸锌。

5.3 水分管理
5.3.1 灌水
5.3.1.1 灌溉水水质应符合 NY/T 391 的规定。

5.3.1.2 末次秋梢老熟后至花芽分化前期，土壤要求较干燥；1 月上旬如遇干旱要及时灌水（每平方米树盘灌水 50 kg）让结果母枝顶芽及时萌发（俗称"催醒"）；出现花序原基后要适量供水保持湿润；开花期喜少雨多晴，久旱应及时灌水；果实生长发育和膨大期应保证水分均衡供应；秋梢萌发期遇旱要灌水，促梢壮梢。

5.3.1.3 每次灌水量以湿透根系主要分布层（土层深 10 cm～50 cm）为准，并达到田间最大持水量的 60%～70%。

5.3.1.4 尽量采用滴灌、喷灌等节水灌溉方法。

5.3.2 排涝

地势低洼或地下水位较高的园地应及时排除园内积水，尤其在荔枝成熟期要注意排除园内积水。

6 树冠管理

6.1 整形修剪

6.1.1 幼树整形修剪

培养多主枝自然圆头形树冠。在定植后 2 年～3 年内完成整形。定干高度 40 cm～60 cm，选留分布均匀、长势均衡的主枝 3 条～4 条，主枝与主干的夹角以 45°～60°为宜，每一主枝距主干 30 cm～40 cm 处选留副主枝 2～3 条，按副主枝的培养方法依次培养各级结果枝组。用拉、撑、顶、吊等方法调整枝条生长角度和方位。

修剪与整形同步进行，用短截、除萌、疏删、抹芽等方法抑制枝长并促进分枝。

6.1.2 结果树修剪

采果后 15 d 内及时完成修剪。树冠高大密闭的植株要从不同方位疏剪影响光照的若干个直立大枝，即"开天窗"；将结果母枝从"龙头桠"（主穗基部）及其以下叶腋抽生果穗的残枝段短截；疏剪病虫枝、交叉枝、枯枝、弱枝、过密枝、重叠枝、下垂枝、落花落果枝等。修剪后抽发的新梢长 8 cm～10 cm 时要及时疏芽定梢，每枝留壮梢 1 条～2 条。一般在新梢 3 cm～5 cm 时进行疏芽。

6.2 健壮结果母枝的培养

采果后促抽生 2 次～3 次秋梢，培养健壮适期的秋梢作为结果母枝，末次秋梢应在 11 月中旬前老熟。

6.2.1 适时放梢

早熟品种（如三月红、桂早荔等）的末次梢抽生适期为 8 月中旬，最迟不能晚于 8 月下旬；中熟品种（如贵妃红等）的末次梢抽生适期为 9 月下旬；晚熟品种（如草莓荔、糯米糍、仙进奉等）的末次梢抽生适期为 9 月中下旬，要求在花芽生理分化前老熟。

6.2.2 结果母枝质量

要求结果母枝生长粗壮，营养积累充足，不抽发冬梢。早熟品种的结果母枝长度为 25 cm～35 cm、粗度为 0.5 cm～0.6 cm、叶片数为 50 片～60 片；中晚熟品种的结果母枝长度为 15 cm～25 cm、粗度为 0.4 cm～0.5 cm、叶片数为 45 片～50 片。

6.3 控冬梢促花

末次秋梢转绿后，通过环割、螺旋环剥、断根等抑制冬梢的萌发；或通过人工摘除或使用生长调节剂杀冬梢。

6.3.1 松土断根

末次秋梢转绿后，可对树盘内及树冠滴水线以外 30 cm 的土壤翻松 15 cm～20 cm，内浅外深，切断表土细根；树势特别壮旺的植株还要沿树冠滴水线挖 25 cm～30 cm 深的环形沟切断部分侧根；断根沟及深翻施肥坑要在 12 月底才回土，以便减少植株水分供应，产生干旱效应。

6.3.2 人工摘冬梢

零星冬梢抽生或冬梢刚萌发而嫩叶未展开或刚展开时，进行人工摘除。把冬梢全部摘除或留冬梢基部 1 cm～2 cm 短桩。

6.3.3 环割或环剥

6.3.3.1 末次秋梢转绿后可采用环割或环剥控梢促花。

6.3.3.2 肥水较充足、树势中等偏旺的植株可用刀在直径为10 cm粗度以上部位作环状或螺旋状切割1～2圈，深达木质部。割圈数视树势而定，壮旺树可割2圈（间距10 cm～15 cm），一般长势的树只割1圈。

6.3.3.3 肥水良好的壮旺幼年结果树可采用螺旋环剥控冬梢，干旱严重年份或水源缺乏的果园慎用。环剥位置在主干或主枝上。剥口宽度2 mm～0.3 mm，螺圈1.2圈～1.5圈，螺距与主干或主枝直径相等。环剥后一般不能采取松土断根或应用10%萘乙·乙烯利水剂控冬梢。

6.4 促进授粉

6.4.1 果园放蜂

开花前15 d完成病虫防治工作。果园开花期间，每15亩放置1箱蜜蜂。

6.4.2 人工辅助授粉

缺乏正常授粉的情况下进行人工辅助授粉，晴天采集花粉兑水喷施或者通过轻摇树枝进行授粉。

6.4.3 雨后摇花

盛花期阴雨无风天气，雨后即进行人工或无人机摇花，抖落花穗上的水珠和凋谢的花朵。

6.4.4 防焗花

荔枝花穗期和花期如遇高温、干旱、大风、雾后晴天等天气，要及时进行土壤灌水，并每天上午和下午两次对叶面和花穗喷水。

6.5 控穗疏花

花量大的品种（如妃子笑和桂味等），在花穗抽生5 cm～10 cm时疏除或短截花穗。带叶花穗可人工摘叶。依据树势、品种、结果母枝粗壮程度和叶片数确定每枝留花量，一般为1 000朵～1 500朵。

6.6 疏果

在荔枝果实发育过程中第二次生理落果高峰期后进行疏果。疏去小果、畸形果及病虫果，每穗只留8个～10个正常的小果。

6.7 摘梢摘叶

及时人工摘除花穗上的小叶及挂果期间树冠抽出的新梢。

6.8 保果

6.8.1 环割、环剥保果

在雌花谢花后7 d～10 d进行。树势中等的树可环割一刀保果，树势壮旺的树可在谢花后40 d再割一刀；树势壮旺的树也可在直径15 cm以上的大枝采取螺旋环剥1圈～1.5圈保果。

6.8.2 抹梢保果

春梢和早夏梢在嫩梢叶片展开之前及时抹除。

6.9 减少裂果

6.9.1 加强水分管理

在果实发育全过程中，要保证水分均匀供给。结果初期遇干旱要及时淋灌喷水，保证果皮正常生长；果实发育后期遇暴雨天要注意排水，雨后摇落水珠，避免从果皮吸收水分；果实发育遇高温，于清晨和傍晚叶面喷水，避免果实受到日灼。

6.9.2 增施钙肥

在采果后结合施有机肥，施入石灰，每株 0.5 kg。开春前每株撒施石灰 1 kg。在果实发育期，叶面喷施 0.2%的硝酸钙肥。

7 病虫害防治

7.1 防治原则

贯彻"预防为主，综合防治"的植保方针。以保持和优化农业生态系统为基础，优先采用农业措施，尽量利用物理和生物措施。应急防治要确保荔枝质量符合绿色食品标准，选用安全、经济、高效的对口农药，科学合理防控病虫害。保持生物多样性和荔枝园生态系统的平衡。

7.2 农业防治

7.2.1 严禁使用带有检疫对象的种苗，因地制宜选用高抗、多抗或耐病虫害的优良品种。

7.2.2 做好品种区域化，同一小区避免种植成熟期差异显著的品种。

7.2.3 综合运用防护林带、蜜源植物、行间间作或生草栽培等技术，创造有利于荔枝树生长和天敌生存，而不利于病虫的生态环境，保持生物多样性，维护生态平衡。

7.2.4 加强肥水管理，合理施肥，科学灌水，增施充分腐熟的有机肥，追肥时增施磷钾肥，不施或少施化肥，培肥土壤，提高树体抗病虫害能力。

7.2.5 加强树体管理，在荔枝抽梢期、花果期和采果后，剪除交叉枝和过密枝，适期放梢，使物候期整齐一致，提高植株抗病虫能力。

7.2.6 疏除被病虫为害的枝、叶、花、果，并进行无害化处理。做好冬季清园，减少病虫源基数。荔枝花芽分化前后、开花前预防性全园喷农药，降低病虫基数。

7.3 物理防治

7.3.1 用频振式杀虫灯、蓝板、黄板等诱杀害虫；利用黄色荧光灯驱赶吸果夜蛾等；采用光驱避（光干扰）技术防治荔枝蒂蛀虫。

7.3.2 设置防虫网隔离和人工捕杀荔枝椿象、吸果夜蛾、果蝠、金龟子等。

7.3.3 妃子笑品种可采用果实套袋技术，防止病虫侵害。

7.4 生物防治

7.4.1 保护捕食螨、食蚜蝇、食螨瓢虫等害虫天敌。

7.4.2 种植有利于害虫天敌繁衍的良性草种。

7.4.3 人工繁育、释放平腹小蜂、捕食螨、赤眼蜂等天敌，防治荔枝椿象、卷叶蛾、毒蛾等害虫。繁殖、释放肿腿小蜂，防治龟背天牛。

7.5 化学防治

做好病虫监测调查，掌握发生动态，对达到防治指标的病虫及时施药。化学防治应选用安全、高效、经济的对口药剂。药剂及其使用方法应符合 NY/T 393 的要求，绿色食品荔枝生产主要病虫草害防治推荐农药使用方案见附录 A。

8 采收

8.1 成熟度要求和采收时期

一般荔枝品种要求在果实可溶性固形物含量（TSS）达到 18%以上才能采收，可对照不同品种特有风味 TSS 值区别进行。通过外观色泽判别，妃子笑外果皮 1/3～1/2 变红，成熟度达到 80%～90%可采收；桂味、糯米糍、仙进奉、冰荔、岭丰糯、井岗红糯、凤山红灯笼、禾荔等品种外果皮全红，内果皮仍保持白色，成熟度达到85%～90%可采收。

8.2 采收方法

整个采收搬运过程要轻拿轻放，避免机械损伤和暴晒。一般用采果剪在"龙头桠"以下1 cm处剪断，但长果穗品种（如妃子笑、三月红）则结合回缩修剪，实行一果两剪采收。采后果实及时放到阴凉处或者地头冷库，荔枝不应集中码垛堆积。采收宜选晴天上午露水干后或阴天进行。

8.3 采后和冬季清园

采果后尽快完成预冷处理，采收后和冬芽萌动前要及时清园，集中进行无害化处理，降低越冬病虫源。

9 包装、储藏与运输

9.1 包装

9.1.1 选果

采收后，应在阴凉、通风的场所挑选分级，并在12 h内完成对鲜果的挑选，剔去烂果、裂果、病虫害果及褐变果，挑选无病虫害、果皮无褐色斑点和生长正常的果实。用于出口的荔枝要去除果梗，用清水冲洗，晾干后进行包装。

9.1.2 包装材料

包装材料要求牢固、洁净、无毒、无异味，应符合NY/T 658的规定。可选用符合GB 6543规定的大小纸箱和符合GB/T 5737规定的小竹篓或塑料水果筐等作为外包装；内包装可用符合GB 4806.7规定的聚乙烯塑料膜（袋）；如用小竹篓包装，宜在篓底及篓面铺垫适量洁净、新鲜的树叶。

9.1.3 容量

纸箱、小竹篓包装容量不宜超过5 kg，塑料水果筐包装容量不宜超过10 kg。

9.1.4 包装要求

包装符合GB 43284的要求，避免过度包装。

9.2 标志与标签

9.2.1 标志

包装上如有绿色食品标志，标志的设计及标注应符合《中国绿色食品商标标志设计使用规范手册》的要求。

9.2.2 标签

包装标签应按GB 7718的规定执行。

9.3 储藏与运输

9.3.1 储藏

应符合NY/T 658和NY/T 1056的规定。采果后短时存放的场地应阴凉、通风、防晒、防雨、无毒、无异味、无污染。待运果品宜放在冷库内，果品不能裸露在冷气中，避免冷风直吹。冷库温度为3 ℃～5 ℃。

9.3.2 运输

应符合NY/T 658和NY/T 1056的规定。运输工具应清洁，有防晒、防雨设施，同时果品宜用包装箱加冰的方法运输销售。销往外地的果品宜先预冷降温，用包装箱加冰袋包装后，冷链运输。运输过程不应与有毒、有害、有异味物的产品混运，且要轻装轻卸，不应重压。

10 生产废弃物处理

对农用投入品的包装废弃物，应及时收集并交付农用投入品经营者或农用投入品包装废弃物回收站（点），不应随意丢弃、填埋或焚烧。树体修剪后的植物废弃物、果园落叶、杂草等，覆盖于树盘，覆盖的厚度不超过 12 cm。冬季干旱季节，做好防火措施。

11 生产档案管理

建立并保存相关生产档案，为追溯生产活动提供有效的证据。如实记录使用农用投入品使用、病虫草害的发生和防治、采收、采后处理等情况。生产档案由专人保管，保存不少于 3 年。

附 录 A
（资料性附录）
广东广西绿色食品荔枝生产推荐农药使用方案

广东广西绿色食品荔枝生产推荐农药使用方案见表 A.1。

表 A.1 广东广西绿色食品荔枝生产推荐农药使用方案

防治对象与用途	使用时期	农药名称	施用量	施药方法	安全间隔期（d）	每季最多使用次数（次）
霜疫霉病	发病前或发病初期	80%代森锰锌可湿性粉剂	400倍液～600倍液	喷雾	10	3
	发病前或初见零星病斑时	25%嘧菌酯悬浮剂	1 200倍液～1 700倍液	喷雾	14	3
	坐果期、中果期、果实转熟期分别用药1次	33.5%喹啉铜悬浮剂	1 000倍液～1 200倍液	喷雾	14	3
	发病前或发病初期	100 g/L氰霜唑悬浮剂	2 000倍液～2 500倍液	喷雾	7	3～4
	花穗期、生理落果后期、小果期、膨大期及转色期	60%唑醚·代森联水分散粒剂	1 000倍液～2 000倍液	喷雾	14	4
	发病初期	68%精甲霜·锰锌水分散粒剂	800倍液～1 000倍液	喷雾	7	4
	开花前、幼果期、中果期和转色期	23.4%双炔酰菌胺悬浮剂	1 000倍液～2 000倍液	喷雾	3	3
	发病初期	47%春雷·王铜可湿性粉剂	600倍液～750倍液	喷雾	7	3
	发病前或发病初期	86.2%氧化亚铜水分散粒剂	1 000倍液～1 500倍液	喷雾	15	4
	发病前或发病初期	18.7%烯酰·吡唑酯水分散粒剂	1 500倍液～2 000倍液	喷雾	28	3
炭疽病	发病前或发病初期	10%苯醚甲环唑水分散粒剂	650倍液～1 000倍液	喷雾	3	3
	开花前	40%腈菌唑可湿性粉剂	4 000倍液～6 000倍液	喷雾	7	3
	花穗期、小果期、中果期和果实转色期	62%多·锰锌可湿性粉剂	600倍液～700倍液	喷雾	21	3
溃疡病	发病前或发病初期	84%王铜水分散粒剂	1 000倍液～1 500倍液	喷雾		3～4
煤烟病	开花前	40%腈菌唑可湿性粉剂	4 000倍液～6 000倍液	喷雾	7	3

（续表）

防治对象与用途	使用时期	农药名称	施用量	施药方法	安全间隔期（d）	每季最多使用次数（次）
荔枝蒂蛀虫	产卵盛期至低龄幼虫发生时	40%除虫脲悬浮剂	3 000倍液～4 000倍液	喷雾	10	3
	果实转色期、卵孵高峰期	5%氯虫苯甲酰胺悬浮剂	750倍液～1 500倍液	喷雾	10	3
	成虫羽化高峰和幼虫发生初期	4.5%高效氯氰菊酯乳油	65 mL/亩～85 mL/亩	喷雾	14	3
	成虫羽化高峰和幼虫发生初期	8%高效氯氰菊酯·虱螨脲乳油	1 000倍液～1 300倍液	喷雾	14	2
尺蠖	秋梢生长期、花穗生长期	200 g/L氯虫苯甲酰胺悬浮剂	3 000倍液～6 000倍液	喷雾	10	1
椿象	低龄幼虫期	18%杀虫双水剂	500倍液～800倍液	喷雾	15	
卷叶虫	发生早期	22%高氯·辛硫磷乳油	1 500倍液～2 000倍液	喷雾	14	2
促花促果	谢花后第一次生理落果前和第二次生理落果前喷雾施药各1次	0.1%氯吡脲可溶液剂	1 500倍液～2 500倍液	喷雾，重点喷施幼果	25	2
杀花穗	早花树花芽抽出5 cm～7 cm时	10%萘乙·乙烯利水剂	1 000倍液～1 200倍液	喷雾		
杂草	播后苗前	18%草铵膦可溶液剂	200 mL/亩～300 mL/亩	定向茎叶喷雾		
注： 农药使用应以最新版本 NY/T 393 的规定为准。							

绿色食品生产操作规程

GFGC 2024A301

闽渝川滇地区
绿色食品荔枝生产操作规程

2024-07-04 发布　　　　　　　　　　　　　　2024-08-01 实施

中国绿色食品发展中心　发布

GFGC 2024A301

前 言

本规程由中国绿色食品发展中心提出并归口。

本规程起草单位：福建省农业科学院农业质量标准与检测技术研究所、福建省绿色食品发展中心、福建省农业科学院果树研究所、中国绿色食品发展中心、重庆绿色食品发展中心、四川省绿色食品发展中心、云南省绿色食品发展中心。

本规程主要起草人：傅建炜、刘文静、杨芳、史梦竹、魏秀清、曾晓勇、汤宇青、陈媛、张宪、马雪、钱琳刚、张海彬、王艳蓉。

闽渝川滇地区绿色食品荔枝生产操作规程

1 范围

本规程规定了闽渝川滇地区绿色食品荔枝的产地环境、品种（苗木）选择、整地与定植、田间管理、病虫草害防治、采收、生产废弃物处理、包装储运及生产档案管理。

本规程适用于福建省、重庆市、四川省和云南省绿色食品荔枝的生产。

2 规范性引用文件

下列文件中的内容通过文中的规范性引用而构成本规程必不可少的条款。其中，注日期的引用文件，仅该日期对应的版本适用于本规程；不注日期的引用文件，其最新版本（包括所有的修改单）适用于本规程。

NY/T 355 荔枝 种苗
NY/T 391 绿色食品 产地环境质量
NY/T 393 绿色食品 农药使用准则
NY/T 394 绿色食品 肥料使用准则
NY/T 658 绿色食品 包装通用准则
NY/T 750 绿色食品 热带、亚热带水果
NY/T 1056 绿色食品 储藏运输准则

3 产地环境

选择远离污染源、土层深厚、排水良好、光照充足、空气流通、生态条件良好、具有可持续生产能力的荔枝生产适宜区域。土壤富含有机质、中性或微酸性（pH 值为 5.5～6.5），砂壤土或壤土为宜。产地环境条件应符合 NY/T 391 的规定。

4 品种（苗木）选择

4.1 品种选用

应选用经县级以上农业农村部门登记公告的，适宜闽渝川滇荔枝产区种植的品种。

可选择的早熟品种包括三月红、白糖罂、妃子笑等；中熟品种包括黑叶、元红、状元红、兰竹、元香、陈紫、圆荔、怀枝、灵山香荔、水荔、红绣球、带绿、楠木叶、陀缇等；晚熟品种包括糯米糍、桂味、井岗红糯、冰荔、仙进奉、红绣球、观音绿、马贵荔等。

4.2 选择原则

植株生长正常，茎、枝无破损或断裂等严重机械损伤，新梢成熟；嫁接口愈合良好；出圃时土团完整，无穿根现象；品种纯度≥99.0%；无检疫性病虫害。选择苗木应符合 NY/T 355 的规定。

5 整地与定植

5.1 整地

根据株行距和山地坡度大小决定台面宽度，修筑等高且保土、保水、保肥的梯台。平地、缓坡地采用壕沟式改土，坡地采用等高梯地改土。

5.2 定植

5.2.1 定植季节

春植在2月—5月进行,秋植在9月—10月进行。

5.2.2 定植要求

定植方式可采取宽行窄株或近正方形,株行距(4 m～8 m)×(5 m～12 m),定植密度根据果园环境、品种、树龄、栽培管理水平以及机械化操作程度确定。定植后淋施定根水。

6 田间管理

6.1 土壤覆盖

定植后1年～2年树盘覆草,果园的杂草、修剪的枝叶经粉碎处理后用于覆盖树盘,厚度5 cm～10 cm,行间套种短期绿肥、牧草。间种作物距荔枝树基部1 m以上,与荔枝没有激烈的肥、水、光竞争,无共同的主要病虫害。

6.2 除草、培土

园地除草采用人工、机械或本标准推荐的化学除草剂,结合施肥,每年除草、培土2次～3次,除草剂应符合NY/T 393的规定。

6.3 灌溉

荔枝秋梢抽生期、花芽分化期、花穗抽生期、盛花期、果实生长发育期及时浇水。雨季防止种植穴积水,下沉植株宜适当抬高植位。灌溉水质应符合NY/T 391的规定。

6.4 施肥

6.4.1 施肥原则

施肥原则:有机肥为主、化肥为辅;遵循化肥减控的原则,兼顾元素之间的比例平衡。肥料的选择和使用应符合NY/T 394的要求,施肥方案见附录A的表A.1。

6.4.2 施肥方法和用量

6.4.2.1 基肥

常规种植穴为(80 cm～100 cm)×80 cm×80 cm,基肥每穴压入腐熟有机肥50 kg～100 kg,回填表土,在定植前1个～2个月完成。

6.4.2.2 幼树施肥

定植1个月后施肥,枝梢顶芽萌动时以及新梢伸长基本停止、叶色由红转绿时各施肥1次。第一年开浅沟株施45%复合肥1 kg或尿素20 g～25 g,第二年比第一年用量增加50%～100%。每年在根际株施有机肥10 kg/株～30 kg/株、生石灰0.5 kg/株～2 kg/株。

6.4.2.3 结果期施肥

结果期施肥应根据果园土壤肥力状况、果树不同发育阶段、果园机械化程度合理施肥。年产50 kg鲜果的荔枝树每年每株需要施纯氮1.2 kg～3.5 kg,其中有机氮应占50%以上,$N:P_2O_5:K_2O=1:(0.8\sim1.0):(1.5\sim2.0)$。

6.5 整形修剪

6.5.1 幼树整形修剪

在定植后第二、第三年生长季节进行幼树整形修剪。可采用主枝自然圆头或多主枝自然半圆头形。定干高度40 cm～60 cm,选留分布均匀、长势健壮的主枝3条～4条。每一主枝长度超过60 cm后,在距主干30 cm～40 cm处短截,萌发的侧枝选留3条～4条。按侧枝的培养方法依次培养各级结果枝,用拉、撑、顶、吊等方法调整枝条生长角度和方位。用摘心、短截、疏删和抹芽等方法抑制枝梢生长和促进分枝。

6.5.2 结果树整形修剪

采果后进行整形修剪，用疏删、短截、除萌和摘心等方法，剪除过密枝、阴枝、弱枝、重叠枝、病虫枝、枯枝等；保留阳枝、强壮枝及生长良好的水平枝；控制结果母枝数量。每年主要培养良好的结果母枝2批秋梢，对衰老大枝可适当回缩或短截。

6.6 控花控果管理

6.6.1 促花

末次秋梢应控制在10月上旬至11月上旬充分成熟，用双刃环剥刀对主干或侧枝进行螺旋式环割1.5圈，剥口宽度0.15 cm～0.40 cm，螺距与干粗基本相同。

6.6.2 疏花

对花量大的品种，在花穗抽生5 cm～10 cm时疏删或短截花穗，或喷洒10%萘乙·乙烯利水剂1 000倍液～1 200倍液，变长花穗为短花穗，提高雌花比例；依据树势、品种、结果母枝粗壮程度和叶片数量确定留花量，一般每枝1 000朵～1 500朵。

6.6.3 促授粉

盛花期采用放蜂、人工辅助授粉、雨后摇花、高温干燥天气喷水等措施提高坐果率。

6.6.4 疏果

对结果过量的植株在第二次生理落果后进行人工疏果，去除小果、畸形果或过于分散的果，并依据树势、品种、结果母枝粗壮程度确定每枝条的留果量，一般为20个～30个。

7 病虫草害防治

7.1 防治原则

贯彻"预防为主、综合防治"的植保方针，以农业防治为基础，强化生物防治和物理防治，科学使用化学防治，实现病虫害的有效控制，同时对环境和产品无不良影响。

7.2 常见病虫草害

荔枝常见的病害有霜疫霉病、炭疽病等。常见的虫害有荔枝蒂蛀虫、荔枝椿象等。常见的杂草为一年生和多年生杂草。

7.3 防治措施

7.3.1 农业防治

在果园套种矮小绿肥作物，可选择紫云英、圆叶决明等，改善果园土壤环境。
定期清园，合理修剪，及时清除病苗和病叶，减少病虫基数。

7.3.2 物理防治

根据害虫的趋化性、趋光性原理，采用诱虫灯、黄板、蓝板、诱剂等诱杀害虫。
设置防虫网隔离或采用果实套袋，防止病虫为害。

7.3.3 生物防治

优先选用植物源生物农药、性诱剂；选择捕食螨、食蚜蝇、平腹小蜂等天敌防治虫害。

7.3.4 化学防治

根据荔枝的病虫测报进行防治，推广高效、低毒、低残留农药，严格控制农药用量和安全间隔期。农药的使用应符合NY/T 393的要求。绿色食品荔枝生产的病虫草害防治推荐农药使用方案见附录A的表A.2。

8 采收

根据成熟度与市场需求分期采收，采收时选择晴天上午露水干后或阴天进行。采收过程中避免机械损伤和果实暴晒，采后4 h内完成果实挑选、包装分级或采摘后立即进行预冷。荔枝质量要求应符合NY/T 750的规定。

9 生产废弃物处理

及时清理收集生产过程中使用过的植保产品与肥料的包装物等废弃物，并交给相关正规公司处理。树体修剪的植物废弃物、落叶、杂草等按6.1的规定处理后用于树盘覆盖。病虫果、病虫枝集中起来烧毁或深埋。

10 包装储运

绿色食品荔枝包装应符合NY/T 658的规定，储藏运输应符合NY/T 1056的规定。

包装可采用纸箱、泡沫箱或竹筐，容量5 kg～10 kg，包装袋中可加入适量的防震材料，避免果实重叠挤压，并避免阳光暴晒。

运输可以选用保温箱加冰、冷藏车或冷链运输，温度控制在5 ℃～10 ℃，空气相对湿度保持在85%～95%。

11 生产档案管理

建立绿色食品荔枝生产档案。应详细记录产地环境条件、生产技术、肥水管理、病虫草害及其防治、采收等具体情况，并保存记录3年以上。

附 录 A
（资料性附录）
闽渝川滇地区绿色食品荔枝成年结果树施肥方案及主要病虫草害防治推荐农药使用方案

闽渝川滇地区绿色食品荔枝成年结果树施肥方案见表 A.1。

表 A.1 闽渝川滇地区绿色食品荔枝成年结果树施肥方案

施肥时期	施肥目标	施肥量	施肥种类
促花期	促蕾壮花	施肥量占全年的 25%	以有机肥为主，配施磷肥、钾肥
壮果期	促果膨大	施肥量占全年的 40%	以有机肥和速效氮钾为主
促梢期	促秋梢萌发，树体恢复	施肥量占全年的 30%	以有机肥、氮肥为主
根外追肥	快速补充营养	施肥量占全年的 5%	选用硼酸、硫酸镁、钼酸铵、磷酸二氢钾、氨基酸、核苷酸补充树体营养或矫治缺素症

闽渝川滇地区绿色食品荔枝生产主要病虫草害防治推荐农药使用方案见表 A.2。

表 A.2 闽渝川滇地区绿色食品荔枝主要病虫草害防治推荐农药使用方案

防治对象与用途	使用时期	农药名称	使用量	施药方法	安全间隔期（d）
霜疫霉病	发病前或发病初期	80%代森锰锌可湿性粉剂	400 倍液～600 倍液	喷雾	10
	发病前或初见零星病斑时	250 g/L 嘧菌酯悬浮剂	1 200 倍液～1 700 倍液	喷雾	14
	坐果期、中果期、果实转熟期分别用药 1 次	33.5%喹啉铜悬浮剂	1 000 倍液～1 200 倍液	喷雾	14
	发病前或发病初期	100 g/L 氰霜唑悬浮剂	2 000 倍液～2 500 倍液	喷雾	7
炭疽病	发病前或发病初期	10%苯醚甲环唑水分散粒剂	650 倍液～1 000 倍液	喷雾	3
	开花前	40%腈菌唑可湿性粉剂	4 000 倍液～6 000 倍液	喷雾	7
荔枝蒂蛀虫	果实转色期、卵孵化高峰期	5%氯虫苯甲酰胺悬浮剂	750 倍液～1 500 倍液	喷雾	10
	成虫羽化高峰期和幼虫发生初期	4.5%高效氯氰菊酯乳油	65 mL/亩～85 mL/亩	喷雾	14
	卵孵化盛期至低龄幼虫期	40%除虫脲悬浮剂	3 000 倍液～4 000 倍液	喷雾	10
椿象	低龄幼虫期	18%杀虫双水剂	500 倍液～800 倍液	喷雾	15

（续表）

防治对象与用途	使用时期	农药名称	使用量	施药方法	安全间隔期（d）
促花促果	谢花后第一次生理落果前和第二次生理落果前各施药1次	0.1%氯吡脲可溶液剂	1 500倍液～2 500倍液	喷雾，重点喷施幼果	25
杀花穗	早花树花芽抽出5 cm～7 cm	10%萘乙·乙烯利水剂	1 000倍液～1 200倍液	喷雾	
杂草	播后苗前	18%草铵膦可溶液剂	200 mL/亩～300 mL/亩	定向茎叶喷雾	
注：农药使用应以最新版本NY/T 393的规定为准。					

绿色食品生产操作规程

GFGC 2024A302

粤琼滇早熟产区
绿色食品荔枝生产操作规程

2024-07-04 发布

2024-08-01 实施

中国绿色食品发展中心 发布

前言

本规程由中国绿色食品发展中心提出并归口。

本规程起草单位：中国热带农业科学院热带作物品种资源研究所、中国热带农业科学院环境与植物保护研究所、中国热带农业科学院南亚热带作物研究所、云南省农业科学院热带亚热带经济作物研究所、海南省农业科学院热带果树研究所、海南陵水惠盛农业发展有限公司、广东省农业科学院植物保护研究所、中国绿色食品发展中心。

本规程主要起草人：张蕾、王家保、杨子琴、洪继旺、高兆银、李焕苓、李松刚、李芳、胡福初、李伟才、张惠云、周军峰、王思威、刘艳辉。

粤琼滇早熟产区绿色食品荔枝生产操作规程

1 范围

本规程规定了粤琼滇早熟产区绿色食品荔枝的产地环境、品种选择、整地与定植、田间管理、病虫害防治、采收、生产废弃物处理、运输储藏及生产档案管理。

本规程适用于广东省雷州半岛、海南省、云南省荔枝早熟产区特早熟或早熟品种绿色食品荔枝的生产。

2 规范性引用文件

下列文件中的内容通过文中的规范性引用而构成本规程必不可少的条款。其中，注日期的引用文件，仅该日期对应的版本适用于本规程；不注日期的引用文件，其最新版本（包括所有的修改单）适用于本规程。

GB 2763 食品安全国家标准 食品中农药最大残留限量
NY/T 391 绿色食品 产地环境质量
NY/T 393 绿色食品 农药使用准则
NY/T 394 绿色食品 肥料使用准则
NY/T 658 绿色食品 包装通用准则
NY/T 750 绿色食品 热带、亚热带水果
NY/T 1056 绿色食品 储藏运输准则

3 产地环境

产地环境应符合 NY/T 391 的规定。选择交通便利、远离污染源、有灌溉水源的山地或平地建园，海拔≤1 200 m，山地坡度≤30°。产区土层深厚，土壤富含有机质、微酸性（pH 值 5.5～6.8）。年平均温度 21 ℃～23 ℃，1 月平均温度 13 ℃～17 ℃，冬季绝对低温≥1 ℃。

4 品种选择

4.1 选择原则

选择优质、丰产稳产、易成花的品种，以早熟、特早熟品种为主。

4.2 品种选用

选择适宜粤琼滇早熟产区种植的荔枝品种，推荐选用三月红、桂早荔、白糖罂、妃子笑等品种。

5 整地与定植

5.1 整地

清除规划地块杂草、树木及其他有碍耕作的杂物、石头，以备测量、放线、定标及基础设施施工。

一般采用（4 m～5 m）×（5 m～6 m）的株行距，20 株/亩～35 株/亩。

定植前 1 个～2 个月，挖长、宽、深为 80 cm 的定植穴，每穴将地表 20 cm 以内的表土放入穴底，将 20 cm～80 cm 的心土、30 kg～40 kg 腐熟有机肥和 1 kg 钙镁磷肥混匀，回入穴中。回土高于地面 10 cm 以上，待填土沉实后定植。

5.2 定植

5.2.1 定植时期

可分春植和秋植,春季在3月—4月为宜,秋季在9月—10月为宜。

5.2.2 定植方法

带土球定植到定植穴中央,根茎与树盘地表同高,根据种苗树冠做树盘,定植后浇足定根水。

6 田间管理

6.1 幼龄树管理

6.1.1 树冠管理

宜培养圆头形或半圆头形树冠。定植后在主干高度30 cm~60 cm处截顶,促进萌发一级分枝。所萌发一级分枝,选择3条~4条方位分布均匀的留为主枝;主枝长40 cm~50 cm时再截顶,促使分生2条~3条二级分枝。以此方法培养各级分枝。修剪与整形同步进行,尽快形成结果树形。

6.1.2 施肥管理

提倡增施有机肥,合理使用化学肥料。定植后待第二次新梢老熟后开始追肥。每株撒施20 g~30 g尿素结合浇水,每10 d~15 d撒施一次。幼龄树定植后第二年起,结合整形修剪,在树冠滴水线开沟施肥,深度30 cm~40 cm、宽度为50 cm~100 cm,每株施用腐熟有机肥10 kg~20 kg与高氮型复合肥0.3 kg~0.5 kg。用绿肥、杂草、落叶覆盖树盘,保水防杂草。"一梢一肥",即每次新梢萌动前施肥,并配合灌水。肥料的使用应符合NY/T 394的要求。

6.2 结果树管理

6.2.1 树冠管理

采果后应立即进行修剪。短截回缩一年生结果母枝,疏去过多大枝、衰老枝、细弱枝、下垂枝、过密枝、干枯枝、病虫枝。根据果园密度及树势确定修剪强度,果园过密、树势较强、肥水管理好的果园,适当重回缩;树势较弱植株须轻剪。

修剪后,树体抽生新梢。选留方向好、健壮的新抽生枝条1条~2条,其余抹除。注意防治尺蛾、卷叶蛾、蛀蒂虫等为害新梢的害虫,化学药剂的使用应符合NY/T 393的规定。

6.2.2 控制冬梢

海南南部、云南元江地区要求末次秋梢在9月初前老熟,广东西部、云南元阳与屏边早熟产区末次秋梢须在10月初老熟。末次秋梢转绿后,采用螺旋环割或闭口环割等措施,控制冬梢的萌发。冬梢长至5 cm~6 cm,喷施杀梢药剂杀冬梢。杀梢后的冬梢如有萌发迹象,可继续杀梢,并配合喷施控梢药剂进行控梢。杀梢和控梢药剂的使用应符合NY/T 393的规定。

6.2.3 冬季清园

末次秋梢老熟后,剪去树上的病虫枝、枯枝、过密小枝等,并结合断根将修剪枝条粉碎与杂草、落叶等一起压埋。

6.2.4 花果管理

花穗生长期应控制花量,长花穗品种,在花穗长15 cm时摘除顶部,保留8~10 cm。花期放蜂授粉,提高坐果率,放蜂量10亩/箱为宜。花期遇雨,及时摇落残花防止沤花。

花果期应注意防治花果瘿蚊、荔枝蝽、荔枝蓟马、荔枝蒂蛀虫、吸果夜蛾等害虫,防治荔枝霜疫霉病、炭疽病等病害,药剂使用应符合NY/T 393的规定。

6.2.5 灌溉

果园灌溉水质应符合NY/T 391的规定。灌溉可采用滴灌、微喷、喷灌等节水灌溉方法,也可直接灌溉。采果后施肥立即灌溉，每株灌溉 50 kg～100 kg；末次梢萌发时每株灌溉 30 kg～50 kg；秋梢老熟后，果园要停止灌溉，抑制冬梢的萌发；开花期和小果期干旱则要进行灌溉，每株灌水 20 kg～30 kg，7 d～10 d 灌溉一次；果实发育的中后期，如遇干旱进行灌溉，每株灌溉 50 kg～100 kg，10 d～15 d 灌溉一次。

6.2.6 施肥

肥料的使用应符合 NT/Y 394 的规定。一般每生产 100 kg 鲜果须施纯氮 2.4 kg～7.0 kg，其中，有机氮应占 50%以上，P_2O_5 1.4 kg～3.8 kg，K_2O 3.0 kg～7.0 kg，养分配比为 N：P_2O_5：K_2O=1：(0.3～0.6)：(1～1.5)。全年施肥主要分促梢肥、促花肥和壮果肥 3 个时期进行。

6.2.6.1 促梢肥

早熟品种一般在采前半个月施肥，也可采果后结合修剪、松土，施有机肥 40 kg/株，与化肥一起施入，施肥量为全年施肥总量的 50%。

6.2.6.2 促花肥

露"白点"后施肥，施有机肥与三元复合肥，施肥量为全年施肥总量的 30%。

6.2.6.3 壮果肥

谢花后至第一次生理落果期（幼果似绿豆大时）施用，磷钾肥为主，适当补充微量元素，可叶面喷施，施肥量为全年施肥总量的 20%。

6.2.6.4 施肥方法

沿树冠滴水线开沟，氮肥、钾肥浅施（深度为 5 cm～10 cm），磷肥、有机肥深施（深度为 30 cm～50 cm），施后盖土。

7 病虫害防治

7.1 防治原则

贯彻"预防为主，综合防治"的植保方针，以栽培为基础，加强肥水管理，坚持"农业防治、物理防治和生物防治为主，化学防治为辅"的原则。

7.2 常见病虫害

主要病害：荔枝霜疫霉病、荔枝炭疽病等。
主要虫害：荔枝蛀蒂虫、尺蠖、介壳虫、卷叶蛾、荔枝蝽等。

7.3 防治措施

7.3.1 农业防治

采用抗性强的荔枝品种，加强栽培管理，增施有机肥，增强树势，提高抗病虫能力。
合理修剪，剪除树冠内部的阴枝、弱枝、枯枝和树冠内外的病虫枝、过密枝、重叠枝，增加树体通风透光性。
结合冬季清园，清除枯枝、病叶、残叶及落叶，改善果园生态环境，减少病虫源。

7.3.2 物理防治

树干涂白，放置诱虫灯或粘虫板等防治虫害。种植诱集植物以集中杀灭害虫。设置阻隔带、阻隔环，或用毒环捕杀害虫。

7.3.3 生物防治

释放平腹小蜂等天敌。优先选用生物源农药和矿物源农药防治害虫。

7.3.4 化学防治

严格按照 NY/T 393 的规定使用化学农药；禁止使用禁限用农药，选用已登记的农药，严格控制农药浓度及安全间隔期，注意交替用药，合理混用。推荐农药使用方案见附录A。农药残留量应符合GB 2763的规定。采果前30 d内禁止使用任何农药。

8 采收

8.1 采收时间

需要较长期储藏，果实达到八成至八成半成熟度采收。用于本地市场销售，果实达到九成成熟度采收。宜在晴天上午露水干后或阴天采收，不宜在雨天或烈日时采果。采收过程避免机械损伤。采收的果品质量应符合NY/T 750的要求。

8.2 采收方法

整穗采收，从"葫芦节"处剪断果枝。单果采收，从果实的"离层"处剪断。

8.3 采后处理

对鲜果进行挑选，剔除烂果、裂果、病虫果、畸形果及褐变果实，挑选无病虫害、果皮无斑点的正常果实。进行采后分级、清洁、消毒等。

8.3.1 预冷

采收后须立即预冷，使产品温度迅速降至8 ℃～10 ℃。使用冰水混合物预冷须添加杀菌剂，杀菌剂的种类及使用方法应符合NY/T 393的规定。

8.3.2 包装

内包装用塑料薄膜，外包装用泡沫箱。包装物应符合NY/T 658的规定。

9 生产废弃物处理

9.1 资源化处理

修剪下的枝条可粉碎后作为树盘覆盖物，枯枝、落叶等可与有机肥或绿肥共同压埋。

9.2 无害化处理

农药、肥料等的包装废弃物应回收，严格按有关规定进行处置，不得随意放置、丢弃、掩埋或焚烧。

10 运输储藏

运输工具和存储场所应清洁、卫生、通风，严防日晒雨淋，温度控制保持在2 ℃～10 ℃，忌温度波动。不应与有毒、有害的物品混运混存，应符合NY/T 1056的规定。

11 生产档案管理

应建立绿色食品荔枝生产档案，记录产地环境条件、生产技术、肥水管理、病虫害的发生和防治、采收及采后处理等情况。档案保存3年以上。

附 录 A
（资料性附录）
粤琼滇早熟产区绿色食品荔枝生产推荐农药使用方案

粤琼滇早熟产区绿色食品荔枝生产推荐农药使用方案见表 A.1。

表 A.1 粤琼滇早熟产区绿色食品荔枝生产主要病虫害防治推荐农药使用方案

防治对象与用途	使用时期	农药名称	施用量	施药方法	安全间隔期（d）	每季最多使用次数（次）
霜疫霉病	发病前或发病初期	80%代森锰锌可湿性粉剂	400 倍液～600 倍液	喷雾	10	3
	发病前或初见零星病斑时	25%嘧菌酯悬浮剂	1 200 倍液～1 700 倍液	喷雾	14	3
	坐果期、中果期、果实转熟期分别用药1次	33.5%喹啉铜悬浮剂	1 000 倍液～1 200 倍液	喷雾	14	3
	发病前或发病初期	100 g/L氰霜唑悬浮剂	2 000 倍液～2 500 倍液	喷雾	7	3～4
	花穗、生理落果后期、小果期、膨大期及转色期	60%唑醚·代森联水分散粒剂	1 000 倍液～2 000 倍液	喷雾	14	4
	发病初期	68%精甲霜·锰锌水分散粒剂	800 倍液～1 000 倍液	喷雾	7	4
	开花前、幼果期、中果期和转色期	23.4%双炔酰菌胺悬浮剂	1 000 倍液～2 000 倍液	喷雾	3	3
	发病初期	47%春雷·王铜可湿性粉剂	600 倍液～750 倍液	喷雾	7	3
	发病前或发病初期	86.2%氧化亚铜水分散粒剂	1 000 倍液～1 500 倍液	喷雾	15	4
	发病前或发病初期	18.7%烯酰·吡唑酯水分散粒剂	1 500 倍液～2 000 倍液	喷雾	28	3
炭疽病	发病前或发病初期	10%苯醚甲环唑水分散粒剂	650 倍液～1 000 倍液	喷雾	3	3
	开花前	40%腈菌唑可湿性粉剂	4 000 倍液～6 000 倍液	喷雾	7	3
	花穗期、小果期、中果期和果实转色期	62%多·锰锌可湿性粉剂	600 倍液～700 倍液	喷雾	21	3

（续表）

防治对象与用途	使用时期	农药名称	施用量	施药方法	安全间隔期（d）	每季最多使用次数（次）
溃疡病	发病前或发病初期	84%王铜水分散粒剂	1 000倍液~1 500倍液	喷雾		3~4
煤烟病	开花前	40%腈菌唑可湿性粉剂	4 000倍液~6 000倍液	喷雾	7	3
荔枝蒂蛀虫	产卵盛期至低龄幼虫发生时	40%除虫脲悬浮剂	3 000倍液~4 000倍液	喷雾	10	3
荔枝蒂蛀虫	果实转色期、卵孵化高峰期	5%氯虫苯甲酰胺悬浮剂	750倍液~1 500倍液	喷雾	10	1
荔枝蒂蛀虫	成虫羽化高峰和幼虫发生初期	4.5%高效氯氰菊酯乳油	65 mL/亩~85 mL/亩	喷雾	14	3
荔枝蒂蛀虫	成虫羽化高峰和幼虫发生初期	8%高效氯氰菊酯·虱螨脲乳油	1 000倍液~1 300倍液	喷雾	14	2
尺蠖	秋梢生长期和花穗生长期	200 g/L氯虫苯甲酰胺悬浮剂	3 000倍液~6 000倍液	喷雾	10	1
椿象	低龄幼虫期	18%杀虫双水剂	500倍液~800倍液	喷雾	15	1
卷叶虫	发生早期	22%高氯·辛硫磷乳油	1 500倍液~2 000倍液	喷雾	14	2
促花促果	谢花后第一次和第二次生理落果前各施用1次	0.1%氯吡脲可溶液剂	1 500倍液~2 500倍液	喷雾，重点喷施幼果	25	2
杀花穗	早花树花芽抽出5 cm~7 cm	10%萘乙·乙烯利水剂	1 000倍液~1 200倍液	喷雾		
杂草	播后苗前	18%草铵膦可溶液剂	200 mL/亩~300 mL/亩	定向茎叶喷雾		

注：农药使用应以最新版本NY/T 393的规定为准。

绿 色 食 品 生 产 操 作 规 程

GFGC 2024A303

闽川滇晚熟产区
绿色食品芒果生产操作规程

2024-07-04 发布

2024-08-01 实施

中国绿色食品发展中心　发布

前 言

本规程由中国绿色食品发展中心提出并归口。

本规程起草单位：四川省绿色食品发展中心、四川省农业科学院农业质量标准与检测技术研究所、中国绿色食品发展中心、南充市农业经济作物管理站、凉山州彝族自治州林业草原科学研究院、凉山州彝族自治州农业农村局、攀枝花市农业农村局、云南省绿色食品发展中心、福建省绿色食品发展中心。

本规程主要起草人：丁燕、郑业龙、闫志农、杨晓凤、白娜、孟芳、曾海山、彭春莲、王艳蓉、敬勤勤、张宪、马雪、李炫颖、刘贤文、晏利霞、何平、王军、余爽、郑崇兰、夏富娴、刘志田、杨挺、廖海燕、王建芳、钱琳刚、杨肖艳、杨芳、刘晨。

GFGC 2024A303

闽川滇晚熟产区绿色食品芒果生产操作规程

1 范围

本规程规定了闽川滇晚熟产区绿色食品芒果的产地环境、品种及苗木选择、整地栽植、田间管理、采收、包装、生产废弃物处理、运输储藏和生产档案管理。

本规程适用于福建省、四川省、云南省金沙江干热河谷流域等晚熟产区绿色食品芒果的生产。

2 规范性引用文件

下列文件中的内容通过文中的规范性引用而构成本规程必不可少的条款。其中，注日期的引用文件，仅该日期对应的版本适用于本规程；不注日期的引用文件，其最新版本（包括所有的修改单）适用于本规程。

NY/T 391　绿色食品　产地环境质量
NY/T 393　绿色食品　农药使用准则
NY/T 394　绿色食品　肥料使用准则
NY/T 590　芒果嫁接苗
NY/T 658　绿色食品　包装通用准则
NY/T 750　绿色食品　热带、亚热带水果
NY/T 1056　绿色食品　储藏运输准则

3 产地环境

3.1 环境条件

产地环境条件应符合 NY/T 391 的规定。

3.2 气候条件

年均气温≥18 ℃，年有效积温≥6 000 ℃，绝对最低温≥0 ℃，无霜期≥300 d。

3.3 土壤条件

宜选择土层深厚、土质疏松、排灌方便，pH 值 5.5～7.5 的壤土或砂质壤土。

3.4 地形地势

宜选择海拔高度＜1 500 m、坡度≤25°的阳坡。

4 品种及苗木选择

4.1 选择原则

选择适宜当地气候、土壤等环境条件以及市场需求，抗逆性强、丰产性好、商品价值高的优良品种。

4.2 品种选用

因地制宜选用品种，宜选择凯特、吉禄、热农 1 号、桂七芒、鹰嘴芒、海顿芒等。

4.3 苗木选择

可选择实生苗或嫁接苗，嫁接苗苗木质量应符合 NY/T 590 的规定。

4.3.1 实生苗选择标准

应选用二年生以上、主干直径≥3 cm、高度≥1.5 m、树皮完好无伤口、无检疫性病虫害的袋装

容器苗，定植成活 1 年后可进行嫁接。

4.3.2 嫁接苗选择标准

根据生产需要选择嫁接苗品种，选用苗木嫁接成活 1 年以上、嫁接伤口处愈合完好、主干直径≥3 cm、树冠处分枝 3 枝～4 枝、冠幅直径≥80 cm、树皮完好无伤口、无检疫性病虫害的袋装容器苗。

5 整地栽植

5.1 整地

坡地按照等高梯地（台地）改造，在整地时表土和心土各半分开，用心土筑埂，表土填坑，梯地宽 3 m～4 m，外高内低倾斜 3°～5°；定植沟 1 m×1 m 或定植坑 1 m×1 m×1 m。

每亩施优质腐熟有机肥 2 500 kg～3 000 kg，填入杂草或秸秆，酸性土可用石灰调节，每亩施用 50 kg～100 kg，过磷酸钙 60 kg～80 kg，先分层填入杂草、石灰和表土，后将磷肥和心土拌匀回填至坑的中上部，回填土高出地面 20 cm～30 cm，并灌透水 1 次。

5.2 栽植时间

灌水条件好的果园可在 3 月—5 月定植，灌水条件差的果园可在 6 月—9 月定植。

5.3 栽植密度

坡地采用（3 m～4 m）×（4 m～5 m）；平地采用 4 m×4 m 或 4 m×5 m。

5.4 栽植方法

苗木定植时，袋苗去掉塑料袋，将苗木放入事先准备好的定植穴中扶正回土，保持好原有土团不松散，深度以根颈高于土面 1.5 cm～2.5 cm 为宜，回土压实，及时淋足定根水，用杂草或塑料薄膜覆盖树盘。

5.5 定植管理

5.5.1 水分管理

定植后须保持树盘内土壤湿润。旱季每 3 d～5 d 灌水一次，直至成活；雨季应保持排水良好。定植后幼苗在天旱时须淋水保湿，每 7 d～10 d 灌水一次。

5.5.2 追肥

定植当年少施或不施化肥。若基肥施用较少，在定植成活后开始第一次追肥，旱季结合灌水，每株施尿素 0.1 kg～0.2 kg、硫酸钾 0.1 kg～0.2 kg，或用 5%～6% 充分腐熟的牛羊粪等浸泡液，每株浇灌 5 kg～10 kg；雨季每次每株沟施尿素 0.2 kg～0.3 kg、硫酸钾 0.15 kg～0.2 kg。

6 田间管理

6.1 土壤管理

6.1.1 间作覆盖

为减少土壤水分蒸发，幼树行间可进行间作。间作物应选择与芒果树无共性病虫害的浅根矮秆植物、绿肥或牧草等。提倡生草栽培，特别是干旱少雨地区，每年刈割 4 次～6 次。

6.1.2 扩穴改土

在冬季结合施基肥进行扩穴，肥料选择和使用应符合 NY/T 394 的规定。定植后的幼树，沿树盘外缘挖 50 cm～80 cm 深、50 cm～60 cm 宽的环沟，逐年外移，与肥料混合后回填，酸性土壤须增施石灰粉。多年无间作的成年果园，在冬季隔年进行 1 次行间翻耕。

6.2 水分管理

推荐采用滴灌、微喷灌、微润灌等水肥一体化技术，确保芒果整个生育期对水分的需求。完善排水系统，确保果园水分随时能排能灌。

6.2.1 幼龄树期

新定植的幼树，根系较浅，主根不发达，对水分的需求应以淋水或灌水的方式解决。幼苗定植后 2 d～3 d 淋水一次，15 d 后 1 周～2 周淋水一次，直至枝条发芽，以保持土壤湿润为宜。

6.2.2 结果树期

芒果抽花开花期、幼果形成至膨大期和春梢抽发期，需要水分比较多，应保持水分充足，其他时期保持土壤湿润即可。施肥和修剪时，如遇干旱天气应适当灌溉。果实成熟期（采前 30 d 左右）应停止灌水，增加果实的甜度和耐储性。

6.3 施肥管理

6.3.1 施肥原则

肥料的选择和使用应符合 NY/T 394 的规定，遵循土壤健康、化肥减控，合理增施有机肥、安全优质、生态绿色的原则。

6.3.2 施肥时期及施肥量

6.3.2.1 幼龄树期

在施足基肥的基础上，应以速效性氮肥为主，配合适量磷肥、钾肥，少量多次，勤施薄施。定植长叶后，每个月施肥 1 次，每株施尿素 50 g 或复合肥 100 g，也可施用液肥，液肥直接施在树冠滴水线外，干肥在离树干 20 cm 处挖条状沟施入，然后盖土。随着树苗长大，每株树的施肥量适当增加，1 年至少施肥 6 次。

6.3.2.2 结果树期

结果树施肥以平衡营养生长与生殖生长为基本原则。每年 10 月—11 月在树冠滴水圈的周围挖 30 cm～40 cm 深、40 cm 宽的施肥沟，每株施腐熟有机肥 40 kg～50 kg，杂草或秸秆 15 kg～20 kg、过磷酸钙 0.25 kg～0.5 kg 作基肥；每年每株还应追施硫酸钾 0.2 kg～0.3 kg 和三元复合肥 0.5 kg～1 kg，并将全年的追肥量分为 4 次～6 次施用，氮：磷：钾：钙：镁 = 1：0.4：1.2：0.5：0.2 为宜。

（1）花前肥

在 11 月至 12 月初花芽分化期，追施催花肥促进花芽分化，施肥量占全年施肥量的 30%，氮、磷、钾配合施用。每株施用花生饼（或豆饼）1 kg～2 kg，缺磷土壤适当补施磷肥。现蕾前夕施用花前肥（基肥），以有机肥为主，混合少量化肥。每株施用腐熟有机肥 15 kg～20 kg、三元复合肥（N-P-K 为 15-15-15）0.6 kg～1 kg、硼砂 0.1 kg～0.2 kg。初花期叶面喷施赤霉素、0.1%～0.2% 硼砂和 0.2%～0.3% 的磷酸二氢钾 1 次～2 次，提高坐果率。在芒果谢花时施 1 次速效氮、钾肥，或喷药时加入 0.5%～1% 的磷酸二氢钾或硝酸钾作为根外追肥。

（2）壮果肥

疏果后宜及时施用壮果肥，主要以有机肥为主，结合深翻改土。可用速效肥料（氮：磷：钾 = 3：3：4）配合有机肥。每株施腐熟的稀人粪尿或沼气液 5 kg～10 kg、磷酸一铵 0.3 kg～0.5 kg、硫酸钾 0.3 kg～0.5 kg。果实膨大期至着色初期，可叶面喷施 0.2%～0.3% 的磷酸二氢钾或 800 倍液～1 000 倍液氨基酸或腐殖酸水溶肥 2 次～3 次，促进果实膨大、着色和糖分积累。每株还应增施微量元素肥 0.25 kg～0.5 kg。施肥时间为每年的 4 月—5 月。此次施肥量占全年用量的 20%，氮：磷：钾 = 5：1：5。结合灌水，提供果实膨大所需的水分和养分。

（3）采果肥

采果后，及时补充肥料，避免树势衰弱，出现大小年现象。施肥以有机肥为主，配合速效肥料，施用量为全年总量的 50%。结合控制杂草压青，每株施厩肥（农家肥）25 kg～30 kg，磷肥 0.5 kg～1 kg，在采果末期，结合修剪及时施肥。

6.4 整形修剪

6.4.1 幼龄树

幼树整形修剪原则上应轻剪，加速生长，加快分枝，尽快扩大树冠，提早成型。修剪方法主要是在生长季节采取摘心、短剪以及撑、拉、吊等措施改变枝条位置。

6.4.2 结果树

结果树修剪是在整形的基础上整理与理顺枝条，创造通风透光良好的树冠，一般以短剪和疏删为主。修剪分3次进行：第一次在幼果3 cm～3.5 cm横径时，结合疏果剪除影响果实发育和着色的过密枝叶、病虫枝叶和果穗中未挂果部位的顶端花梗，并将未结果枝从密节芽以下适当短截，对结果过多的果穗每穗留2个～3个果，疏除多余的果；第二次于7月中下旬至8月上中旬，早熟品种采果后短剪结果枝、夏梢和过长的春梢，中晚熟品种短剪夏梢和过长春梢，疏除病虫枝、交叉枝、重叠枝，疏剪或短剪树冠中部的徒长枝或强旺枝；第三次于9月下旬至10月上中旬，晚熟品种采收后，复剪早熟品种，短剪中熟、晚熟品种的结果枝，疏剪早熟、中熟、晚熟品种的晚秋梢和病虫枝。

6.5 花果管理

在生产上应利用养分调节、物理措施及植物生长调节剂来促使树梢停止生长、积累养分，及时转入花芽分化和开花。养分调节可喷施硝酸钾，也可利用施肥来调节芒果的生长与发育，控梢、促花，植物生长调节剂常用乙烯利、赤霉酸。

6.5.1 疏花穗

疏花原则根据品种、树势、树龄和气候环境的不同而不同，树势弱、花枝多品种，宜多疏，反之则少疏；树顶部多疏，中部少疏，有利于通风透光和发枝；树势好的树少疏，老年树、幼树、畸形树多疏，留下优势花枝。芒果树开花后，开花率达末级梢数80%以上的树，保留70%末级梢着生花序，其余花序从基部摘除，对较大的花序剪除基部1/3～1/2的侧花枝。对具有二次开花习性的芒果品种，可以在1月下旬至2月上旬，当花穗长5 cm左右时，从花穗基部疏除整个花穗，促进二次花穗生长，达到推迟花期、提高坐果率的目的。连续3年摘花造成树势明显衰弱的芒果树，应停止摘花1年。

6.5.2 疏花蕾

疏花穗和疏花蕾可同时进行。大果型品种每穗留3个～4个支轴，中小型品种每穗留4个～6个支轴，疏去花穗基部和顶部的若干支轴，保留中部的支轴；疏掉每个支轴末端的花蕾。

6.5.3 疏果

疏果原则是去除小果、发育不良果、病虫为害严重果。疏果一般要进行2次～3次，应在幼果花生米大小时开始疏果，在果实迅速膨大前完成。首先疏除畸形果、病虫果、密生果，再疏去发育不良果和小果，保留无损伤、果形大、果形端正的幼果；同时，做到强枝、强穗多留果，树冠下部、内膛和壮旺枝多留果。疏果时应保持一定枝、叶、果的比例，叶：果=（20～25）：1为宜，枝和果的比例则须根据品种、树龄、树势的不同确定每个新梢负担多少个果，每个结果母枝留果1个～2个为宜。

6.5.4 套袋

根据品种适时套袋。选用抗风吹雨淋、透气性好的芒果专用纸袋。套袋时要求漏水孔向下，封口处距果基5 cm左右，封口用细铁丝或尼龙绳扎紧。采果前10 d～15 d取袋或连袋采收。

6.6 病虫害防治

6.6.1 防治原则

遵循"预防为主，综合防治"的植保方针，优先采用农业措施、物理措施、生物措施，化学防治科学合理使用低风险农药，药剂选择和使用应符合NY/T 393的规定。

6.6.2 常见病虫害

主要病害：炭疽病、细菌性黑斑病、蒂腐病、流胶病、白粉病、细菌性黑斑病等。

主要虫害：蓟马、芒果横线尾夜蛾（钻心虫）、果实蝇、红蜘蛛、扁喙叶蝉、天牛、介壳虫、切叶象甲等。

6.6.3 防治措施

6.6.3.1 农业防治

禁止从疫区引入种苗、接穗。选用本地主要病虫害抗性较强的优良品种，培育壮苗，加强田间管理，科学施肥，冬季清园，清理杂草，合理修剪，剪除病虫枝。提倡生草栽培，改善果园生态环境。

6.6.3.2 物理防治

根据害虫生物学特性，采取灯光诱捕、黄板诱捕、性诱剂诱捕、太阳能杀虫灯诱杀等方法诱杀害虫，此外，人工捕杀天牛等害虫。采用果实套袋技术，防害虫侵入。

6.6.3.3 生物防治

保护利用天敌，采用以菌治虫、以虫治虫、以菌治菌等生物防治方法，推荐使用植物源农药、矿物源农药、微生物源农药等防治病虫。

6.6.3.4 化学防治

严格按照 NY/T 393 的规定执行。加强病虫害的预测预报，适时用药；注重药剂的轮换使用和合理混用；严格按照农药安全使用间隔期执行，规范农药使用浓度。对化学农药的使用情况进行严格、准确的记录，主要病虫草害防治推荐农药使用方案见附录 A。

7 采收

当果实已不再长大、两肩浑圆、果皮被果粉、果肉由白色转黄色、果肉纤维明显、种壳变硬时可进行采收。用作储藏的果实，宜在晴朗的早晨采摘八成熟果。采收时应用果剪逐个剪下，尽量只用3根手指执果，避免手掌接近芒果表面。使用两剪的方法，先剪掉连同芒果的 10 cm～20 cm 的果梗或枝条，随后再剪去多余果梗。然后，用清水洗涤，除去果梗切口中流出的汁液，也可用竹木条搭网格架，采果后将果梗部倒放于架上，置于阴凉处，使果梗自然流干黏液。采收时要轻拿轻放轻搬，防止有过大的震动和碰撞。

8 包装

包装材料应清洁、牢固、无毒、无污染、无异味，安全卫生要求应符合 NY/T 658 的规定。

9 生产废弃物处理

生产过程中使用的农药、肥料等投入品外包装以及果实套袋用的果袋等应集中收集处理，病叶、残枝败叶和杂草及时清理干净，集中粉碎，进行无害化处理，堆沤有机肥料循环使用，保持田间清洁。

10 运输储藏

10.1 运输

运输工具应清洁、卫生、无污染、无杂物，产品包装箱要坚固透气，每箱重量一般不超过 10 kg，箱内应有纸插板，最好用泡沫网套保护产品，运输温度 10 ℃～13 ℃。如果为了果实黄熟一致，则应进行催熟处理，可用生石灰等催熟剂处理果实，使用催熟剂应符合 NY/T 393 的规定，将催熟剂用纸包好后放在箱内；或者将芒果装入箱内，外面加上塑料帐密封 24 h～48 h 后打开，催熟温度为 22 ℃或常温。运输环节应符合 NY/T 1056 的规定。

10.2 储藏

采收后及时进行储藏。

10.2.1 储藏前处理

芒果采收后先在室内堆放 24 h，使其发汗、降温，然后用清水漂洗并晾干后，再用 52 ℃～54 ℃的热水浸泡 8 min～10 min、100 mg/kg 赤霉酸溶液浸泡 10 min，既可防腐又可延迟后熟。果实经消毒处理后，擦干或晾干果面，除去损伤、腐烂果实，分级包装。果品质量符合 NY/T 750 的规定。芒果的适宜后熟温度为 21 ℃～24 ℃。

10.2.2 储藏方法

果实采后清洗、防腐处理后 15 h 内移入冷库，用强制冷风将果实表面温度降至 13 ℃（不同品种耐低温性有所不同，但不能低于 10 ℃），并在冷藏库内保持 13 ℃，空气相对湿度保持 85%～90%。

采后经过处理的果实，在温度 13 ℃和空气相对湿度 85%～90%条件下，用 0.03 mm～0.04 mm 厚的聚氯乙烯薄膜袋包装，控制气体指标保持在氧气 5%、二氧化碳 5%～8%，进行气调冷藏，储藏保鲜期可达 30 d 左右。

11 生产档案管理

应详细记录绿色食品芒果产地环境条件、生产技术、病虫草害发生与防治、采收及采后处理等情况，并保存生产档案 3 年以上。

附 录 A
（资料性）
闽川滇晚熟产区绿色食品芒果生产主要病虫草害防治推荐农药使用方案

闽川滇晚熟产区绿色食品芒果生产主要病虫草害防治推荐农药使用方案见表 A.1。

表 A.1 闽川滇晚熟产区绿色食品芒果生产主要病虫草害防治推荐农药使用方案

防治对象与用途	使用时期	农药名称、剂型和含量	施用量	施药方法	安全间隔期（d）	每季最多使用次数（次）
调节生长	盛花期、幼果期	120 g/L 24-表芸·寡糖可溶液剂	4 000 倍液～5 000 倍液	喷雾		2
	盛花期、幼果期	6% 24-表芸·寡糖水剂	1 500 倍液～2 500 倍液			2
	幼果期	20%赤霉酸可溶粉剂	5 000 倍液～8 000 倍液			2
	幼果期	4%赤霉酸可溶液剂	1 000 倍液～1 600 倍液			2
	谢花末期第一次施药	0.5%赤霉·氯吡脲可溶液剂	1 000 倍液～1 500 倍液		60	2
涂白（防止冻害、防治害虫）	冬季前	生石灰+动物（植物）油+硫黄+水	50∶1∶5∶200	涂抹至树干地面之上至 1 m		1
炭疽病	嫩梢期或坐果期	80%代森锰锌可湿性粉剂	400 倍液～600 倍液	喷雾	21	3
	发病初期	25%吡唑醚菌酯水乳剂	1 000 倍液～2 000 倍液		50	2
	嫩梢期、幼果期	25%吡唑醚菌酯悬浮剂	1 000 倍液～1 300 倍液		49	2
	发病前或初见零星病斑时	250 g/L 嘧菌酯悬浮剂	1 200 倍液～1 700 倍液		14	3
	发病初期	500 g/L 甲基硫菌灵悬浮剂	800 倍液～1 000 倍液		7	2
	谢花后小果期	22.5%啶氧菌酯悬浮剂	1 500 倍液～2 000 倍液		21	3
	嫩梢抽生 3 cm～5 cm	41%甲硫·戊唑醇悬浮剂	600 倍液～800 倍液		15	3
	发病前或初见零星病斑时	325 g/L 苯甲·嘧菌酯悬浮剂	1 500 倍液～2 000 倍液		21	3
	发病前或发病初期	23%吡唑·甲硫灵悬浮剂	500 倍液～700 倍液		7	2

（续表）

防治对象与用途	使用时期	农药名称、剂型和含量	施用量	施药方法	安全间隔期（d）	每季最多使用次数（次）
细菌性黑斑病	谢花后小果期	46%氢氧化铜水分散粒剂	1 000倍液～1 500倍液	喷雾	10	3
	发病前或发病初期	50亿CFU/g多粘类芽孢杆菌可湿性粉剂	500倍液～1 000倍液			
	发病前或发病初期	45%春雷·喹啉铜悬浮剂	1 200倍液～2 000倍液		14	3
	发病前或发病初期	2%春雷霉素水剂	400倍液～500倍液		10	3
白粉病	发病初期	50%硫黄悬浮剂	200倍液～400倍液	喷雾	20	3
	发病初期	50%啶酰菌胺水分散粒剂	500倍液～1 000倍液		14	2
蓟马	卵孵化盛期或低龄幼虫期	80亿孢子/mL金龟子绿僵菌CQMa421可分散油悬浮剂	500倍液～1 000倍液	喷雾		
	低龄幼虫盛发期	100亿孢子/mL金龟子绿僵菌油悬浮剂	1 000倍液～1 500倍液			
	若虫发生期	5%甲氨基阿维菌素苯甲酸盐微乳剂	500倍液～1 000倍液		7	1
	嫩梢期、嫩叶期、花穗期和幼果期	60 g/L乙基多杀菌素悬浮剂	1 000倍液～2 000倍液		7	2
介壳虫	幼蚧盛发期	38%吡虫·噻嗪酮悬浮剂	1 500倍液～2 000倍液	喷雾	14	1
杂草	杂草出齐后	18%草铵膦可溶液剂	200 mL/亩～300 mL/亩	定向茎叶喷雾		

注：农药使用应以最新版本NY/T 393的规定为准。

绿色食品生产操作规程

GFGC 2024A304

粤桂黔滇中熟产区
绿色食品芒果生产操作规程

2024-07-04 发布

2024-08-01 实施

中国绿色食品发展中心 发布

GFGC 2024A304

前 言

本文件由中国绿色食品发展中心提出并归口。

本文件起草单位：广西壮族自治区绿色食品发展站、广西壮族自治区亚热带作物研究所、广西绿色食品协会、广东省绿色食品发展中心、贵州省绿色食品发展中心、云南省绿色食品发展中心、中国绿色食品发展中心。

本文件主要起草人：莫建军、吕丽兰、陆燕、甘志勇、冯春梅、钟燕、张巧、程春园、胡冠华、任晓慧、钱琳刚、宋晓。

GFGC 2024A304

粤桂黔滇中熟产区绿色食品芒果生产操作规程

1 范围

本规程规定了粤桂黔滇产区绿色食品芒果生产的产地环境、品种与苗木、建园、主要投入品管理、田间生产技术、病虫害防治、采收、储存运输及生产档案管理。

本规程适用于广东省、广西壮族自治区、贵州省、云南省红河哈尼族彝族自治州及云南省怒江—澜沧江流域绿色食品芒果的生产。

2 规范性引用文件

下列文件中的内容通过文中的规范性引用而构成本规程必不可少的条款。其中，注日期的引用文件，仅该日期对应的版本适用于本规程；不注日期的引用文件，其最新版本（包括所有的修改单）适用于本规程。

NY/T 391 绿色食品 产地环境质量
NY/T 393 绿色食品 农药使用准则
NY/T 394 绿色食品 肥料使用准则
NY/T 590 芒果嫁接苗
NY/T 658 绿色食品 包装通用准则
NY/T 750 绿色食品 热带、亚热带水果
NY/T 1056 绿色食品 储藏运输准则
NY/T 1276 农药安全使用规范总则
NY/T 3011 芒果等级规格

3 产地环境

3.1 气候条件

年降水量宜为 1 000 mm～1 500 mm，有效积温＞6 000 ℃。一般年平均气温≥19 ℃，最低月平均气温＞11 ℃，极端最低温度＞0 ℃，基本无霜，光照充足。

3.2 园地选择

绿色食品芒果园地的土壤应符合 NY/T 391 的规定。果园坡度≤25°，土壤疏松、土层深厚、理化性质良好，有机质含量＞1%，pH 值为 5.5～7.0，远离工矿区、交通干线及城市污染源。

3.3 环境条件

应符合 NY/T 391 的要求。

4 品种与苗木

4.1 品种选择

4.1.1 选择原则

应选择适应当地气候与土壤条件、优质、高产、稳产、抗逆性强、商品性好、适合市场需求的品种。宜采用部级或省级主管部门推荐的品种。

4.1.2 品种推荐

根据市场需求和熟期搭配，宜选择的品种有台农 1 号芒、金煌芒、贵妃芒、桂七芒（桂热芒 82

号）、帕拉英达芒等。此外，各产地可根据当地情况及品种结构调整的需要选择适应当地条件的其他优良品种。

4.2 苗木质量

按 NY/T 590 的规定执行。

5 建园

5.1 园地准备

5.1.1 园地规划

园地规划时应综合考虑排灌系统、种植小区划分、房屋建筑、道路分布、有机肥存放与堆积沤制、水土保持、防护林设置等问题，统筹规划，合理布局。

5.1.2 园地参数

5.1.2.1 种植小区

应根据园地地形、坡向和坡度来划分种植小区。平地和缓坡种地小区以面积为 2 hm²～4 hm² 的平行四边形或长方形地块为宜，长边走向与等高线接近平行。山坡地小区面积以 1 hm²～2 hm² 为宜，依山形开垦等高梯田。

5.1.2.2 水土保持

坡度 5°以下的坡地采用沟埂梯田（撩壕）种植，5°～10°的山地、丘陵应建等高梯田种植，10°以上坡地修建等高环山行，面宽 2 m～5 m，向内倾斜 8°～10°。

5.1.2.3 道路建设

果园设主干道、支道与小路三级道路。主干道宽 6 m～8 m；支道宽 4 m～5 m，兼作种植区之间的分界；小路宽 2 m～3 m，为种植区内的工作道。

5.1.2.4 防护林

防护林带分为水源林和防风林两种。丘陵山地果园在山顶上种植水源林，在园地四周及主要风口处种植防风林。防护林种植的位置距离果树 8 m～10 m，并有 1 m 深的隔离沟。

5.1.2.5 灌溉

应根据条件沟灌、淋灌、喷灌、滴灌，或采用活动的机灌设备进行灌溉。离水源远的果园应因地制宜修建机井及地头水柜，提供灌溉用水。有条件的果园推荐使用水肥药一体化设施。

5.1.2.6 排水

山地果园的排水系统宜由上下拦洪沟、区间区内排水沟（包括梯带的背沟）与总排水沟相互连接而成。上下拦洪沟分别位于山地果园最上方和最下方，宽 1.5 m、深 1 m。采用山间原有的自然冲沟作为总排水沟。平地果园的排水系统宜由环绕果园的周围排水沟（宽 1.5 m、深 1.2 m）和穿插在果园内部的排水沟（宽 1 m、深 0.8 m）连接而成。沿大排水沟每隔 30 m～50 m 挖一个沉沙池。

5.2 定植规格

宜采用宽行窄株定植，株行距（3 m～5 m）×（4 m～6 m），机械化程度较高的果园适当加大行间距。

5.3 定植

5.3.1 定植时期

水源充足的果园春、夏、秋初均可定植，水源不充足的果园宜在雨季定植。

5.3.2 定植方法

剪除待植苗木上 2/3 的叶片和嫩梢，袋装苗、土团苗保持好原有土团不松散，裸根苗根部浆根。栽植时将苗木置于坑中间，根系自然伸展，扶正，边填土边轻轻压实根系周围土壤，使根系与土壤密接，再覆土，定植深度以苗木根颈高于地面 5 cm～10 cm 为宜。在树苗周围做成直径 1 m 左右的树盘，浇透定根水后用稻草或地膜覆盖保湿。如遇干旱，每隔 3 d～4 d 浇一次水。

6 主要投入品管理

6.1 肥料

6.1.1 肥料选择

按 NY/T 394 中绿色食品生产允许使用的肥料种类执行，叶面肥等商品肥料须已登记，肥料种类以有机肥或生物有机肥为主，限量使用限定品类的无机肥，所使用的肥料均不应含有化学合成的生长调节剂。

6.1.2 肥料采购

应从正规渠道采购符合 NY/T 394 要求的合格肥料，并索取发票等有效购买凭证，除国家规定的免于肥料登记和无须提供生产许可证的产品外，严禁采购国家明令禁止或限制使用的肥料。

6.1.3 肥料储存

应储存于专用仓库，避免受潮和中毒，由专人负责保管，不应混杂堆放。

6.1.4 肥料使用

按 NY/T 394 的规定执行，以有机肥为主，合理施用化肥，根据芒果树养分的需求特点和土壤的肥力状况科学配方施肥，施用肥料不应对环境和产品造成污染。

6.2 农药

6.2.1 农药选择

按 NY/T 393 中绿色食品生产允许使用的农药种类执行。

6.2.2 农药采购

应采购符合 NY/T 393 要求的农药产品，并索取购药发票等有效凭证，严禁采购国家明令禁止或限制使用的农药。农药应在合法销售点购买，有农药登记证或农药临时登记证、农药生产许可证或农药生产批准文件、产品质量标准及合格证明，标签内容完整要求。

6.2.3 农药储存

应储藏于专用仓库，由专人负责保管。仓库应符合防火、卫生、防腐、防潮、避光、通风等安全条件要求，应配有农药配制量具、急救药箱，出入口处应贴有警示标识。

6.2.4 农药使用

按 NY/T 393 的规定执行。优先使用已登记并可在芒果上使用的新型高效、低毒、低残留的生物、化学农药。限量使用符合绿色食品要求的化学农药，严格控制农药的使用浓度和次数，采收须符合农药安全间隔期要求。使用农药时，注意做好防护，安全操作，遵守 NY/T 1276 的规定。

6.2.5 农药包装物管理

配制农药时应将农药包装物清洗干净，清洗后的空包装物不可做他用，也不可随意丢弃，须安全存放，防止重复使用，必要时应贴上标签以便回收，由专业的农药包装物回收机构统一回收处理。

7 田间生产技术

7.1 土壤管理

7.1.1 除草

定期铲除树盘杂草，并集中无害化处理。

7.1.2 深耕扩穴改土

种植第二年开始，结合秋季施基肥深耕扩穴改土。每年在定植穴（沟）周围、树冠滴水线处挖深50 cm～60 cm、宽50 cm的环状沟或平行沟，施入绿肥或杂草、腐熟有机肥和磷肥，与土壤拌匀后回沟，灌足水分。每年挖一个方向，4年～5年内完成畦面改土。

7.1.3 树盘覆盖

种植后及时整好树盘，旱季开始时在树盘上覆盖稻草或地膜。盖草厚度15 cm～20 cm，距主干15 cm左右。

7.2 水分管理

7.2.1 灌水

根据植株对水分的需求和土壤状况适时适量灌溉。花芽分化期宜控水。在第一、第二次秋梢或早冬梢萌发期，以及盛花期、幼果坐果期、果实膨大期，如遇干旱应及时灌水。每次灌水量以湿透根系主要分布层（10 cm～50 cm）为限，并达到田间最大持水量的60%～70%。

7.2.2 排水

地势低洼或地下水位较高的园地，及时排出园内多余积水，尤其在雨季、果实成熟期要注意排出园内积水。

7.3 施肥技术

7.3.1 土壤施肥

一般采用在树冠滴水线外侧挖深20 cm～50 cm的环状沟、放射状沟或条状沟施肥。东西、南北方向轮换位置施肥。也可结合灌水，将肥料溶于水后进行施肥。

7.3.2 叶面追肥

每次新梢叶片转绿期、花序伸长期、开花期、幼果期、果实膨大期可结合喷药防治病虫害进行叶面追肥。可选用尿素、硫酸钾、氯化钙、硫酸亚铁、硫酸锌、硫酸镁、磷酸二氢钾、硼砂等肥料品种。

7.3.3 幼树施肥

勤施薄施，以氮肥、磷肥为主，适当配合施钾肥。定植当年一般不施或少施化学肥料，第二、第三年每次新梢集中抽发期追肥1次～2次，一年施4次～6次。干旱时期结合灌水施液态肥。在冬季偶尔有霜冻的地区11月至翌年1月停止施肥。定植后第二、第三年，每年秋季结合土壤改良施基肥，施肥量与定植时相同。

7.3.4 结果树施肥

7.3.4.1 施肥种类

以有机肥为主，重施氮肥、钾肥，辅以磷肥、钙肥、镁肥。叶面喷施应补充钙、镁、硼、锌等中微量元素。施肥量依树龄、树势、结果量及土壤肥力情况而定。

7.3.4.2 施肥量

中等肥力的芒果园，每生产1 000 kg鲜果，全年参考施肥量为：纯氮24 kg～26 kg，磷肥12 kg～13 kg，钾肥29 kg～31 kg。全年施用比例约为N：P_2O_5：K_2O = 1：0.5：1.2，有机肥施用量不少于2 500 kg。

7.3.4.3 施肥时期

壮花肥：早春花芽大量萌发和开花时进行，具体时间因气候、品种不同而异。以速效性氮、磷肥为主。施肥量约占全年施肥量的20%。在盛花期可喷施0.2%硼酸、0.2%磷酸二氢钾、0.2%尿素等叶面肥2次。

壮果肥：谢花后1个月至幼果迅速膨大期，速效性肥和农家肥结合施用，约占全年施肥量的20%。结果少的树可不施氮肥，只补充磷肥、钾肥。结合防治病虫害，可喷施0.2%氯化钙、0.2%

硫酸镁、0.2%磷酸二氢钾等叶面肥2次~3次。

采后肥：采果修剪后一般在8月—10月，结合秋季清园深翻改土施基肥，以有机肥为主，适当配施化肥。占全年施肥量的60%~70%，其中有机肥占全年的80%。早中熟品种采果后可先施速效性肥料，尽快恢复树势，待秋冬季深翻改土时再施入有机肥、磷肥。

8 病虫害防治

8.1 原则

遵循"预防为主，综合防治"的植保方针，实行统防统治，优先使用农业措施、物理措施、生物措施，配合使用符合绿色食品要求的化学农药。

8.2 农业措施

不使用带有检疫对象的种苗和疫区引种苗；因地制宜选用抗病的砧木和优良品种；做好区划，同一片区种植单一品种。果园合理间作和生草栽培，翻压树盘土壤；适时中耕、翻地、晒土，地面覆盖，科学施肥、排水，加强栽培管理，增强树势；实行壮树栽培，提高树体抗病能力。剪除病虫枝梢，摘除病虫叶果，清除枯枝落叶，刮除树干老翘破裂部分，并集中烧毁。果实套袋，树干绑草环、涂白，减少病虫源和机械损伤，减轻病虫害。

8.3 物理措施

用黑光灯、频振灯引诱或趋避金龟子、卷叶蛾等害虫；人工捕捉天牛、金龟子。利用昆虫对颜色的趋性用黄板与蓝板诱捕害虫，采用果实套袋技术，预防病虫害。

8.4 生物措施

利用和保护瓢虫、草蛉、捕食螨、赤眼蜂等天敌，使用白僵菌等微生物制剂，利用昆虫性外激素诱杀成虫或干扰成虫交配，有针对性地防治害虫。

8.5 药物防治

根据病虫监测，掌握病虫害发生动态，达到防治指标时根据环境和物候期适时对症用药。使用符合NY/T 393规定的农药；提倡使用生物源农药、矿物源农药，轮换使用不同作用机理的农药。主要病虫害防治推荐农药使用方案见附录A。优先选用已在芒果上登记的新型高效、低毒、低残留的生物农药与化学农药。

9 采收

9.1 采收时间

9.1.1 适期采收

长途运输和用于储藏用的芒果，80%成熟度时采收；就地鲜销的芒果，90%成熟度时采收；加工用的芒果，根据加工的要求适期采收。

9.1.2 采收时间点

晴天上午露水干后或阴天采收，雨天不宜采收。

9.2 采收方法

树冠矮小的树应采用"一果两剪"法单果采收，先在花梗处将果实剪离树体，之后再剪留果柄长0.5 cm~1.0 cm。高大的芒果树，使用顶端绑着网袋的高枝剪将果实采入网袋。采收过程轻拿轻放，避免伤果皮、断果柄和流胶污染果面。果筐和果实储放处垫软物，采收后的果实放在阴凉通风处。

9.3 果品质量

符合NY/T 750的规定。

9.4 采后处理

9.4.1 选果和洗果

剔除病虫害、机械损伤、腐烂、畸形的果实。使用食品专用的洗涤剂、杀菌剂浸果和洗果，晾干。

9.4.2 分级、包装

采收后 24 h 内进行果实的分级、包装、保鲜、储运。各种芒果大小分类分级，等级规格按 NY/T 3011 的规定执行。包装材料要求无毒、无污染、透气；同一包装箱内的品种、质量和大小均匀；包装箱内芒果与标识的等级规格一致。包装应符合 NY/T 658 的规定。

10 储存运输

储存运输应符合 NY/T 1056 的规定。芒果不耐储藏，储藏温度宜控制在 10 ℃～14 ℃ 为佳，采收后应尽快预冷和缩短果实的运输时间，长途运输以冷藏车控温运输至市场销售。

11 生产档案管理

11.1 建立果园档案

包括土地租赁合同（标明果园面积及范围的规划图）、种植时间、种植品种、种苗来源、土质与水质分析结果等。

11.2 投入品档案

记录化肥、农药、生长调节剂等投入品的购买、存放、使用情况，以及包装容器回收处理情况，由专人负责。

11.3 生产管理档案

有较为完整的生产管理档案，记录肥水管理、修剪、促花保果、疏花疏果、病虫害防治、果园除草、果实采收等情况，以及重大农业灾害的发生与管控情况。

11.4 产品检测与准出制度

配备必要的糖度计、阿贝折射仪等常规品质检测仪器以及农药残留速测仪，可租赁、共享仪器。检测果实的糖度、可溶性固形物含量及农药残留等，检测不合格的产品一律不得上市销售，销售的产品要有产地准出证明。每年由有资质的检验检测机构检测产品各项指标，产品品质符合 NY/T 750 的要求。

11.5 质量追溯

建立芒果生产档案，包括生产投入品管理、农事操作、收获、储运等记录。所有记录应真实、准确、规范并可追溯，确保从生产源头上控制果品质量。生产档案至少保存 3 年，由专人保管。

附 录 A
（资料性）
粤桂黔滇中熟产区绿色食品芒果推荐农药使用方案

粤桂黔滇中熟产区绿色食品芒果推荐农药使用方案见表 A.1。

表 A.1 粤桂黔滇中熟产区绿色食品芒果推荐农药使用方案

防治对象与用途	使用时期	农药名称	施用量	施药方法	安全间隔期（d）	每季最多使用次数（次）
调节生长	盛花期、幼果期	120 g/L 24-表芸·寡糖可溶液剂	4 000 倍液～5 000 倍液	喷雾		2
		6% 24-表芸·寡糖水剂	1 500 倍液～2 500 倍液			2
	幼果期	20%赤霉酸可溶粉剂	5 000 倍液～8 000 倍液			2
		4%赤霉酸可溶液剂	1 000 倍液～1 600 倍液			2
	谢花末期第一次施药	0.5%赤霉·氯吡脲可溶液剂	1 000 倍液～1 500 倍液		60	2
涂白（防止冻害、防治害虫）	冬季前	生石灰+动物（植物）油+硫黄+水	50：1：5：200	涂抹于树干地面之上至 1 m		1
炭疽病	嫩梢期或坐果期	80%代森锰锌可湿性粉剂	400 倍液～600 倍液	喷雾	21	3
	发病初期	25%吡唑醚菌酯水乳剂	1 000 倍液～2 000 倍液		50	2
	嫩梢期、幼果期	25%吡唑醚菌酯悬浮剂	1 000 倍液～1 300 倍液		49	2
	发病前或初见零星病斑时	250 g/L 嘧菌酯悬浮剂	1 200 倍液～1 700 倍液		14	3
	发病初期	500 g/L 甲基硫菌灵悬浮剂	800 倍液～1 000 倍液		7	2
	谢花后小果期	22.5%啶氧菌酯悬浮剂	1 500 倍液～2 000 倍液		21	3
	树嫩梢抽生 3 cm～5 cm	41%甲硫·戊唑醇悬浮剂	600 倍液～800 倍液		15	3
	发病前或初见零星病斑时	325 g/L 苯甲·嘧菌酯悬浮剂	1 500 倍液～2 000 倍液		21	3
	发病前或发病初期	23%吡唑·甲硫灵悬浮剂	500～700 倍液		7	2

(续表)

防治对象与用途	使用时期	农药名称	施用量	施药方法	安全间隔期（d）	每季最多使用次数（次）
细菌性黑斑病	谢花后小果期	46%氢氧化铜水分散粒剂	1 000 倍液～1 500 倍液	喷雾	10	3
	发病前或发病初期	50 亿 CFU/g 多粘类芽孢杆菌可湿性粉剂	500 倍液～1 000 倍液			
		45%春雷·喹啉铜悬浮剂	1 200 倍液～2 000 倍液		14	3
		2%春雷霉素水剂	400 倍液～500 倍液		10	3
白粉病	发病初期	50%硫黄悬浮剂	200 倍液～400 倍液	喷雾	20	3
		50%啶酰菌胺水分散粒剂	500 倍液～1 000 倍液		14	2
蓟马	卵孵化盛期或低龄幼虫期	80 亿孢子/mL 金龟子绿僵菌 CQMa421 可分散油悬浮剂	500 倍液～1 000 倍液	喷雾		
	低龄幼虫盛发期	100 亿孢子/mL 金龟子绿僵菌油悬浮剂	1 000 倍液～1 500 倍液			
	若虫发生期	5%甲氨基阿维菌素苯甲酸盐微乳剂	500 倍液～1 000 倍液		7	1
	嫩梢期、嫩叶期、花穗期和幼果期	60 g/L 乙基多杀菌素悬浮剂	1 000 倍液～2 000 倍液		7	2
介壳虫	幼蚧盛发期	38%吡虫·噻嗪酮悬浮剂	1 500 倍液～2 000 倍液	喷雾	14	1
杂草	杂草出齐后	18%草铵膦可溶液剂	200 mL/亩～300 mL/亩	定向茎叶喷雾		

注：农药使用应以最新版本 NY/T 393 的规定为准。

绿色食品生产操作规程

GFGC 2024A305

海南省早熟产区
绿色食品芒果生产操作规程

2024-07-04 发布

2024-08-01 实施

中国绿色食品发展中心 发布

前　言

本规程由中国绿色食品发展中心提出并归口。

本规程起草单位：中国热带农业科学院热带作物品种资源研究所、中国热带农业科学院环境与植物保护研究所、中国绿色食品发展中心。

本规程主要起草人：罗睿雄、朱敏、雷新涛、党志国、高爱平、陈业渊、赵志常、黄建峰、陈华蕊、张贺、陈卓立、宋晓。

海南省早熟产区绿色食品芒果生产操作规程

1 范围

本规程规定了海南省早熟产区绿色食品芒果的产地环境、品种选择、整地与定植、田间管理、病虫害防治、采收与采后处理、生产废弃物处理、运输储藏及生产档案管理。

本规程适用于海南省早熟产区绿色食品芒果的生产。

2 规范性引用文件

下列文件中的内容通过文中的规范性引用而构成本规程必不可少的条款。其中，注日期的引用文件，仅该日期对应的版本适用于本规程；不注日期的引用文件，其最新版本（包括所有的修改单）适用于本规程。

GB/T 15034 芒果 贮藏导则
NY/T 391 绿色食品 产地环境质量
NY/T 393 绿色食品 农药使用准则
NY/T 394 绿色食品 肥料使用准则
NY/T 750 绿色食品 热带、亚热带水果
NY/T 1056 绿色食品 储藏运输准则
NY/T 3011 芒果等级规格
NY/T 3333 芒果采收及采后处理技术规程

3 产地环境

选择生态环境良好、排灌方便、交通便利、远离污染源的山地或平地建园，山地坡度≤25°。园地土层深厚，土质疏松，土壤为有机质含量高、pH 值 5.5～7.5 的壤土或砂壤土。年平均气温≥20 ℃，最冷月平均气温≥11 ℃，冬季绝对低温≥0 ℃，花期天气干燥，无连续低温阴雨，果实发育期阳光充足。产地环境条件应符合 NY/T 391 的规定。

4 品种选择

4.1 选择原则

应选择适应当地气候条件、优质、丰产、稳产、适合市场需求的早熟或特色优良品种。

4.2 品种选用

海南省各地推荐种植的芒果品种和特色新品种如表1所示。

表1 海南省芒果主产区适宜种植品种建议

市县	主要栽培品种推荐	其他建议发展品种
三亚市	金煌、贵妃、台农1号	热品4号、热品16号、热农1号等
乐东黎族自治县	金煌、贵妃、台农1号	
东方市	贵妃、金煌、台农1号、圣心	
陵水黎族自治县	金煌、贵妃、台农1号	
昌江黎族自治县	红玉、金煌、台农1号、鸡蛋芒	
保亭黎族苗族自治县	金煌、贵妃	
白沙黎族自治县	台农1号	

5 整地与定植

5.1 整地

园地全垦，清除干净树头和杂草。5°以下平缓地，修筑沟埂梯田（撩壕）；5°～10°坡地，修筑等高梯田；10°以上坡地，修筑等高环山行，面宽 2 m～5 m，向内倾斜 8°～10°。

宜采用宽行窄株定植，株行距视品种、地形地势等具体情况确定，一般行距为 5 m～6 m，株距 3 m～4 m。

定植前两个月，挖面宽为 0.8 m～1 m、深 0.7 m～0.8 m 的定植穴。表土与心土分开堆放。回土时，将杂草或绿肥 25 kg 放在坑底，撒 0.5 kg 熟石灰，再填入 20 cm 厚的表土，加入腐熟有机肥 20 kg～30 kg、钙镁磷肥 1 kg，与心土充分混匀后回填，筑成高出地面 20 cm～30 cm 种植土堆。

5.2 定植

5.2.1 定植时期

有水源灌溉的园地全年均可定植。无灌溉条件的园地宜选择 3 月—9 月定植。

5.2.2 定植方法

在定植穴中部挖一个小穴，放入苗木，回土压紧。种袋装苗时应除去塑料袋，填土压土时宜从土团外向内加压力，勿踩压土团；定植裸根苗时应使根系舒展，分层回土，层层压紧。种植深度以根颈与地面相平为宜。修筑直径约 1 m 的树盘，淋足定根水。

6 田间管理

6.1 幼龄树管理

6.1.1 整形修剪

一般培养圆头形或半圆头形树冠。定干：苗高 80 cm～100 cm 时，于主干离地面 50 cm～60 cm 处剪断，促分枝，枝条直立的品种定干高度可矮些，枝条下垂品种可适当高些。培养主枝：主干抽出侧芽后，留 3 条～4 条不同方向生势相当的侧芽，使之发育成主枝。培养侧枝：主枝伸长至 60 cm～70 cm 时，于 40 cm～50 cm 处剪断，留 3 条不同方向生势相当的侧芽使之发育成侧枝；以后在主枝及侧枝上抽发新梢时，可视树形的空隙及发育决定取舍，不使枝条相互交叉与磨擦。

6.1.2 肥水管理

定植后遇旱每 5 d～7 d 灌一次水，以保持树盘土壤湿润为度。幼树施肥以促进枝叶生长，迅速扩大树冠为目的，因此宜勤施薄施追肥，以氮肥为主，适当配合磷钾肥。定植当年第一次新梢老熟后开始施肥，以后每 2 个月施一次肥（或每次梢施一次肥），每次施沤制水肥 3 kg/株～5 kg/株，或施尿素 20 g/株。第二年于根圈挖环沟施肥 3 次，分别于 5 月、7 月和 9 月每次每株施水肥 8 kg～10 kg 或三元复合肥 100 g～150 g。第三年于 5 月、9 月每株每次施三元复合肥 250 g～300 g。肥料的使用应符合 NT/Y 394 规定的要求。

6.2 结果树管理

6.2.1 结果树修剪

采果后，重回缩过高的直立枝、行间或株间已严重交叉的枝条，控制树冠高度 2.5 m 以下，行间、株间枝距 1 m 以上；疏除枯枝、病虫枝、过密枝、无结果能力的阴弱枝、徒长枝及生长位置不当的枝条，适当短截结果枝 1 蓬～2 蓬梢，促进新一轮的结果母枝抽生。

当新梢抽生后，每枝保留 2 条～3 条生势均匀、健壮的分枝，除去多余枝及徒长枝，并经常抹除多余的萌蘖和侧芽。

抽花穗前剪除枯枝、病虫枝叶、细弱枝和过密枝，修剪后结果母枝枝条大小均匀、分布均匀，以树冠投影可见到斑驳光影为宜。

6.2.2 促花

6.2.2.1 控梢

控梢时期：根据各芒果品种适产期、当地气候条件、上市时间而定，一般海南省西南部在6月—7月，海南省南部稍早，约在5月进行；海南省西北部较晚些，约在8月进行。于第二蓬梢长10 cm~15 cm（叶片转绿前）进行。根据树势施用一定浓度的植物生长调节剂进行控梢。

药剂使用应符合NY/T 393的规定。

6.2.2.2 促花

促花时期：正常情况下，金煌等早熟易成花品种叶面控梢60 d~70 d可促花，贵妃等早熟难成花品种、中晚熟品种须叶面控梢90 d~110 d方可促花。

促花方法：当有个别花序抽出时，将2%~3%硝酸钾（或磷酸二氢钾）+1%硼砂+200 mg/kg~250 mg/kg乙烯利充分溶解混匀后喷施于叶片正面及背面至适度滴水，每7 d~10 d喷一次，连喷2次~3次，促进花穗抽生整齐一致。

药剂使用应符合NY/T 393的规定。

6.2.3 花果管理

花量与果量调控：抽穗至盛花初期短截花穗，若单主花穗过长，可短截至30 cm，减少花量和早期坐果量；若摘花产生过多侧花序，应疏除弱、密花序，保留2个~3个花穗。第二次生理落果后疏除畸形果、过密果，枝条开花率70%以上的树，台农1号芒和贵妃单穗留果1个~2个，金煌单穗留果1个；枝条开花率低的树，单穗留果适当增加。台农1号、贵妃、金煌合理负载量为每平方米树冠投影面积留果量分别为20个~25个、25个~30个和12个~16个。

保果：气候正常，坐果率高、坐果量大的台农1号、贵妃等品种不需要保果；遇到不良气候时，所有品种谢花后应喷施0.1%硼酸液、氯吡脲·萘乙酸或赤霉酸等保果药剂保果。每7 d~10 d喷一次，喷1次~2次。

壮果：谢花后15 d~50 d果实膨大期，果面（叶面）喷施赤霉酸壮果，每10 d~15 d喷一次，连喷2次。

护果：下垂的果穗用绳子吊起或用竹竿打桩支撑护果。金煌谢花后40 d~50 d用36 cm×22 cm外黄内黑双层专用果袋套袋护果；贵妃谢花后65 d~70 d用26 cm×18 cm白色或外黄内黑双层专用果袋套袋护果；其他品种可根据果实大小、果皮颜色和市场需求选择不同规格和颜色的芒果专用果袋套袋护果。

药剂使用应符合NY/T 393的规定。

6.2.4 肥水管理

结果树年土壤施肥3次~4次，分别为采后促梢壮梢肥、促花壮花肥和壮果肥。具体见表2。

表2 海南省芒果结果树施肥方案

施肥类别	施肥时期	肥料种类与用量
采后促梢壮梢肥	采果后至修剪前	尿素20 kg+钙镁磷肥10 kg+硫酸钾15 kg+有机肥400 kg~500 kg
促花壮花肥	花芽萌动期	尿素12 kg+硫酸钾20 kg+有机肥200 kg~300 kg
壮果肥	谢花后和果实膨大期（谢花后30 d~35 d）各施一次	谢花时施尿素10 kg+硫酸钾20 kg；果实膨大期施尿素和硫酸钾各20 kg
注：用量以年产1 000 kg果计。		

修剪后结果母枝抽生期遇旱，每 10 d～15 d 灌水一次；花芽分化期雨水过多或土壤湿度过大，可在果园周边挖深沟排水控水；花序发育期和开花结果期遇旱，每 10 d～15 d 灌水一次；采果前 15 d～20 d 应停止灌水。

肥料的使用应符合 NT/Y 394 规定的要求。

7 病虫害防治

7.1 防治原则

贯彻"预防为主，综合防治"的植保方针，以芒果园生态系统为整体，综合考虑影响病虫害发生的各种因素，以农业防治为基础，优先采用生物防治、物理防治，科学使用化学防治等措施对病虫害进行有效控制。

7.2 常见病虫害

主要病害：炭疽病、细菌性黑斑病、白粉病、露水斑病等。

主要害虫：蓟马、介壳虫、芒果叶瘿蚊、切叶象甲等。

7.3 防治措施

7.3.1 农业防治

采用抗性强的芒果品种，加强栽培管理，增施有机肥，增强树势，提高抗病虫能力。搞好田园清洁，结合果园修剪及时剪除植株上受害或干枯的枝叶、花穗和果实，及时清除果园地面的落叶、落花、落枝和落果等残体，集中深埋或烧毁。

7.3.2 物理防治

按不同品种需求选用合适的套袋材料于青果期进行果实套袋，防治橘小实蝇、介壳虫、细菌性黑斑病、露水斑病等病虫害。于嫩梢期在果园行间挂黄板，花果期按 1:1 的比例悬挂黄板、蓝板诱杀芒果叶瘿蚊、蓟马等害虫。利用性诱剂或诱饵诱杀橘小实蝇成虫；利用聚集信息素诱杀蓟马成虫。

7.3.3 生物防治

注意保护蚜小蜂、跳小蜂等寄生性天敌，以及瓢虫、草蛉等捕食性天敌，进行化学防治时选用对这些天敌低毒的杀虫剂。释放小花蝽、巴氏新小绥螨、胡瓜钝绥螨等害虫天敌。喷施芽孢杆菌类等生防制剂防治芒果病害。

7.3.4 化学防治

根据病虫害发生规律进行化学防治，以防为主，农药使用以矿物源、植物源和或生物源农药为主，严格控制农药浓度及安全间隔期，注意交替用药，合理混用。推荐农药使用方案参见附录 A。农药残留量应符合 NY/T 750 中规定。

8 采收与采后处理

8.1 采收时间

果实成熟一批采收一批，且所用农药均达到安全间隔期；采用一果两剪法进行采收。采收成熟度与采收标准按 GB/T 15034 执行，采收时间和采收方法按 NY/T 3333 执行。

8.2 采后处理

采后处理包括选果、清洗、防腐保鲜、分级、包装与标识等过程。选果和等级规格要求参照 NY/T 3011 执行，清洗、防腐保鲜、分级、包装与标识等采后处理技术参照 NT/T 3333 执行。

9 生产废弃物处理

9.1 资源化处理
修剪下的枝条可粉碎后作为树盘覆盖物，落叶等可与有机肥或绿肥共同压埋。

9.2 无害化处理
农药、肥料等的包装废弃物应回收，交由有资质的部门或网点集中处理，不得随意放置、丢弃、掩埋或焚烧。

10 运输储藏

采用非控温的方式运输，应用篷布（或其他覆盖物）遮盖，并根据天气情况，采取相应的防热、防冻、防雨措施。采用控温运输方式运输，控温车船应保持在适宜冷藏的温度，储藏青熟芒果以温度 13 ℃～15 ℃、空气相对湿度 85%～90% 为宜。运输工具和存储场所应清洁、卫生、通风、无异味、无污染，不应与有毒、有害、有异味的物品混运混存，应符合 NY/T 1056 的规定。

11 生产档案管理

针对绿色食品芒果的生产过程，建立相应的生产档案，重点记录产地环境气候条件、生产技术、肥水管理、病虫害的发生和防治、采收及采后处理等情况，记录保存 3 年以上。

附 录 A
（资料性附录）
海南芒果早熟区绿色食品芒果生产推荐农药使用方案

海南芒果早熟区绿色食品芒果生产推荐农药使用方案见表 A.1。

表 A.1 海南芒果早熟区绿色食品芒果生产推荐农药使用方案

防治对象与用途	使用时期	农药名称	施用量	施药方法	安全间隔期（d）	每季最多使用次数（次）
调节生长	幼果期	20%赤霉酸可溶粉剂	5 000倍液～8 000倍液	喷雾		2
	幼果期	4%赤霉酸可溶液剂	1 000倍液～1 600倍液			2
	芒果树谢花末期第一次施药	0.5%赤霉·氯吡脲可溶液剂	1 000倍液～1 500倍液		60	2
催熟	芒果采收装箱后	20%乙烯利颗粒剂	200 mg/kg 果实～400 mg/kg 果实	密闭熏蒸		1
涂白（防止冻害、防治害虫）		生石灰+动物（植物）油+硫黄+水	50∶1∶5∶200	涂抹于树干地面之上至 1 m		1
炭疽病	嫩梢期或坐果期	80%代森锰锌可湿性粉剂	400倍液～600倍液	喷雾	21	3
	发病初期	25%吡唑醚菌酯水乳剂	1 000倍液～2 000倍液		50	2
	嫩梢期、幼果期	25%吡唑醚菌酯悬浮剂	1 000倍液～1 300倍液		49	2
	发病前或初见零星病斑时	250 g/L 嘧菌酯悬浮剂	1 200倍液～1 700倍液		14	3
	发病初期	500 g/L 甲基硫菌灵悬浮剂	800倍液～1 000倍液		7	2
	谢花后小果期	22.5%啶氧菌酯悬浮剂	1 500倍液～2 000倍液		21	3
	树嫩梢抽生 3 cm～5 cm	41%甲硫·戊唑醇悬浮剂	600倍液～800倍液		15	3
	发病前或初见零星病斑时	325 g/L 苯甲·嘧菌酯悬浮剂	1 500倍液～2 000倍液		21	3
	发病前或发病初期	23%吡唑·甲硫灵悬浮剂	500倍液～700倍液		7	2

（续表）

防治对象与用途	使用时期	农药名称	施用量	施药方法	安全间隔期（d）	每季最多使用次数（次）
细菌性黑斑病	谢花后小果期	46%氢氧化铜水分散粒剂	1 000倍液～1 500倍液	喷雾	10	3
	发病前或发病初期	50亿CFU/g多粘类芽孢杆菌可湿性粉剂	500倍液～1 000倍液			
		45%春雷·喹啉铜悬浮剂	1 200倍液～2 000倍液		14	3
		2%春雷霉素水剂	400倍液～500倍液		10	3
白粉病	发病初期	50%硫黄悬浮剂	200倍液～400倍液	喷雾	20	3
		50%啶酰菌胺水分散粒剂	500倍液～1 000倍液		14	2
蓟马	卵孵化盛期或低龄幼虫期	80亿孢子/mL金龟子绿僵菌CQMa421可分散油悬浮剂	500倍液～1 000倍液	喷雾		
	低龄幼虫盛发期	100亿孢子/mL金龟子绿僵菌油悬浮剂	1 000倍液～1 500倍液			
	若虫发生期	5%甲氨基阿维菌素苯甲酸盐微乳剂	500倍液～1 000倍液		7	1
	嫩梢期、嫩叶期、花穗期和幼果期	60 g/L乙基多杀菌素悬浮剂	1 000倍液～2 000倍液		7	2
介壳虫	幼蚧盛发期	38%吡虫·噻嗪酮悬浮剂	1 500倍液～2 000倍液	喷雾	14	1
杂草	杂草出齐后	18%草铵膦可溶液剂	200 mL/亩～300 mL/亩	定向茎叶喷雾		
注：农药使用应以最新版本NY/T 393的规定为准。						

绿色食品生产操作规程

GFGC 2024A306

绿色食品平菇发酵料栽培技术规程

2024-07-04 发布　　　　　　　　　　　　　　　　2024-08-01 实施

中国绿色食品发展中心　发布

GFGC 2024A306

前 言

本文件由中国绿色食品发展中心提出并归口。

本文件起草单位：中国农业科学院农业资源与农业区划研究所、江苏省农业科学院蔬菜研究所、北京市密云区农业技术推广站、河南省农业科学院食用菌研究所、中国绿色食品发展中心。

本文件主要起草人：邹亚杰、胡清秀、曲绍轩、杨迪、孔维威、陈强、李辉平、乔春楠。

GFGC 2024A306

绿色食品平菇发酵料栽培技术规程

1 范围

本规程规定了绿色食品平菇发酵料栽培的产地环境、农业投入品、菌种及其质量要求、生产工艺流程、病虫害防治、采收与采后管理、包装、储藏运输、生产废弃物处理及生产档案管理。

本规程适用于绿色食品平菇发酵料栽培的生产及管理。

2 规范性引用文件

下列文件中的内容通过文中的规范性引用而构成本规程必不可少的条款。其中，注日期的引用文件，仅该日期对应的版本适用于本规程；不注日期的引用文件，其最新版本（包括所有的修改单）适用于本规程。

GB/T 191　包装储运图示标志
GB 4806.7　食品安全国家标准　食品接触用塑料材料及制品
GB/T 12728　食用菌术语
GB 19172　平菇菌种
GB/T 23189　平菇
NY/T 391　绿色食品　产地环境质量
NY/T 393　绿色食品　农药使用准则
NY/T 528　食用菌菌种生产技术规程
NY/T 658　绿色食品　包装通用准则
NY/T 749　绿色食品　食用菌
NY/T 1056　绿色食品　储藏运输准则
NY/T 1284　食用菌菌种中杂菌及害虫的检验
NY/T 1935　食用菌栽培基质质量安全要求
NY/T 2715　平菇等级规格

3 产地环境

生产场地应选择地势平坦、通风良好、水源充足、环境清洁的地方。环境质量应符合 NY/T 391 的要求。

4 农业投入品

4.1 生产用水

应符合 NY/T 391 的要求。

4.2 栽培原料

主辅料应来自安全生产农区，质量应符合 NY/T 391 的规定，要求洁净、干燥、无虫、无霉、无异味。不应使用来源于污染区域的原料。

4.3 设备设施

出菇场地为出菇房或塑料大棚。翻料机、抛翻机宜以电动为主，铲车翻料应避免油污污染。

5 菌种及其质量要求

5.1 菌种选择

根据不同栽培模式及出菇季节选择通过省级及以上级别鉴定（认定）的品种，来源可靠、种性清晰稳定、抗逆性强、产量高、品质优良、适宜熟料栽培。菌种应从具相应资质的单位购买，质量应符合 GB 19172 的要求。菌种病虫的检测按照 NY/T 1284 执行。

5.2 菌种生产与质量要求

固体菌种生产过程应符合 NY/T 528 的规定，质量应符合 GB 19172 的要求。

6 生产工艺流程

备料→拌料→建堆→发酵→装袋与接种→发菌管理→出菇管理→采收。

6.1 培养料及配方

6.1.1 主要原料

玉米芯、棉籽壳、秸秆、木屑、稻壳、花生壳、莲子壳等，质量及储藏应符合 NY/T 1935 的要求。

6.1.2 辅助原料

麦麸、稻糠、玉米粉、豆秸、豆粕、石灰、石膏等，质量及储藏应符合 NY/T 1935 的要求。

6.1.3 基质配方

根据平菇对营养和酸碱度的需求进行科学配比，可采用附录 A 中推荐的配方。

6.2 拌料、建堆与发酵

按照配方将原料预湿，采用人工或者机械拌料，将原辅材料混合均匀，培养料含水量控制在 65%～70%，pH 值为 9～10。可采用露天发酵或槽式发酵，人工建堆或机械建堆。料堆截面呈梯形，堆高 60 cm～100 cm，底宽一般 1.5 m～2.5 m，顶宽 1.0 m～1.5 m，长度不限。平整料面后用直径 5 cm～8 cm 的木棒在料堆上部、横竖间隔 30 cm 打"品"字形通风孔，要打透到堆底。雨天可用薄膜覆盖遮雨，防止雨水渗入料堆，雨后及时取掉薄膜。

堆温升到 65 ℃以上（堆顶以下 20 cm 处），维持 24 h 左右进行第一次翻堆，翻堆时将上下、里外层的培养料互换，混合均匀，重新建堆。料温升至 65 ℃以上保持 2 h 左右，进行第二次翻堆，翻堆后重新建堆，料面打孔，重复翻堆 3 次～4 次。当料温下降至 60 ℃以下时，发酵结束。如夏季外界气温达到 35 ℃以上，可增加翻堆次数。培养料失水严重时，可加入适量 5% 石灰水调节培养料含水量至 65% 左右。温度低时适当延长发酵时间。

6.3 装袋与接种

6.3.1 栽培袋选用

采用规格为（24 cm～26 cm）×（45 cm～55 cm）×0.001 5 cm 的塑料袋，质量符合 GB 4806.7 的要求。

6.3.2 装袋接种

装袋、接种同时进行。发酵完成后，当料温降至近常温后，及时装袋接种，每袋播 3 层～4 层菌种，袋中间播 1 层～2 层菌种。菌种量占培养料干重的 10%～15% 为宜。装袋后用直径 1.5 cm 左右的锥形木棒，在培养料中心打两端相通的通气孔。

6.4 发菌管理

发菌室或大棚要求洁净无尘、通风良好、干燥避光。

将接种后的菌棒移入发菌室或大棚"井"字形码放培养。当外界气温低于15 ℃时，菌袋摆放2层～4层；当外界气温高于25 ℃时，菌袋单层摆放。温度控制在20 ℃～25 ℃为宜，保持料温低于30 ℃，经常通风换气，经过25 d～30 d，菌丝即可长满菌袋。

培养期间出现高温要及时疏散菌袋使之尽快散热降温，并加大通风量，同时检查杂菌，发现污染菌棒及时移除，并对其进行无害化处理。注意防止菇蚊或菇蝇钻入袋内产卵为害。

6.5 出菇管理

菌丝满袋后移入出菇室（棚），栽培袋单行摆放5层～8层，划口或者打开套环，温度控制在15 ℃～20 ℃，给予8 ℃～10 ℃温差和散射光刺激，经6 d～9 d后可现菇蕾。

现蕾后，环境温度控制在10 ℃～20 ℃，空气相对湿度控制在85%～90%，光照控制在800 lx～1 400 lx，通风时间逐步加长，保持空气新鲜，适当增加散射光。

7 病虫害防治

7.1 防治原则

应施以农业防治、物理防治为主，生物防治、化学防治为辅的综合防治措施，遵循"预防为主，综合防治"的植保方针，达到控制病虫害发生、降低被害程度、减少经济损失、确保产品安全的目的。

7.2 主要病虫害

主要病害：木霉、根霉、曲霉、链孢霉、毛霉等竞争性杂菌；单胞杆菌、葡枝霉、黏菌等引起的菌丝体或子实体病害。

主要虫害：眼蕈蚊、粪蚊、瘿蚊、蚤蝇等蝇蚊类害虫，以及螨和跳虫等。

7.3 防治方法

7.3.1 农业防治

选用抗病性与抗逆性强的菌种，用于生产的菌种必须健壮、适龄且无病虫杂菌污染；根据当地气候条件以及品种特性合理安排生产季节；严把培养原料质量、配制关；实行轮作（如菇稻轮作、菇菜轮作等）、林地间作套种、或休棚制，切断病害虫源。

7.3.2 物理防治

温室或大棚入口处用黑色塑料膜或遮阳网搭建长3 m～4 m的黑色缓冲间；通风处和门窗安装50目～60目防虫网；用粘虫板、诱虫灯、黑光灯诱杀害虫；菇棚周围挖深为50 cm的环形水沟防止病虫迁入；人工捕捉害虫，及时摘除病菇；一旦发现个别菌袋感染长出链孢霉、木霉，应立即用薄膜袋套上，烧毁或深埋。

7.3.3 生物防治

当虫害发展到严重影响产量和质量必须用药防治时，须优先选用对食用菌生长无药害和无残留的生物型药剂，如苏云金芽孢杆菌以色列亚种（简称Bti）在发菌期和出菇期都能使用。使用方法参见附录B的表B.2。

7.3.4 化学防治

7.3.4.1 栽培场所（包括接种室、发菌室、出菇场地等）在生产前和生产结束后应严格进行消毒杀虫处理。新菇房在地面撒一薄层石灰粉消毒；污染发生严重的老菇房用消毒剂处理，处理方法见附录B的表B.1；使用杀虫剂进行灭虫，施药方法见附录B的表B.2，施药后密闭48 h～72 h。可有效切除病虫源。

7.3.4.2 培养阶段和出菇间隙期病虫害发生严重时，使用已登记可在食用菌上使用的低毒低残留的农药，使用方法参见附录B的表B.2。农药的使用应符合NY/T 393的要求。

7.3.4.3 出菇期、采摘期和储存期，禁止使用任何农药。

8 采收与采后管理

8.1 采收

平菇菌盖边缘平展，颜色由深变浅时，是采收的最适期，须及时采收。质量应符合 GB/T 23189 和 NY/T 749 的要求。

8.2 采后管理

前潮菇采收后，消除料面老化菌丝以及幼菇、死菇。停止喷水，加强通风，让菌丝恢复生长。菌袋水分不能满足出菇要求时给菌袋补水。一般可采收 3 潮~4 潮菇。

9 包装

按 NY/T 2715 的要求对平菇进行分等分级。根据市场需求合理选择包装材料和包装方式，包装方式、材料选择、包装尺寸按 GB 4806.7 和 NY/T 658 的要求执行。包装标识应清晰、规范、完整、准确，符合 GB/T 191 的规定。

10 储藏运输

应符合 GB/T 23189 和 NY/T 1056 的要求。

11 生产废弃物处理

11.1 废弃生产物料的处理

破损包装材料、废弃周转筐、菌袋脱袋处理后的塑料袋等，应集中回收处理，不可随意丢弃造成环境污染。

11.2 菌渣的处理

菌袋分离后的菌渣废弃物，可用作其他食用菌或农作物栽培基质、肥料或燃料等进行资源化利用。

12 生产档案管理

建立绿色食品平菇生产档案，记录产地环境清洁卫生条件、各类生产投入品的采购与使用、生产管理过程、病虫害防治和生产废弃物处理等情况。生产记录档案应保留 3 年以上，做到生产过程可追溯。

附 录 A
（资料性附录）
绿色食品平菇发酵料栽培菌种生产培养基和栽培基质推荐配方

绿色食品平菇发酵料栽培菌种生产培养基和栽培基质推荐配方见表 A.1 和表 A.2。

表 A.1 绿色食品平菇菌种生产培养基推荐配方

培养基类型	组成
木屑种	阔叶树木屑 79%，麦麸 20%，石膏 1%

表 A.2 绿色食品平菇栽培基质推荐配方

配方名称	成分
配方 1	玉米芯 88%，麦麸 7%，豆粕 2%，石膏 1%，石灰 2%，水适量
配方 2	玉米芯 50%，木屑 35%，麦麸 10%，豆粕 2%，石膏 1%，石灰 2%，水适量
配方 3	玉米芯 61.5%，大豆秸 30%，麦麸 4.5%，石膏 1%，石灰 3%，水适量

附 录 B
（资料性附录）
绿色食品平菇发酵料栽培消毒药品与推荐农药使用方案

绿色食品平菇接种、培养及出菇环境消毒常用药品见表 B.1，主要病虫害防治推荐农药使用方案见表 B.2。

表 B.1 接种、培养及出菇环境消毒常用药品

消毒剂	用途	使用方法
漂白粉	接种室、发菌室使用前消毒	1%水溶液现用现配，喷雾
乙醇（酒精）	接种工具、接种台、菌种外包装、接种人员的手等消毒	浓度70%～75%涂擦
高锰酸钾	器具表面消毒	0.1%～0.2%水溶液浸泡、喷雾
新洁尔灭	皮肤和不耐热器皿表面的消毒	0.25%水溶液涂擦或浸泡
二氧化氯消毒剂（必洁仕）	器械表面消毒、空间消毒	1%～7%水溶液浸泡、喷雾
石灰水	出菇场地消毒	3%～5%水溶液喷洒

表 B.2 绿色食品平菇主要病虫害防治推荐农药使用方案

防治对象	使用时期	农药名称	使用量	使用方法	安全间隔期（d）	每季最多使用次数（次）
木霉菌	拌料时	40%二氯异氰尿酸钠可溶粉剂	1 g/kg 干料～2 g/kg 干料	拌料，培养基与药液充分混匀，堆放24 h后覆盖菇床	30	1
细菌性褐斑病	出菇、发病初期	6%春雷霉素水剂	1 000 倍液～1 500 倍液	喷雾	7	2
褐腐病	发病前	72%唑醚·代森联水分散粒剂	1 000 倍液～2 000 倍液	喷雾	3	2
菇蚊	卵孵化高峰至低龄幼虫高峰期	1 200 ITU/mg 苏云金芽孢杆菌以色列亚种可湿性粉剂	1 g/m^2～1.5 g/m^2	喷洒	15	2
		25%噻虫嗪水分散粒剂	2 000 倍液～3 000 倍液	喷雾	7	1
		4.5%高效氯氰菊酯乳油	1 500 倍液～2 500 倍液	喷雾	7	1
菇蝇	低龄幼虫期	10%吡虫啉可湿性粉剂	1 500 倍液～2 500 倍液	喷雾	7	1
	拌料时	80%灭蝇胺水分散粒剂	5.0 mg/kg 湿料～0.63 mg/kg 湿料	拌料		1

注：农药使用应以最新版本 NY/T 393 的规定为准。

绿色食品生产操作规程

GFGC 2024A307

绿色食品平菇熟料栽培技术规程

2024-07-04 发布　　　　　　　　　　　　　　　　2024-08-01 实施

中国绿色食品发展中心　发布

GFGC 2024A307

前　言

本文件由中国绿色食品发展中心提出并归口。

本文件起草单位：中国农业科学院农业资源与农业区划研究所、黑龙江省农业科学院牡丹江分院、江苏省农业科学院蔬菜研究所，河南省农业科学院食用菌研究所、中国绿色食品发展中心。

本文件主要起草人：邹亚杰、胡清秀、盛春鸽、曲绍轩、孔维威、陈强、李辉平、宋晓。

GFGC 2024A307

绿色食品平菇熟料栽培技术规程

1 范围

本规程规定了绿色食品平菇熟料栽培的产地环境、农业投入品、菌种及其质量要求、生产工艺流程、病虫害防治、采收与采后管理、包装、储藏运输、生产废弃物处理及生产档案管理。

本规程适用于绿色食品平菇熟料栽培的生产及管理。

2 规范性引用文件

下列文件中的内容通过文中的规范性引用而构成本规程必不可少的条款。其中，注日期的引用文件，仅该日期对应的版本适用于本规程；不注日期的引用文件，其最新版本（包括所有的修改单）适用于本规程。

GB/T 191　包装储运图示标志
GB 4806.7　食品安全国家标准　食品接触用塑料材料及制品
GB/T 12728　食用菌术语
GB 19172　平菇菌种
GB/T 23189　平菇
NY/T 391　绿色食品　产地环境质量
NY/T 393　绿色食品　农药使用准则
NY/T 528　食用菌菌种生产技术规程
NY/T 658　绿色食品　包装通用准则
NY/T 749　绿色食品　食用菌
NY/T 1056　绿色食品　储藏运输准则
NY/T 1284　食用菌菌种中杂菌及害虫的检验
NY/T 1935　食用菌栽培基质质量安全要求
NY/T 2715　平菇等级规格

3 产地环境

场地应选择地势平坦、通风良好、水源充足、环境清洁的地方。产地环境质量应符合 NY/T 391 的要求。

4 农业投入品

4.1 生产用水

生产用水应符合 NY/T 391 的要求。

4.2 栽培原料

主辅料应来自安全生产农区，质量应符合 NY/T 391 的规定，要求洁净、干燥、无虫、无霉、无异味。不应使用来源于污染区域的原料。

4.3 设备设施

拌料车间、装袋车间采用半封闭式厂房，拌料区地面硬化，给排水方便，清洁，避免粉尘污染。灭菌锅应采用电能或者天然气等清洁能源，通过相关部门检验合格后使用，并定期检查、维护和校验,由专人持证操作。

出菇房或塑料大棚洁净卫生。

5 菌种及其质量要求

5.1 菌种选择

根据不同栽培模式及出菇季节选择通过省级及以上级别鉴定(认定)的品种,来源可靠、种性清晰稳定、抗逆性强、产量高、品质优良、适宜熟料栽培。菌种应从具相应资质的单位购买,质量应符合 GB 19172 的要求。菌种中病虫的检测按照 NY/T 1284 执行。

5.2 菌种生产及质量要求

平菇熟料生产菌种可采用固体菌种或液体菌种。

固体菌种生产应符合 NY/T 528 的规定,质量应符合 GB 19172 的要求。

液体菌种生产分为摇瓶培养和发酵罐深层培养两个阶段,培养基配方见附录 A 的表 A.1。摇瓶菌种要求菌种外观澄清透明不浑浊,无杂菌、无异味,菌丝体密集、均匀悬浮于液体中,不分层,菌丝体湿重 8 g/L 以上。发酵罐深层培养菌种要求菌液黏度高、无异味,菌丝体稠密,菌球均匀悬浮于液体中,静置基本不分层;显微镜下可见菌丝分枝密度高,有隔膜,有锁状联合,无杂菌;菌丝体湿重 10 g/L 以上,pH 值为 5.0～6.0。

6 生产工艺流程

备料→拌料→装袋→灭菌→冷却→接种→发菌管理→出菇管理→采收。

6.1 培养料及配方

6.1.1 主要原料

玉米芯、棉籽壳、秸秆、木屑、稻壳等,质量及储藏应符合 NY/T 1935 的要求。

6.1.2 辅助原料

麦糠、稻糠、玉米粉、豆秸、豆粕、石灰、石膏等,质量及储藏应符合 NY/T 1935 要求。

6.1.3 基质配方

根据平菇对营养和酸碱度的需求进行科学配比,可采用附录 A 中表 A.2 的推荐配方。

6.2 拌料

按照配方称量各种培养料,先把辅料拌匀后再与主料充分混匀,栽培基质含水量应控制在 60%～65%。木屑等主料须提前用水预湿闷堆处理。

拌料区地面、墙壁清洁无杂物,地面无积水,包装废弃物、垃圾应及时清理。

6.3 栽培袋制作

6.3.1 栽培袋选用

短袋宜选用(18 cm～20 cm)×(36 cm～38 cm)×(0.004 5 cm～0.005 cm)的栽培袋;长袋宜选用(20 cm～22 cm)×(40 cm～45 cm)×(0.004 5 cm～0.005 cm)的栽培袋。栽培袋质量符合 GB 4806.7 的要求。

6.3.2 装袋

使用装袋机进行装袋,要求料袋紧实,袋无破损,根据机械选择套环或者插棒封口,大袋两端宜用直径 5 cm～6 cm 的套环,小袋宜用直径 4 cm～5 cm 的套环。封口后将料袋摆放于周转筐内。装袋结束后,及时清理装袋机轨道和地面上的料屑及破损栽培袋。

6.4 灭菌

装袋后培养料应立即进行常压或高压灭菌。

6.4.1 常压灭菌

将料袋移入常压蒸汽设备中，在 4 h～6 h 内温度达到 100 ℃ 开始计时，短袋保持 10 h～12 h，长袋保持 16 h～18 h，灭菌结束后自然降温至 50 ℃～60 ℃ 后取出料袋。

6.4.2 高压灭菌

将料袋移入高压蒸汽灭菌设备中，当温度达到 121 ℃～125 ℃ 后，维持 2.5 h～4 h，灭菌结束后自然冷却，待压力降至 0，温度降至 50 ℃～60 ℃，打开灭菌锅门取出料袋。

6.5 冷却接种

待料袋温度降至 40 ℃～50 ℃ 时移到洁净区冷却至 28 ℃ 以下。采用接种箱或净化接种间接种，接种过程要严格无菌操作。

使用液体菌种接种，须具备完善的液体菌种生产和接种设备设施，由专业技术人员操作。

6.6 发菌管理

发菌室或塑料大棚要求洁净无尘、通风良好、干燥避光。

将接种后的菌包移入发菌室或塑料大棚避光培养，保持袋温 28 ℃～30 ℃，接种第七天检查杂菌，发现被污染的菌棒及时移除，并对其进行无害化处理，随后将袋温降至 22 ℃ ± 2 ℃ 培养至满袋。

6.7 出菇管理

菌丝满袋后移入出菇室（棚），划口或者打开套环，温度控制在 15 ℃～20 ℃，给予 8 ℃～10 ℃ 温差刺激，经 6 d～9 d 后可现菇蕾。

子实体生长过程中环境温度控制在 10 ℃～20 ℃，空气相对湿度控制在 85%～90%，光照控制在 800 lx～1 400 lx，通风时间逐步加长，保持空气新鲜，适当增加散射光。

7 病虫害防治

7.1 防治原则

应施以农业防治、物理防治为主，生物防治、化学防治为辅的综合防治措施，遵循"预防为主，综合防治"的植保方针，达到控制病虫害发生、降低被害程度、减少经济损失、确保产品安全的目的。

7.2 主要病虫害

主要病害：木霉、根霉、曲霉、链孢霉、毛霉等竞争性杂菌；单胞杆菌、葡枝霉、黏菌等引起的菌丝体或子实体病害。

主要虫害：眼蕈蚊、粪蚊、瘿蚊、蚤蝇等蝇蚊类害虫，以及螨和跳虫等。

7.3 防治方法

7.3.1 农业防治

选用抗病性与抗逆性强的平菇菌种，用于生产的菌种必须健壮、适龄且无病虫杂菌污染；根据当地气候条件以及品种特性合理安排生产季节；严把培养原料质量、配制、灭菌关，严格按照无菌操作要求接种；实行轮作（如菇稻轮作、菇菜轮作等）、林地间作套种或休棚制，切断病害虫源。

7.3.2 物理防治

温室或大棚入口处用黑色塑料膜或遮阳网搭建长 3 m～4 m 的黑色缓冲间；通风处和门窗安装 50 目～60 目防虫网；用粘虫板、诱虫灯、黑光灯诱杀害虫；菇棚周围挖深为 50 cm 的环形水沟防病虫迁入；人工捕捉害虫，及时摘除病菇；一旦发现个别菌袋感染长出链孢霉、木霉，应立即用薄膜袋套上，烧毁或深埋。

7.3.3 生物防治

当虫害发展到严重影响产量和质量，必须用药防治时，须优先选用对食用菌生长无药害和无残留的生物型药剂，如苏云金芽孢杆菌以色列亚种（简称 Bti）在发菌期和出菇期都能使用。使用方法参见附录 B 的表 B.2。

7.3.4 化学防治

7.3.4.1 栽培场所（包括接种室、发菌室、出菇场地等）在生产前和生产结束后应严格进行消毒杀虫处理。新菇房在地面撒一薄层石灰粉消毒；污染发生严重的老菇房用消毒剂处理，处理方法见附录 B 的表 B.1；使用杀虫剂进行灭虫，施药方法见附录 B 的表 B.2，施药后密闭 48 h～72 h。可有效切除病虫源。

7.3.4.2 培养阶段和出菇间隙期病虫害发生严重时，使用已登记可在食用菌上使用的低毒低残留的农药，使用方法参见附录 B 的表 B.2。农药的使用应符合 NY/T 393 的要求。

7.3.4.3 出菇期、采摘期和储存期，禁止使用任何农药。

8 采收与采后管理

8.1 采收

平菇菌盖边缘平展，颜色由深变浅时，是采收的最适期，须及时采收。质量应符合 GB/T 23189 和 NY/T 749 的要求。

8.2 采后管理

前潮菇采收后，消除料面老化菌丝以及幼菇、死菇。停止喷水，加强通风，让菌丝恢复生长。菌袋水分不能满足出菇要求时给菌袋补水。一般可采收 3 潮～4 潮菇。

9 包装

按 NY/T 2715 的要求对平菇进行分等分级。根据市场需求合理选择包装材料和包装方式，包装方式、材料选择、包装尺寸按 GB 4806.7 和 NY/T 658 的要求执行。包装标识应清晰、规范、完整、准确，符合 GB/T 191 的规定。

10 储藏运输

应符合 GB/T 23189 和 NY/T 1056 的要求。

11 生产废弃物处理

11.1 废弃生产物料的处理

破损包装材料、废弃周转筐、菌袋脱袋处理后的塑料袋等，应集中回收处理，不可随意丢弃造成环境污染。

11.2 菌渣的无害化处理

菌袋分离后的菌渣废弃物，可用作其他食用菌或农作物栽培基质、肥料或燃料等进行资源化利用。

12 生产档案管理

建立绿色食品平菇生产档案，记录产地环境清洁卫生条件、各类生产投入品的采购与使用、生产管理过程、病虫害防治和生产废弃物处理等情况。生产记录档案应保留 3 年以上，做到生产过程可追溯。

附 录 A
（资料性附录）
绿色食品平菇熟料栽培菌种生产培养基和栽培基质推荐配方

绿色食品平菇熟料栽培菌种生产培养基和栽培基质推荐配方见表 A.1 和表 A.2。

表 A.1 绿色食品平菇菌种生产培养基推荐配方

培养基类型	组成
枝条种	杨树枝条（清水浸泡 24 h 以上）70%，麦麸 20%，木屑 10%
液体摇瓶培养基	马铃薯 200 g，葡萄糖 30 g，蛋白胨 5 g，KH_2PO_4 3 g，$MgSO_4 \cdot 7H_2O$ 1.5 g，水 1 000 mL
液体深层发酵培养基	马铃薯 200 g，葡萄糖 20 g，黄豆粉 30 g（煮 15 min 后过滤），KH_2PO_4 1 g，$MgSO_4 \cdot 7H_2O$ 0.5 g，酵母膏 1 g，维生素 B_1 10 mg，消泡剂 0.3 g，水 1 000 mL

表 A.2 绿色食品平菇栽培基质推荐配方

配方名称	组分
配方 1	棉籽壳 40%，玉米芯 30%，木屑 20%，豆粕 7%，石灰 3%，水适量
配方 2	玉米芯 83.5%，麦麸 10.5%，豆粕 3%，石灰 2%，轻质碳酸钙 1%，水适量
配方 2	玉米芯 50%，大豆秸 33.5%，麦麸 10.5%，豆粕 3%，石灰 2%，轻质碳酸钙 1%，水适量
配方 3	大豆秸 43.5%，木屑 40%，麦麸 10.5%，豆粕 3%，石灰 2%，轻质碳酸钙 1%，水适量
配方 4	莲子壳 20%，玉米芯 63.5%，麦麸 10.5%，豆粕 3%，石灰 2%，轻质碳酸钙 1%，水适量

附 录 B
（资料性附录）
绿色食品平菇熟料栽培消毒药品与推荐农药

绿色食品平菇接种、培养及出菇环境消毒常用药品见表 B.1，主要病虫害防治推荐农药使用方案见表 B.2。

表 B.1 接种、培养及出菇环境消毒常用药品

消毒剂	用途	使用方法
漂白粉	接种室、发菌室使用前消毒	1%水溶液现用现配，喷雾
乙醇（酒精）	接种工具、接种台、菌种外包装、接种人员的手等消毒	浓度70%～75%涂擦
高锰酸钾	器具表面消毒	0.1%～0.2%水溶液浸泡、喷雾
新洁尔灭	皮肤和不耐热器皿表面的消毒	0.25%水溶液涂擦或浸泡
二氧化氯消毒剂（必洁仕）	器械表面消毒、空间消毒	1%～7%水溶液浸泡、喷雾
石灰水	出菇场地消毒	3%～5%水溶液喷洒

表 B.2 绿色食品平菇主要病虫害防治推荐农药使用方案

防治对象	使用时期	农药名称	使用量	使用方法	安全间隔期（d）	每季最多使用次数（次）
木霉菌	拌料时	40%二氯异氰尿酸钠可溶粉剂	1 g/kg 干料～2 g/kg 干料	拌料，培养基与药液充分混匀，堆放24 h后覆盖菇床	30	1
细菌性褐斑病	出菇、发病初期	6%春雷霉素水剂	1 000 倍液～1 500 倍液	喷雾	7	2
褐腐病	发病前	72%唑醚·代森联水分散粒剂	1 000 倍液～2 000 倍液	喷雾	3	2
菇蚊	卵孵化高峰至低龄幼虫高峰期	1 200 ITU/mg 苏云金芽孢杆菌以色列亚种可湿性粉剂	1 g/m²～1.5 g/m²	喷洒	15	2
		25%噻虫嗪水分散粒剂	2 000 倍液～3 000 倍液	喷雾	7	1
		4.5%高效氯氰菊酯乳油	1 500 倍液～2 500 倍液	喷雾	7	1
菇蝇	低龄幼虫期	10%吡虫啉可湿性粉剂	1 500 倍液～2 500 倍液	喷雾	7	1
	拌料时	80%灭蝇胺水分散粒剂	5.0 mg/kg 湿料～0.63 mg/kg 湿料	拌料		1
注：农药使用应以最新版本 NY/T 393 的规定为准。						

绿 色 食 品 生 产 操 作 规 程

GFGC 2024A308

绿色食品双孢蘑菇季节性生产技术规程

2024-07-04 发布

2024-08-01 实施

中国绿色食品发展中心　发布

前　言

本文件由中国绿色食品发展中心提出并归口。

本文件起草单位：中国农业科学院农业资源与农业区划研究所、江苏省农业科学院蔬菜研究所、北京市昌平区农业技术推广站、中国绿色食品发展中心。

本文件主要起草人：邹亚杰、胡清秀、曲绍轩、陈强、李辉平、康勇、刘艳辉。

GFGC 2024A308

绿色食品双孢蘑菇季节性生产技术规程

1 范围

本文件规定了绿色食品双孢蘑菇季节性生产的产地环境、农业投入品、菌种及其质量要求、生产流程、采收包装、病虫害防治、储藏运输、生产废弃物处理和生产档案管理。

本文件适用于绿色食品双孢蘑菇季节性生产及管理。

2 规范性引用文件

下列文件中的内容通过文中的规范性引用而构成本规程必不可少的条款。其中，注日期的引用文件，仅该日期对应的版本适用于本规程；不注日期的引用文件，其最新版本（包括所有的修改单）适用于本规程。

GB/T 191　包装储运图示标志
GB/T 12728　食用菌术语
GB 15618　土壤环境质量　农用地土壤污染风险管控标准（试行）
GB 19171　双孢蘑菇菌种
GB/T 23190　双孢蘑菇
NY/T 391　绿色食品　产地环境质量
NY/T 393　绿色食品　农药使用准则
NY/T 394　绿色食品　肥料使用准则
NY/T 528　食用菌菌种生产技术规程
NY/T 658　绿色食品　包装通用准则
NY/T 749　绿色食品　食用菌
NY/T 1056　绿色食品　储藏运输准则
NY/T 1790　双孢蘑菇等级规格
NY/T 1934　双孢蘑菇、金针菇贮运技术规范
NY/T 1935　食用菌栽培基质质量安全要求
NY/T 2117　双孢蘑菇　冷藏及冷链运输技术规范

3 产地环境

环境空气质量应符合 NY/T 391 的要求。场地应选择地势平坦、通风良好、水源充足、环境清洁的地方。远离工矿区和城市污染源，以及禽畜舍、垃圾场和死水水塘等病虫滋生地。与常规农田邻近的食用菌厂区应设置缓冲带或物理屏障，避免受到禁用物质的影响。

4 农业投入品

4.1 生产用水

生产用水应符合 NY/T 391 的要求。

4.2 栽培原料

主辅料要求洁净、干燥、无虫、无霉变，质量应符合 NY/T 391 的规定。不应使用来源于污染农田或污染区农田的原料。

4.3 设备设施

出菇场所应选择出菇房或者塑料大棚，并有相应的配套生产设备。门窗应能随时开启或关闭，装有能够隔离害虫的纱网，关闭门窗后应能够进行环境消毒处理。

5 菌种及其质量要求

应选择种性稳定、抗逆性强、产量高、品质优良品种，须纯度高，外观洁白，菌丝生长健旺，均匀无角变，有浓郁蘑菇香味，无杂菌虫害。质量应符合 GB 19171 的要求。

6 生产流程

备料→混料→一次发酵→二次发酵→播种→发菌→覆土→出菇管理→采收。

6.1 培养料及其配方

6.1.1 主要原料

稻草、麦草、牛粪、鸡粪、杏鲍菇菌渣等，质量及储藏应符合 NY/T 1935 的要求。

6.1.2 辅助原料

豆饼粉、菜籽饼粉、石灰、石膏、覆土等，质量及储藏应符合 NY/T 1935 的要求。尿素、复合肥、过磷酸钙、碳酸氢铵等，质量及储藏应符合 NY/T 394 的要求。

6.1.3 基质配方

发酵前培养料碳氮比应为（25～30）：1，含氮量为 1.4%～1.6%，根据双孢蘑菇对营养的需求进行科学配比，可采用附录 A 中的推荐配方。

6.2 一次发酵

6.2.1 预湿

用 1%的石灰水将稻（麦）草充分预湿，预湿时间是 2 d～3 d。牛粪碾碎过筛，加水预湿，预堆时间为 6 d～7 d。其他材料（如饼肥）应在堆料前粉碎并密闭熏蒸 2 d～3 d。

6.2.2 建堆

选择在离菇房近、便于搬运、地势高且干燥、排水良好、地面平整的水泥地面上建堆。建堆时，先铺一层宽 2.0 m～2.3 m、厚 20 cm～30 cm 的稻草或麦草，再铺一层厚 5 cm 的粪肥，草粪相间堆至 1.5 m～1.8 m 高。在第三或第四层后分层均匀撒化肥、饼肥等辅料。从第三层开始边堆料、边浇水，水分应掌握在建堆完成后，料堆四周有少量水流出为宜。料堆顶部覆盖草帘，建堆后 3 d～4 d 进行翻堆。雨前应盖薄膜，雨后及时揭去。

6.2.3 翻堆

翻堆须上翻下、下翻上、外翻内、内翻外，使整个料堆发酵均匀一致。

建堆后 5 d～6 d 进行第一次翻堆，均匀加入占总量 60%的过磷酸钙和石膏粉，翻堆时补足水分，水分掌握在翻堆后料堆四周有少量水流出。

第一次翻堆后 3 d～4 d 进行第二次翻堆，加入剩余 40%的过磷酸钙和石膏粉，料堆中间每隔 1 m 设一排气孔。翻堆时仍须适当补充水分。

建堆后 13 d 左右进行第三次翻堆，均匀加入石灰总量的 50%，根据需要补充调节水分，料堆中间设排气孔，改善通气状况。

建堆后 15 d～17 d 进行第四次翻堆，用 1%石灰水调节含水量至 70%～73%，pH 值至 7.5～8.0。最后一次翻堆后 1 d～2 d，将培养料移入菇房，开始进行二次发酵。

6.2.4 发酵料质量要求

培养料颜色应呈深褐色，生熟度适中（草料有韧性而又不易拉断），堆料疏松。氨气含量应低于 0.15%，无明显臭味和异味，含氮量为 1.8%～2.2%。

6.3 二次发酵

6.3.1 菇房消毒

在培养料进菇房前 5 d～7 d，喷施安全低毒的杀虫剂菇净 500 倍液，地面撒生石灰，严格消毒杀虫，培养料进房前 2 d 打开门窗，排除废气。

6.3.2 进料

一次发酵结束后趁热将发酵料搬运到菇房床架上，堆放在中间三层床架上，厚度自上而下递增，要求堆料疏松，厚薄均匀。培养料进房后，关闭门窗，让其自热升温。

6.3.3 巴氏消毒

当料温不再升高时，开始蒸气加温发酵，使料温和气温都达到 60 ℃～62 ℃，并维持 8 h～10 h，不同部位多点测温，确保各部位温度一致。然后通风使温度慢慢下降至 50 ℃～55 ℃，维持 3 d～5 d。在此期间，每隔 3 h～4 h 须开窗补充菇房内的新鲜空气。停止加温，慢慢降低料内温度至 45 ℃，开门窗通风降温。

6.3.4 发酵料质量要求

发酵料颜色暗褐色，柔软有弹性，有韧性，不黏手；热料无氨味，有发酵香味；含水量为 65%～68%，手紧捏有 2 滴～3 滴水；pH 值为 7.0～7.2；整个料层长满白色放线菌和有益真菌。

6.4 播种与发菌

6.4.1 播种

播种工具应清洁，并须使用新洁尔灭、0.1%高锰酸钾等消毒剂消毒。培养料中心温度降至 28 ℃～30 ℃时开始播种，以 750 mL 菌种瓶为例，麦粒种 1 瓶/m²～1.5 瓶/m²，棉籽壳种为 1.5 瓶/m²～2 瓶/m²，将 2/3 菌种均匀地撒在料面，然后把菌种耙入 1/3 料层深，再把余下的 1/3 菌种播撒在料面，然后将培养料压紧拍平。

6.4.2 发菌

播种后 2 d～3 d，关闭门窗，料温、室温超过 28 ℃时应适当通风降温。3 d 后菌种萌发，且菌丝发白并向料内生长时，适当增加通风量。7 d～10 d 后，菌丝长满料面，应逐渐加大通风量，菇房空气相对湿度控制在 80%左右。18 d～20 d 后，菌丝发菌至 2/3 培养料即可覆土。

6.5 覆土

6.5.1 材料理化性质要求

具有良好的团粒结构，土质疏松，含有一定腐殖质，具有一定保水能力、透气性。土壤质量应符合 GB 15618 的要求。

6.5.2 来源

覆土土壤可采用未受污染的天然草炭土、林地腐殖土、山坡土或当年未施用过蘑菇菌渣的农田耕作层深 30 cm～100 cm 的土壤。

6.5.3 消毒

覆土采用烈日暴晒或撒施石灰方式消毒，用 2%石灰消毒时应至少用塑料薄膜密闭覆盖 48 h，然后揭膜摊晾 3 d 以上，直至无残留气味。

6.5.4 覆土管理

菇床床面较干燥，覆土前 2 d 可多次少量喷 1%清石灰水润湿。覆土前 1 d～2 d 可对覆土进行调水湿润，含水量控制在 33%～35%的近饱和持水状态，呈现"手捏成团，掉地微散"状态即可。如果添加了不同比例的草炭土，含水量可最高控制在 75%左右。

覆土前检查并继续平整床面，土壤厚度为2.0 cm～3.0 cm，可在床面上放置高度为3.5 cm的指示空心圆环，便于及时检验覆土的厚度。覆土后，菇房空气相对湿度控制在90%左右。3 d后适当加大通风量。

6.6 出菇管理

覆土15 d左右，当床面70%～80%区域有蘑菇菌丝穿出土面时喷结菇水，喷水量3 000 mL/m²～3 500 mL/m²，分2次～3次喷施。控制菇房气温维持在17 ℃～19 ℃，菇床料温保持在19 ℃～21 ℃，空气相对湿度为85%～90%。

喷结菇水后每天要维护土面湿润，以掌压土面有湿润感为准，水喷施量300 mL/m²～500 mL/m²，轻喷为主。待米粒菇生长为圆而结实的蚕豆大小子实体时，喷出菇重水，喷施量3 000 mL/m²～3 500 mL/m²，分2次～3次喷完（视通风状况、覆土土质、床面菇蕾多少及土层厚度而定）。喷水后应加强通风，菇房气温维持在17 ℃～19 ℃，料温保持在19 ℃～21 ℃，空气相对湿度为85%～90%。

2 d后，可开始采收蘑菇子实体，采摘期4 d～5 d。采摘期间可视实际情况对床面及空间喷细雾状维持水，维持菇床湿润，喷施量500 mL/m²～1 000 mL/m²。喷水后适当通风，避免细菌性病害产生。采菇期间菇房气温维持在17 ℃～19 ℃，料温保持在19 ℃～21 ℃，空气相对湿度为90%～95%。

6.7 转潮管理

每潮菇采摘完应剔除残根、补平床面、适当减少通风量。在2 d～3 d内分批喷施转潮水，补足覆土层水分，喷施量为3 500 mL/m²～4 000 mL/m²。转潮期间气温维持在19 ℃～21 ℃，料温保持在21 ℃～23 ℃，空气相对湿度为85%～90%。促使下一潮菇蕾形成，随后按上述出菇管理原则进行管理。

7 采收包装

适时采收，质量应符合NY/T 749和GB/T 23190的要求。按NY/T 1790的规定对双孢蘑菇进行分级。根据市场需求合理选择包装材料和包装方式，包装方式、材料选择、包装尺寸按NY/T 658的要求执行。包装标识应清晰、规范、完整、准确，符合GB/T 191的规定。

8 病虫害防治

8.1 防治原则

遵循"预防为主，综合防治"的植保方针，采用以农业防治与物理防治为主、化学防治为辅的综合防治措施。

8.2 主要病虫害

主要病害：木霉、石膏霉、曲霉、链孢霉、鬼伞等竞争性杂菌；由疣孢霉、胡桃肉状菌、轮枝霉、假单胞杆菌、线虫等引起的菌丝体或子实体褐腐病、褐斑病、腐烂病等。

主要虫害：眼蕈蚊、瘿蚊、蚤蝇等蝇蚊类害虫，以及螨和跳虫等。

8.3 防治方法

8.3.1 农业防治

选用抗病性与抗逆强的双孢蘑菇菌种，用于生产的菌种必须健壮、适龄且无病虫污染；根据当地气候条件以及品种特性合理安排生产季节；严格把控培养原料质量、配制、发酵关键点，确保培养料质量符合要求；出菇场地应保持清洁卫生，做好培养料和菇房消毒，全部采收后，及时清理废料，拆洗床架，并进行全面消毒。

8.3.2 物理防治

用粘虫板、诱虫灯、黑光灯诱杀害虫；排场周围挖深为 50 cm 的环形水沟防病虫迁入；人工捕捉害虫，及时摘除病菇。

8.3.3 生物防治

当蝇蚊类害虫发展到严重影响产量和质量，必须用药防治时，须优先选用对食用菌生长无药害和无残留的生物型药剂，如苏云金芽孢杆菌以色列亚种（简称 Bti）在发菌期和出菇期都能使用。使用方法参见附录 B 的表 B.2。

8.3.4 化学防治

8.3.4.1 出菇场地使用前应严格消毒，消毒剂及其使用方法参见附录 B 的表 B.1。

8.3.4.2 培养阶段病虫害发生严重时，使用已登记可在食用菌上使用的低毒低残留农药，药物的使用应符合 NY/T 393 的要求；若发生胡桃肉状菌、疣孢霉病等病害时，应及时在感病区域及其周围喷洒药剂，防止其扩散，可使用的药剂及使用方法见附录 B 的表 B.2。

8.3.4.3 出菇期、采摘期和储存期，禁止使用任何农药。

9 储存运输

符合 NY/T 1056、NY/T 1934 和 NY/T 2117 的规定。

10 生产废弃物处理

包装物、废弃周转筐等不能随意丢弃，收集后送到回收处理点进行统一处理。

11 生产档案管理

建立绿色食品双孢蘑菇生产档案，记录产地环境清洁卫生条件、各类生产投入品的采购与使用、生产管理过程、病虫害防治和生产废弃物处理等情况。生产记录档案应保留 3 年以上，做到生产过程可追溯。

附 录 A
（资料性附录）
绿色食品双孢蘑菇季节性生产栽培基质推荐配方

绿色食品双孢蘑菇季节性生产栽培基质推荐配方见表 A.1。

表 A.1 绿色食品双孢蘑菇季节性生产栽培基质推荐配方

配方名称	成分
配方 1	干稻草 55%，干牛粪 37.8%，过磷酸钙 0.8%，豆饼粉 2.2%，尿素 0.7%，碳酸氢 0.7%，石灰粉 1.4%，石膏粉 1.4%
配方 2	干稻草 62%，干牛粪 30%，过磷酸钙 0.8%，菜籽饼粉 3%，尿素 0.7%，碳酸氢铵 0.7%，石灰粉 1.4%，石膏粉 1.4%
配方 3	干麦草 90.3%，干鸡粪 2%，过磷酸钙 0.7%，豆饼粉 2%，尿素 1%，石灰粉 2%，石膏粉 2%
配方 4	干稻草 52%，干牛粪 44%，过磷酸钙 1.3%，石灰粉 1.3%，石膏粉 1.4%
配方 5	干麦草 65.7%，干鸡粪 30%，过磷酸钙 0.6%，尿素 0.6%，石灰粉 0.6%，石膏粉 2.5%
配方 6	干麦草 53%，干鸡粪 43%，石膏粉 4%
配方 7	杏鲍菇菌渣 82%，牛粪 16%，过磷酸钙 1%，轻质碳酸钙 1%
配方 8	干稻草 88%，尿素 1.3%，复合肥 0.7%，菜籽饼 7%，石灰粉 1%，石膏粉 2%
配方 9	干稻草 94%，尿素 1.7%，硫酸铵 0.5%，过磷酸钙 0.5%，石灰粉 1.3%，石膏粉 2%
配方 10	干稻草 85.2%，菜籽饼 5.6%，过磷酸钙 1.4%，尿素 0.8%，碳酸氢铵 2%，石灰粉 3%，石膏粉 2%

附 录 B
（资料性附录）
绿色食品双孢蘑菇接种、培养与出菇环境消毒常用药品以及主要病虫害防治推荐农药使用方案

绿色食品双孢蘑菇接种、培养与出菇环境消毒常用药品见表 B.1，主要病虫害防治推荐农药使用方案表 B.2。

表 B.1 接种、培养与出菇环境消毒常用药品

消毒剂	用途	使用方法
漂白粉	接种室、发菌室使用前消毒	1%水溶液现用现配，喷雾
乙醇（酒精）	接种工具、接种台、菌种外包装、接种人员的手等消毒	浓度70%～75%涂擦
高锰酸钾	器具表面消毒	0.1%～0.2%水溶液浸泡、喷雾
新洁尔灭	皮肤和不耐热器皿表面的消毒	0.25%水溶液涂擦或浸泡
甲醛	菇房消毒	20 g/m^2
二氧化氯消毒剂（必洁仕）	器械表面消毒、空间消毒	1%～7%水溶液浸泡、喷雾
石灰水	出菇场地消毒	3%～5%水溶液喷洒

表 B.2 绿色食品双孢蘑菇主要病虫害防治推荐农药使用方案

防治对象	使用时期	农药名称	使用量	使用方法	安全间隔期（d）	每季最多使用次数（次）
褐腐病	发病前	500 g/L 噻菌灵悬浮剂	1：（1 250～2 500）（药料比）	拌料	65	3
			0.5 g/m^2～0.75 g/m^2	喷雾	55	1
菌蛆	播种前	1%吡丙醚粉剂	1 g/m^2～3 g/m^2	撒施		1
菇蚊	卵孵化高峰期至低龄幼虫期	1 200 ITU/mg 苏云金芽孢杆菌以色列亚种可湿性粉剂	1 g/m^2～1.5 g/m^2	喷洒	15	2
注：农药使用应以最新版本 NY/T 393 的规定为准。						

绿色食品生产操作规程

GFGC 2024A309

绿色食品双孢蘑菇工厂化生产技术规程

2024-07-04 发布　　　　　　　　　　　　2024-08-01 实施

中国绿色食品发展中心　发布

前 言

本规程由中国绿色食品发展中心提出并归口。

本规程起草单位：北京市农产品质量安全中心、中国绿色食品发展中心、北京市农业技术推广站、北京农学院、上海市农产品质量安全中心、江苏省绿色食品办公室、江西省农业技术推广中心、河南省农产品质量安全和绿色食品发展中心、安徽省绿色食品管理办公室、中国农业大学、上海联中食用菌专业合作社、江苏紫山生物股份有限公司。

本规程主要起草人：孙敏、马雪、周绪宝、魏金康、陈青君、杨琳、杭祥荣、杜志明、王凯、胡晓欣、王贺祥、祖恒、李浩、习佳林。

绿色食品双孢蘑菇工厂化生产技术规程

1 范围

本规程规定了绿色食品双孢蘑菇工厂化生产的产地环境、投入品、菌种选择及其质量要求、生产流程、病虫害防治、生产废弃物处理、包装储运及生产档案管理。

本规程适用于绿色食品双孢蘑菇的工厂化生产及管理。

2 规范性引用文件

下列文件中的内容通过文中的规范性引用而构成本规程必不可少的条款。其中，注日期的引用文件，仅该日期对应的版本适用于本规程；不注日期的引用文件，其最新版本（包括所有的修改单）适用于本规程。

GB 19171 双孢蘑菇菌种
NY/T 391 绿色食品 产地环境质量
NY/T 393 绿色食品 农药使用准则
NY/T 394 绿色食品 肥料使用准则
NY/T 528 食用菌菌种生产技术规程
NY/T 658 绿色食品 包装通用准则
NY/T 1056 绿色食品 储藏运输准则
NY/T 1731 食用菌菌种良好作业规范
NY/T 1934 双孢蘑菇、金针菇贮运技术规范

3 产地环境

产地环境要求符合 NY/T 391 的要求。厂区应清洁卫生、水质优良、地势平坦、交通便利；远离工矿区和城市污染源，以及禽畜舍、垃圾场和死水水塘等病虫滋生地。不宜选择地势低洼、洪涝灾害风险高的场所。

4 投入品

4.1 生产用水

生产用水应符合 NY/T 391 的规定。

4.2 栽培原料

栽培主料可选择稻草、麦秆、玉米秆、玉米芯等农作物秸秆；辅料可选择鸡粪、牛粪等畜禽粪。主辅料应来自安全生产农区，质量应符合绿色食品相关规定要求，应无结块、无霉变，防止有毒有害物质混入。培养料原材料来源、添加剂种类和用量、用水质量等，应符合 NY/T 391、NY/T 393、NY/T 394 的规定。

4.3 设备设施

工厂化生产区与生活区分隔开，生产区应合理布局，堆料场、混料车间、发酵隧道、控温菇房、采收包装车间、成品仓库、菇渣处理场各自独立，又合理衔接，防止各生产环节之间交叉污染。堆料场、发酵区应设置在下风口并与控温菇房保持适宜距离。排水系统畅通。

发酵区应建设一次、二次发酵隧道，有条件的基地建设三次发酵隧道。发酵隧道应配备温湿度

监测装置和通风系统。一次发酵隧道内应配备高压喷气通风系统，二次、三次发酵隧道墙体应采用保温材料，配备环境控制系统。

控温菇房车间封闭性、隔温性及节能性好，应利于控温、保湿、通风、光照和防控病虫害。应有健全的消防安全设施，备足消防器材。

5 菌种选择及其质量要求

选用优质高产、抗病抗逆性强、商品性好的品种；菌种应从具资质的单位购买，菌种来源可追溯。菌种生产符合 NY/T 528、NY/T 1731 的规定要求，质量符合 GB 19171 的规定要求，用于生产的菌种应种性纯正、生命力旺盛。

6 生产流程

原料准备→一次发酵→二次发酵→三次发酵→覆土→出菇管理→采收。

6.1 原料准备

一次发酵前主料（稻草、麦秸等）应提前 2 d~3 d 进行预湿；干的畜禽粪便提前打碎和预湿。原料应来源于无污染的农田，质量符合 NY/T 391、NY/T 393、NY/T 394 的要求。

培养料配比以其含氮量为基准，初始含氮量应控制在 1.2%~1.7%，建议为 1.4%~1.5%。

6.2 一次发酵

6.2.1 一次发酵过程

将预湿好的原料填入一次发酵隧道发酵，填放原料高度不超过 3 m，以发酵料温度和含氧量为控制指标，一次隧道发酵共需 9 d 左右，中间倒仓 1 次~2 次，倒仓以发酵料温度达到 80 ℃ 为控制指标。

6.2.2 一次发酵料质量要求

发酵料无臭味，腐熟程度五六成，颜色呈浅咖啡色，发酵料表面可见明显放线菌菌落。培养料的含水量为 72%~74%，pH 值为 7.8~8.5，含氮量为 1.8%~2.0%。

6.3 二次发酵

6.3.1 转仓

一次发酵结束后，将发酵料利用进料机械设备转入二次发酵隧道，转料时均匀抛撒在隧道内，铺料高度小于 2 m。

6.3.2 均温阶段

密闭隧道，开启风机内循环，使空间内培养料温度均匀达到 45 ℃ 左右，氨气含量低于 250 mg/kg。

6.3.3 升温阶段

关闭菇房所有门窗、拔风筒，用蒸汽加热菇房，提高料温达到 58 ℃~60 ℃，空气温度控制在 56 ℃~58 ℃，保持 8 h，进行巴氏灭菌。

6.3.4 保温阶段

引入新风，料温降至 50 ℃~47 ℃，保持 3 d~4 d。

6.3.5 降温阶段

经检测，输送管道的氨气含量低于 0.005‰~0.01‰ 时，开始降温过程。每小时降低 3 ℃，达到 27 ℃ 时完成二次发酵过程。

6.3.6 二次发酵料质量要求

发酵料外观呈棕褐色，内有大量的白色放线菌等有益微生物的菌斑，略带甜面包味，草茎柔软疏松有弹性，手拉即断，不黏，无滑感，不污手。水分含量为66%～68%，pH值为7.5～7.7，氨气含量低于0.001%，含氮量为2.1%～2.3%，灰分含量为27%～32%，碳氮比为（14～16）∶1。

6.4 三次发酵

三次发酵即在二次发酵料中播撒双孢蘑菇菌种，在适宜的温度下培养。若生产体系为二次发酵体系，则采用菇房播种培养菌丝体方式；若生产体系为三次发酵体系，则采用三次发酵隧道培养菌丝体方式。

6.4.1 菇房播种与发菌管理（二次发酵体系）

播种铺料：二次发酵料温度降至27 ℃以下，采用大型上料机向菇房层架播种铺料。

覆膜：播种铺料后，料面平整，覆盖黑色（或白色）地膜保湿发菌。

发菌管理：播种后2 d～3 d内以保湿为主，少通风，棚内相对湿度保持在85%～90%。菇房内环境气温控制在26 ℃以下，培养料温度控制在25 ℃～27 ℃，3 d～4 d后菌丝定植，逐步加大风机新风供应量，发菌期共14 d～17 d。

6.4.2 三次发酵隧道（三次发酵体系）

将二次发酵料利用传输设备运送至三次发酵隧道，在传输同时混合播入菌种，播种量控制在5 L/t～7 L/t。隧道内温度控制在23 ℃～25 ℃，培养时间为16 d。第三次发酵后培养料的菌丝变粗发白，含水量为62%～66%，pH值为6.2～6.5，含氮量为2.1%～2.6%。

6.5 覆土

6.5.1 覆土制备

采用草炭土或泥炭土，加入轻质碳酸钙调节pH值和草炭物理性状，加入杀螨杀虫药剂，或用蒸汽消毒杀虫。使用的化学药剂应为已登记可在食用菌上使用的农药，并符合NY/T 393的规定。调整覆土中含水量达到70%～75%。

6.5.2 覆土时间

播种后的14 d～17 d，菌丝全部发满料层后即可进行覆土。覆土时培养料温度控制在25 ℃，菇房中CO_2浓度控制在0.3%左右。

6.5.3 覆土方法

把搅拌好的覆土材料用覆土机均匀地盖到床面，厚度2.5 cm～3 cm。

6.5.4 覆土后水分管理

覆土后经过3次～5次喷水，保持泥炭土湿润，含水量70%～75%。每次调水每平方米喷水量不超过2 kg。

6.6 出菇管理

6.6.1 搔菌

菌丝长满覆土层时，用搔菌机将菌丝人为打断让其重新生长连接，搔菌的深度控制在1 cm～2 cm。

6.6.2 出菇期环境管理

菌丝生长至覆土层80%左右时开始降温阶段，根据子实体生长发育所处的不同阶段进行环境控制。

6.6.2.1 菌丝扭结期

搔菌后3 d～4 d料温降至21 ℃以下，菇房环境温度16 ℃～18 ℃，空气相对湿度80%～85%，新风量50%～80%；4 d～6 d料温降至20 ℃下，菇房环境温度17 ℃～19 ℃，空气相对湿度85%～88%，新风量40%～70%。

6.6.2.2 催蕾期

控制标准：菇房内 CO_2 浓度 0.08%～0.12%，空气温度 14 ℃～17 ℃，空气相对湿度 85%～90%，加大新风量，料温 22 ℃以下。菇体米粒大小时每天浇 1 次水，每次浇水量为 0.6 L/m²～0.8 L/m²；菇体高 5 mm～10 mm 时每天浇 1 次水，每次浇水量为 0.8 L/m²～1 L/m²；菇体高 15 mm～25 mm 时每天浇 2 次水，每次浇水量为 0.8 L/m²～1 L/m²；菇体高 25mm～30 mm 时，温度控制在 14 ℃～17 ℃，湿度控制在 75%～80%。

6.6.2.3 头潮菇

采菇阶段要保持房间内的湿度不超过 70%，房间内地面保持干爽；空调机风速调小，开大新风量，防止蘑菇起鳞；空气温度控制在 14 ℃～17 ℃；CO_2 浓度降低至 0.08%～0.12%。

6.6.2.4 转潮期

一潮菇后清床，菌丝休养 2 d～3 d 后浇水，观察床面水分，将覆土层水分补充至 85%～90%，第一天可浇 1 次～2 次水，每次浇水量 1 L/m²～2 L/m²，后续浇水量依覆土层水分而定（不超过 3 L/m²）；空气温度 18 ℃～19 ℃；7 d～8 d 采收第二潮菇，依此管理，一般采收 3 潮菇。

6.7 采收

6.7.1 采菇卫生

采菇人员应注意个人卫生，不应留长指甲，采摘前手、不锈钢小刀以及装备的容器应洗涤干净、晾干，采摘时采摘人员应戴一次性卫生手套摘菇。

6.7.2 采菇方法

当菌盖长至 3 cm～4 cm，菌膜尚未胀破时采收。采菇时，抓住菌柄轻轻扭下，不应带动过多的覆土。鲜菇应轻拿轻放，用小刀削去菇柄基部，及时分级与加工。

6.8 蒸汽消毒

一般情况下病虫害不严重的菇房，空菇房充入蒸汽，提高菇房内温度至 60 ℃，维持 4 h；病虫害严重的菇房，充入蒸汽使菇房内温度达到 80 ℃，维持 4 h。

6.9 下料作业

下料机配合运输车作业。蒸汽消毒后立即下料工作，避免长时间放置滋生杂菌；下料后及时清理房间，关好菇房门。

7 病虫害防治

7.1 防治原则

坚持"预防为主，综合防治"的方针，以农业防治和物理防治为主。出菇期内不应使用任何农药。

7.2 常见病虫害

真菌性病害有绿霉、蛛网霉等；细菌性病害有褐斑病；虫害有菇蝇、菇蚊、菇螨。

7.3 防治方法

7.3.1 环境卫生

厂区周围及各车间间隔地带进行绿化，防风、防扬尘；厂区内做好环境卫生工作，墙面、地面光滑，每天用清水冲洗；菌种培养室、栽培菇房及各种生产用具应定期消毒一次，消除杂菌滋生源。操作员做好自身卫生工作，遵守各项操作规程，断绝杂菌传播途径。菇房出菇后及时清出废弃培养料，打扫干净，再用清水冲洗。

7.3.2 农业防治

培育和使用活力强壮的菌种；适当增加菌种播种量；调控适宜的环境条件，促进蘑菇健康生长。

7.3.3 物理防治

严格发酵操作过程；培养室使用前采用蒸汽消毒；菌种冷却室、接种室、培养室及菇房生产过程中通气采用空气过滤净化方法；覆土材料暴晒或蒸汽消毒；菇房门窗安装纱网，阻隔虫害；接种室、培菌室、菇房可采用臭氧消毒；生产过程中如发现螨害，可用糖醋诱杀；菇蝇、菇蚊可用 3 W 黑光灯诱杀光成虫。

7.3.4 化学防治

7.3.4.1 出菇场地使用前应严格消毒，消毒剂及其使用方法参见附录 A 的表 A.1；

7.3.4.2 培养阶段病虫害发生严重时，使用已登记可在食用菌上使用的低毒低残留农药，药物的使用应符合 NY/T 393 的要求；若发生胡桃肉状菌、疣孢霉病等病害时，应及时在感病区域及其周围喷洒药剂，防止其扩散，可使用的药剂及使用方法见附录 A 的表 A.2。

7.3.4.3 出菇期、采摘期和储存期，禁止使用任何农药。

8 生产废弃物处理

栽培过程中所产生的废弃物料，应运至远离菇房的地方集中发酵处理，可作为农作物和林地的有机肥。生产过程中废水应进行循环利用或清洁处理。

9 包装储运

包装材料卫生指标应符合 NY/T 658 的要求，双孢蘑菇以鲜销为主，也可放置 1 ℃～5 ℃ 的条件下储存，储存期 7 d。预冷、入库、储藏、出库、运输应符合 NY/T 1056 和 NY/T 1934 的规定。

10 生产档案管理

建立绿色食品双孢蘑菇工厂化生产档案，记录环境清洁卫生、各类生产投入品的采购与使用、生产管理过程、病虫害防治、包装运输等情况。生产记录档案应保留 3 年以上，做到生产过程可追溯。

附 录 A
（资料性附录）
绿色食品双孢蘑菇接种、培养与出菇环境消毒常用药品以及主要病虫害防治推荐农药使用方案

绿色食品双孢蘑菇接种、培养与出菇环境消毒常用药品见表 A.1，主要病虫害防治推荐农药使用方案表 A.2。

表 A.1 绿色食品双孢蘑菇接种、培养与出菇环境消毒常用药品

消毒剂	用途	使用方法
漂白粉	接种室、发菌室使用前消毒	1%水溶液现用现配，喷雾
乙醇（酒精）	接种工具、接种台、菌种外包装、接种人员的手等消毒	浓度70%～75%涂擦
高锰酸钾	器具表面消毒	0.1%～0.2%水溶液浸泡、喷雾
新洁尔灭	皮肤和不耐热器皿表面的消毒	0.25%水溶液涂擦或浸泡
甲醛	菇房消毒	20 g/m^2
二氧化氯消毒剂（必洁仕）	器械表面消毒、空间消毒	1%～7%水溶液浸泡、喷雾
石灰水	出菇场地消毒	3%～5%水溶液喷洒

表 A.2 绿色食品双孢蘑菇主要病虫草害防治推荐农药使用方案

防治对象	使用时期	农药名称	使用量	使用方法	安全间隔期（d）	每季最多使用次数（次）
褐腐病	发病前	500 g/L 噻菌灵悬浮剂	1：（1 250～2 500）（药料比）	拌料	65	3
			0.5 g/m^2～0.75 g/m^2	喷雾	55	1
菌蛆	播种前	1%吡丙醚粉剂	1 g/m^2～3 g/m^2	撒施		1
菇蚊	卵孵化高峰期至低龄幼虫期	1 200 ITU/mg 苏云金芽孢杆菌以色列亚种可湿性粉剂	1 g/m^2～1.5 g/m^2	喷洒	15	2

注：农药使用应以最新版本 NY/T 393 的规定为准。

绿色食品生产操作规程

GFGC 2024A310

绿色食品白羽肉鸭养殖规程

2024-07-04 发布

2024-08-01 实施

中国绿色食品发展中心 发布

前 言

本标准由中国绿色食品发展中心提出并归口。

本标准起草单位：江苏省绿色食品办公室、江苏省绿色食品协会、扬州市绿色食品办公室、南京市畜牧家禽科学研究所、南京市溧水区农业农村局、安徽省绿色食品办公室、山东省绿色食品办公室、射阳县农产品质量安全服务站、中国绿色食品发展中心。

本标准主要起草人：徐继东、拜锦美、何宗亮、杭祥荣、燕东峰、吕鲲鹏、嵇宏杰、孔燕、胡晓欣、孟浩、仇凤章、乔春楠。

GFGC 2024A310

绿色食品白羽肉鸭养殖规程

1 适用范围

本规程规定了绿色食品白羽肉鸭养殖的产地环境、引种、饲养方式、鸭舍准备、育雏期饲养、育成期饲养、日常管理、疫病防控、养殖废弃物处理及生产档案管理。

本规程适用于绿色食品白羽肉鸭的饲养与管理。

2 规范性引用文件

下列文件中的内容通过文中的规范性引用而构成本规程必不可少的条款。其中，注日期的引用文件，仅该日期对应的版本适用于本规程；不注日期的引用文件，其最新版本（包括所有的修改单）适用于本规程。

GB 14554　恶臭污染物排放标准
GB 18596　畜禽养殖业污染物排放标准
NY/T 388　畜禽场环境质量标准
NY/T 391　绿色食品　产地环境质量
NY/T 471　绿色食品　饲料和饲料添加剂使用准则
NY/T 472　绿色食品　兽药使用准则
NY/T 473　绿色食品　畜禽卫生防疫准则
NY/T 3075　畜禽养殖场消毒技术
农医发〔2017〕25 号　病死及病害动物无害化处理技术规范

3 产地环境

3.1 选址应符合《中华人民共和国畜牧法》、相关法律法规以及土地利用规划的要求。

3.2 场址规划布局、建设应符合 NY/T 473 的要求。

3.3 鸭场的生态、空气环境应符合 NY/T 391 的要求。

3.4 鸭舍内外环境卫生应符合 NY/T 388 和 NY/T 473 的要求。

4 引种

鸭苗应从有"种畜禽生产经营许可证"和"动物防疫条件合格证"的种鸭场或专业孵化场引入，并经产地动物防疫检疫部门检验合格。

5 饲养方式

可采用立体笼养、网上平养、地面平养等饲养方式，应采用全进全出的饲养管理制度。

6 鸭舍准备

6.1 鸭舍清洗消毒

雏鸭进场前应空置鸭舍 7 d 以上，肉鸭出栏后应及时清扫、冲洗和消毒鸭舍。

6.2 育雏前准备

6.2.1 根据育雏数量和季节，准备好饮水器、料桶、保温灯或供热炉，采用地面平养的还须铺设好垫料,并做好饲料和疫苗等物资的准备。

6.2.2 进雏前1 d应进行鸭舍预热,进苗前应达到育雏温湿度要求。

7 育雏期饲养

7.1 温度管理

1日龄～3日龄,30 ℃～33 ℃;4日龄～7日龄,28 ℃～30 ℃;8日龄～11日龄,26 ℃～28 ℃;12日龄～14日龄,24 ℃～26 ℃。

7.2 湿度管理

第一周相对湿度保持60%～65%,以后保持50%～60%。

7.3 光照管理

1日龄～3日龄每天光照23 h～24 h,4日龄～7日龄每天光照20 h～22 h,8日龄～14日龄每天光照16 h～19 h,光照强度10 lx。

7.4 饮水管理

本着先饮水后开食的原则,雏鸭进场后,休息片刻即可饮水,长途运输的雏鸭1 d～3 d可在饮水中加入电解多维或2%～5%葡萄糖,水质应符合NY/T 388和NY/T 391要求。

7.5 饲养密度

饲养密度可参照NY/T 473的规定,符合20 kg/m^2～30 kg/m^2,应满足动物福利的要求。

7.6 饲喂

饲喂全价育雏料,饲料符合NY/T 471的规定。初生雏鸭饲料颗粒不宜过大,一般颗粒在0.2 cm×0.3 cm以下,或采用破碎料。2周龄内,白天喂6次～7次,夜间应加喂2次～3次,3周龄后自由采食。营养需要参考量见附录A。

8 育成期饲养

8.1 分群管理

应根据鸭只生长发育规律、体质强弱和体重大小进行分群饲养,对体质差、体重轻的鸭只应单独饲养、加强管理、补充营养,使鸭群整体生长发育趋于一致。

8.2 饲养密度

饲养密度可参照NY/T 473的规定,符合20 kg/m^2～30 kg/m^2,应满足动物福利的要求。

8.3 换料管理

饲喂全价育成料,饲料符合NY/T 471的规定,用3 d时间逐量由育雏料换为育成料。

8.4 出栏

应根据各地习惯及当时的价格决定出栏时间,遵守全进全出制。

9 日常管理

9.1 每天早晚巡查鸭群,评估鸭群的健康、采食、粪便形态,发现异常及时处理。

9.2 查巡过程中及时做好匀料、挑选弱鸭等日常的工作,保持鸭群的体重均匀。

9.3 笼养肉鸭做好设备检修,防止粪带跑偏等现象。

10 疫病防控

坚持"预防为主,综合防疫"。按照《中华人民共和国动物防疫法》和NY/T 473的要求落实防疫措施，并获得"动物防疫条件合格证"。确保不发生高致病性禽流感、鸭病毒性肝炎、鸭瘟等疫病。

10.1 消毒

10.1.1 消毒管理

10.1.1.1 车辆消毒

场区大门入口处应设置车辆消毒池，进入场区的车辆应严格消毒。消毒池内药液的深度以车轮轮胎可进入1/2为宜。运送雏鸭和饲料的车辆宜采用喷洒消毒。

10.1.1.2 道路消毒

场区周围的道路每周应打扫一次；场内净道每周喷洒消毒，污道每天喷洒消毒；鸭舍周围的道路每天清扫，并用消毒液喷洒消毒。

10.1.1.3 场区消毒

鸭舍周围环境、鸭场进出口及道路应定期消毒。场内的垃圾、杂草等废弃物应及时清除，堆放过垃圾的场地喷洒消毒。

10.1.1.4 人员消毒

场区入口应设置人员消毒更衣间。进场人员应先通过更衣间进行淋浴，然后更换消毒好的场区专用工作服、鞋、帽，脚踩消毒池；定期做好人员消毒间的清扫和消毒。

10.1.1.5 鸭舍消毒

出栏后鸭舍应进行清扫和冲洗，并喷洒消毒药剂。保持用具及舍内外环境清洁，定期对鸭舍环境及用具进行消毒。

10.1.2 消毒药剂

消毒药剂的使用应符合 NY/T 472 的要求，常用消毒剂有季铵盐类（苯扎溴铵、癸甲溴铵）、含氯制剂（次氯酸钠、二氧化氯）、醛类（甲醛、戊二醛）、含碘化合物（聚维酮碘）、过氧化物（过氧乙酸、臭氧）、碱类（氢氧化钠、生石灰），应按说明书规定适用范围、剂量、方法使用。消毒药剂应经常更换交替使用。

10.1.3 消毒方法

针对不同的场地和对象使用不同的消毒方法，如高压水枪冲洗，火焰消毒，紫外线灯消毒，酸、碱、盐等化学消毒药品消毒，熏蒸消毒等。

10.2 免疫

根据当地鸭疾病发生种类、流行特点制定免疫程序，严格实施。同时，根据免疫抗体监测情况适当调整免疫程序。免疫参考程序见附录 B。

10.3 用药

饲养过程中应尽量采用益生菌、小肽物质等绿色替抗产品，提升防病能力，特殊情况下所用兽药必须来自合法生产企业，具有"兽药生产许可证"或 GSP 认证和新版"兽药经营许可证"。兽药的使用符合 NY/T 472 的有关规定，应严格实施休药期。兽药使用方案参见附录 C。

11 养殖废弃物处理

11.1 对病死鸭的处理，应由专业机构统一处理，处理过程应符合 NY/T 473 及农医发〔2017〕25号文件的有关规定。

11.2 对废弃物的处理，应遵循减量化、无害化、资源化、生态化的处理原则。对垫料和粪便等废弃物可用高温堆肥的方法进行处理，应符合 GB 14554 和 GB 18596 的要求。不得将未进行无害化处理的鸭粪运往场外。

11.3 过期的疫苗等生物制品及其包装应按规定集中处置。

12 生产档案管理

12.1 生产记录

12.1.1 养殖场应及时建立进雏档案、养殖过程生产管理记录，内容包括进雏日期与时间、进雏数量与来源、雏鸭运送工具、天气情况、鸭舍编号、饲养员姓名、雏鸭日龄、鸭群健康状况、鸭只死亡数、鸭只死亡原因、无害化处理情况、鸭只存栏数、环境条件（温度、湿度）、饲喂情况、免疫情况、用药情况、消毒情况等信息。

12.1.2 防疫记录须记录防疫日期，疫苗名称、种类、厂名、有效期限、使用量及方法，鸭只反应及防疫效果等。

12.1.3 出栏应记录日期、数量、价格和购买单位等，以备查询。

12.2 资料存档

建立绿色食品白羽肉鸭养殖规程技术档案，做好生产过程的全面记录，资料应妥善保存，保存3年以上，以备查阅。

附 录 A
（资料性附录）
绿色食品白羽肉鸭各阶段营养需要参考量

绿色食品白羽肉鸭各阶段营养需要参考量见表 A.1。

表 A.1 绿色食品白羽肉鸭各阶段营养需要参考量

营养成分	肉小鸭（0 周龄～2 周龄）	肉中鸭（3 周龄～5 周龄）	肉大鸭（5 周龄后）
代谢能（MJ/kg）	11.93～12.14	11.93～12.14	12.35～12.56
粗蛋白质（%）	20.0～22.0	16.5～18.5	15.0～17.0
赖氨酸（%）	1.35	1.00	0.88
蛋氨酸（%）	0.45	0.40	0.35
胱氨酸（%）	0.35	0.30	0.25
钙（%）	0.90	0.85	0.90
有效磷（%）	0.45	0.40	0.35
钠（%）	0.15	0.15	0.15
维生素 A（IU/kg）	4 000	3 000	2 500
维生素 D_3（IU/kg）	2 000	2 000	2 000
维生素 B_1（mg/kg）	2.0	1.5	1.5
维生素 B_2（mg/kg）	10	10	10
烟酸（mg/kg）	50	50	50
泛酸（mg/kg）	20	10	10
吡哆醇（mg/kg）	4.0	3.0	3.0
胆碱（mg/kg）	1 000	1 000	1 000
锰（mg/kg）	100	100	100
锌（mg/kg）	60	60	60
铁（mg/kg）	60	60	60
铜（mg/kg）	8	8	8
碘（mg/kg）	0.3	0.3	0.2
硒（mg/kg）	0.3	0.3	0.2

附 录 B
（资料性附录）
绿色食品白羽肉鸭免疫参考程序

绿色食品白羽肉鸭免疫参考程序见表 B.1。

表 B.1 绿色食品白羽肉鸭免疫参考程序

日龄	预防疾病	疫苗及剂量	免疫方法及要求
1	鸭病毒性肝炎	鸭病毒性肝炎弱毒苗 1 羽份	颈部皮下注射
7	鸭瘟	鸭瘟弱毒苗 1 羽份	颈部皮下注射
14	禽流感	禽流感疫苗 1 羽份	颈部皮下注射
21	鸭传染性浆膜炎、大肠杆菌病	鸭传染性浆膜炎—大肠杆菌二联苗 1 羽份	颈部皮下注射
注：各地区可根据当地情况进行免疫接种，使用疫苗时务必按照疫苗说明书的要求使用。			

附 录 C
（资料性附录）
绿色食品白羽肉鸭允许使用的部分兽药使用方案

绿色食品白羽肉鸭允许使用的部分兽药使用方案表 C.1。

表 C.1　绿色食品白羽肉鸭允许使用的部分兽药使用方案

兽药种类	药物名称	常见剂型	使用方法	使用剂量	休药期（d）
β-内酰胺类	阿莫西林	可溶性粉	混饮	每升水 50 mg	7
			混饲	每千克饲料 200 mg～500 mg，连用 3 d～5 d	
氨基糖苷类	大观霉素	可溶性粉	混饮	每升水 500 mg～1 000 mg，连用 3 d	5
大环内酯类	红霉素	可溶性粉	混饮	每升水 125 mg，连用 3 d	3
酰胺醇类	氟苯尼考	散剂	内服	一次量，每千克体重 20 mg～30 mg，2 次/d，连用 3 d	5
四环素类	多西环素	可溶性粉	内服	一次量，每千克体重 20 mg～30 mg，2 次/d，连用 3 d～5 d	5
林可胺类	林可霉素	可溶性粉、散剂	混饮	每升水 200 mg～300 mg，连用 3 d	5
			混饲	每千克饲料 30 mg～50 mg，连用 3 d	
注：确需使用兽药时，应在执业兽医指导下进行；兽药应按照药品说明书储藏、使用；兽药使用方法和休药期的要求可能发生变化，请关注国家兽医行政主管部门的公告，并严格按照新规定执行。					

绿色食品生产操作规程

GFGC 2024A311

绿色食品麻鸭养殖规程

2024-07-04 发布

2024-08-01 实施

中国绿色食品发展中心　发布

前 言

本规程由中国绿色食品发展中心提出并归口。

本规程起草单位：安徽农业大学、安徽省农产品质量安全管理站、中国绿色食品发展中心、安徽省公众检验研究院有限公司、旌德县农业农村水利局、安徽省畜禽遗传资源保护中心、安徽省动物疫病预防与控制中心、宣城市动物防疫站、铜陵市义安区畜牧兽医管理服务中心、北京市农产品质量安全中心、福建省绿色食品发展中心、福建省龙岩市山麻鸭原种场、河北省农产品质量安全中心、黑龙江省绿色食品发展中心、湖北省荆州市农业技术推广中心、湖南省湘阴县农业农村局、江西省农业技术推广中心、山东省绿色食品发展中心、上海市农产品质量安全中心、江苏省绿色食品办公室、浙江省农产品绿色发展中心、重庆市农产品质量安全中心、四川省绿色食品发展中心。

本规程主要起草人：金四华、胡晓欣、刘艳辉、耿照玉、武美兰、邱桂如、何云侠、徐支青、占松鹤、程智中、吴惠娟、刘华、程帮照、肖承志、李浩、谢秋萍、林如龙、董博钊、董宇辰、陈雷、齐立、任艳芳、杜志明、孟浩、郭微微、杭祥荣、李露、张海彬、李学琼、邓小松。

GFGC 2024 A311

绿色食品麻鸭养殖规程

1 适用范围

本规程规定了绿色食品麻鸭养殖的场址选择和布局、引种、饲养管理、疾病防控、环保设施和养殖废弃物处理、出栏、运输及生产档案管理。

本规程适用于绿色食品麻鸭的饲养与管理。

2 规范性引用文件

下列文件中的内容通过文中的规范性引用而构成本规程必不可少的条款。其中，注日期的引用文件，仅该日期对应的版本适用于本规程；不注日期的引用文件，其最新版本（包括所有的修改单）适用于本规程。

GB 18596　畜禽养殖业污染物排放标准
NY/T 388　畜禽场环境质量标准
NY/T 391　绿色食品　产地环境质量
NY/T 471　绿色食品　饲料和饲料添加剂使用准则
NY/T 472　绿色食品　兽药使用准则
NY/T 473　绿色食品　畜禽卫生防疫准则
NY/T 682　畜禽场场区设计技术规范
NY/T 1168　畜禽粪便无害化处理技术规范
NY/T 2122　肉鸭饲养标准
农牧发〔2023〕16 号　家禽产地检疫规程
农业农村部公告第 692 号　饲料原料目录

3 场址选择和布局

3.1 场址选择

鸭场址选择要符合《中华人民共和国畜牧法》、相关法律法规和土地利用规划的要求。要求地形平坦、地面干燥，水源充足且便于取用，无污染源，交通便利且远离居民区和污染企业，电力供应充足，符合 NY/T 391 的规定。

3.2 布局

3.2.1 鸭场的规划应综合考虑到空间需求、温度和通风、清洁卫生、防护措施、运动区域和隔离区域等，为麻鸭提供适宜的生长环境。

3.2.2 鸭舍的朝向宜坐北朝南。宜设有生产区、生活区、无害化处理区。生活区应位于生产区的上风向，生产区入口有消毒设施，无害化处理区应位于生产区的下风向处。

3.2.3 生产区各栋鸭舍间距以 10 m～15 m 为宜；鸭舍周围建立雨污分离排污沟。

3.2.4 应单独设置运送饲料等投入物品的净道以及用于运输粪便、垫料等废弃物的污道。鸭场内净道和污道应分开，避免交叉感染。

3.2.5 鸭场布局符合 NY/T 473 和 NY/T 682 的规定。

4 引种

商品雏鸭应引自具有"种畜禽生产经营许可证"和"动物防疫条件合格证"等资质的种鸭场，

并按照农牧发〔2023〕16号文件的规定进行检疫。雏鸭符合健雏的要求。运输车辆应经过彻底清洗和消毒。

5 饲养管理

5.1 饲养方式

根据自然和经济条件，主要饲养方式有放牧饲养、半舍饲养和全舍饲养。

5.2 饲料

饲料原料应符合农业农村部公告第692号的要求，饲料及饲料添加剂应符合NY/T 471的要求。日粮应符合麻鸭品种的营养需求，饲料主要营养需要推荐量见NY/T 2122和附录A。

5.3 雏鸭管理（0日龄~21日龄）

5.3.1 育雏前准备

做好育雏所需设备、器具、垫料等用品的准备工作；进雏前2周，要对鸭舍、笼具、料槽等用具等进行清扫、冲洗及消毒。鸭舍内外及地面使用2%~4%的氢氧化钠溶液消毒。在进雏鸭前1 d，将舍内温度提升到30 ℃~33 ℃，空气相对湿度保持在60%~65%。

5.3.2 饮水与开食

雏鸭进入育雏舍后用温开水开饮，温开水中加入0.01%的电解多维，确保雏鸭饮水1 h~2 h后再开食。开食料用配合饲料，撒在经消毒过的料盘上，自由采食。

5.3.3 饲喂

育雏期饲喂全价饲料，饲料符合NY/T 471的规定，饲料主要营养需要推荐量见附录A。第一周每天饲喂5次~6次（夜间1次~2次），第三周逐渐改为每天喂3次~4次。饲喂量随日龄变化而渐增，饲喂量一般第一天为2.5 g/只，以后每天递增2.5 g/只。

5.3.4 温度、湿度和光照

雏鸭饲养温度、湿度与光照见表1。

表1 雏鸭饲养温度、湿度与光照

日龄	温度（℃）	湿度（%）	光照（h）	光照强度（lx）
1~3	30~33	60~70	24	20~25
4~6	27~29			
7~10	24~26	55~60	20	10~15
11~15	22~24			
16~21	20~22			

5.3.5 通风

在满足舍内温度要求的同时，应根据饲养品种、日龄、体重、密度和外界环境条件变化适时调节鸭舍通风量。确保鸭舍通风良好，氨气、硫化氢和二氧化碳等空气质量指标符合NY/T 388和NY/T 391的规定。

5.3.6 饲养密度

按照饲养品种、饲养方式和生长阶段确定合适的饲养密度，还应依照鸭舍的结构和设备调节环境的能力调节饲养密度。饲养密度：1日龄~14日龄每平方米25只~30只；21日龄每平方米20只。

5.4 育肥期管理（22日龄至出栏）

5.4.1 饲喂

经过3 d～7 d逐渐过渡到育肥鸭料，每天饲喂3次。饲料主要营养需要推荐量见附录A。

5.4.2 分群管理

在做疫苗接种时进行强弱、大小分群管理，挑出体重较小的鸭子单独饲养管理，增加15%～25%的喂料量，以提高群体整齐度。另外，根据麻鸭品种的不同适时进行公母分群，一般在45日龄前完成公母分群工作。

5.4.3 温度、湿度和光照

鸭舍内温度18 ℃～20 ℃，空气相对湿度为60%～65%。采用每天12 h光照，光照强度为10 lx。

5.4.4 饲养密度

根据体重或日龄大小确定饲养密度，建议28日龄每平方米10只～15只，35日龄到出栏每平方米8只～10只。

6 疾病防控

6.1 防疫措施

6.1.1 鸭场进出口设置车辆消毒池、紫外线消毒室，入场人员须更衣、换鞋、消毒。在鸭场内划分不同区域，采用全进全出制生产管理，降低交叉感染风险。

6.1.2 定期对鸭舍、设备和运输工具进行彻底的消毒。清洁、消毒及卫生防疫应符合NY/T 472的要求。使用高效、低毒和对环境污染低的消毒剂，常用消毒剂有过氧化物（过氧乙酸、臭氧）、碱类（氢氧化钠、生石灰）、季铵盐类（苯扎溴铵、癸甲溴铵）、含氯制剂（次氯酸钠、二氧化氯）、醛类（甲醛、戊二醛）、含碘化合物（聚维酮碘），应按照说明书规定的适用范围、剂量和方法使用。

6.1.3 非生产人员不应随意进出生产区。在特定情况下，参观人员在采取严格消毒措施后方可进入。

6.2 科学免疫

6.2.1 免疫程序

应根据当地疫病流行种类和流行特征、鸭日龄、母源抗体水平等确定免疫程序，疫苗的选择和使用符合《兽药管理条例》的规定。参考免疫程序见附录B。

6.2.2 发生传染性疫病的处理措施

发生或疑似发生禽流感等疫情时，应立即向当地主管部门报告，对病死鸭进行剖检和鉴定，确诊后应及时采取措施对鸭场进行隔离和封锁。确诊发生了国家或地方政府规定的应采取扑杀措施的疫病时，鸭场应配合当地兽医行政主管部门对本场实施严格封锁、扑杀和彻底消毒等措施。

6.3 兽药使用

兽药的使用应符合NY/T 472的要求。根据临床和实验室诊断结果，选用高效、低残留兽药，消毒剂、驱虫剂等应定期轮换用药。应按说明书规定的适用范围、剂量和方法使用，并严格执行休药期的规定。常用兽药使用方案见附录C。

7 环保设施和养殖废弃物处理

7.1 环保设施

7.1.1 应建有与养殖规模相配套的养殖废弃物无害化处理设备，处理工艺科学规范。

7.1.2 养殖场区内垃圾要集中堆放，摆放位置合理，无病死鸭等污染物。

7.2 养殖废弃物处理

7.2.1 病死鸭应根据《中华人民共和国动物防疫法》和《病死畜禽和病害畜禽产品无害化处理管理办法》进行无害化处理。

7.2.2 粪便和垫料等废弃物可用高温堆肥的方法进行处理，处理过程符合《畜禽规模养殖污染防治条例》、NY/T 473 和 NY/T 1168 的规定。

7.2.3 废弃的疫苗等生物制品及其包装不能随意丢弃，应按照要求进行无害化处理。

7.2.4 污水、废渣、恶臭气体的排放符合 GB 18596 的要求。

8 出栏

8.1 达到上市体重适时出栏。

8.2 出栏前，要向当地动物检疫机构申报检疫，填写"检疫申报单"，经当地检疫机构指定的官方兽医检疫合格，并出具"检疫合格证明"，方可调运或出售。

8.3 出栏前要严格执行休药期规定。出栏前 8 h 停喂饲料，但可以自由饮水。

9 运输

运输设备应洁净、无鸭粪和化学品遗弃物。运输车辆在装运前和卸货后都要进行彻底消毒。活鸭运输前，要有经产地检疫合格并附有"检疫合格证明"；运输设备应洁净，运输过程平稳。

10 生产档案管理

养殖场应建立养殖档案，内容包括进出场日期、引种、存栏数、死亡数量、饲料、免疫、消毒、发病、用药、鸭群健康状况、平均体重、耗料量等信息。记录要归档，档案应保存 3 年以上，做到生产过程可追溯。

附 录 A
（资料性）
绿色食品麻鸭饲料主要营养需要推荐量

绿色食品麻鸭饲料主要营养需要推荐量见表 A.1。

表 A.1 绿色食品麻鸭饲料主要营养需要推荐量

营养成分	育雏期（0 周龄～21 周龄）	育肥期（22 周龄至出栏）
代谢能（MJ/kg）	11.93	12.14
粗蛋白质（%）	20.00	17.50
钙（%）	0.90	0.75
有效磷（%）	0.65	0.60
非植酸磷（%）	0.40	0.35
钠（%）	0.15	0.15
氯（%）	0.12	0.12
蛋氨酸（%）	0.40	0.40
赖氨酸（%）	1.15	1.05
蛋氨酸+胱氨酸（%）	0.78	0.70
精氨酸（%）	0.90	0.80
色氨酸（%）	0.21	0.19
苏氨酸（%）	0.70	0.65
维生素 A（IU/kg）	4 000	3 000
维生素 D_3（IU/kg）	2 000	2 000
维生素 B_1（mg/kg）	2.00	1.50
维生素 B_2（mg/kg）	10.00	10.00
烟酸（mg/kg）	50.00	30.00
泛酸（mg/kg）	11.00	11.00
吡哆醇（mg/kg）	4.00	3.00
胆碱（mg/kg）	1 000	1 000
锰（mg/kg）	100	80
锌（mg/kg）	40.00	40.00
铁（mg/kg）	60.00	60.00
铜（mg/kg）	8.00	8.00
硒（mg/kg）	0.20	0.20
碘（mg/kg）	0.30	0.30

附 录 B
（资料性）
绿色食品麻鸭参考免疫程序

绿色食品麻鸭参考免疫程序见表 B.1。

表 B.1 绿色食品麻鸭参考免疫程序

日龄	疫苗种类	剂量（mL）	免疫方法
1	鸭病毒性肝炎弱毒苗疫苗	0.3	皮下注射
8	鸭传染性浆膜炎—大肠杆菌二联苗	0.5	皮下注射
10	禽流感灭活苗	0.5	皮下注射
20	鸭瘟弱毒苗	0.5	皮下注射
25	禽流感灭活苗	0.5	皮下注射
32	黄病毒疫苗	1.0	皮下注射
注：具体免疫程序和注意事项详见疫苗产品说明书。			

附 录 C
(资料性)
绿色食品麻鸭常用兽药使用方案

绿色食品麻鸭常用兽药使用方案见表 C.1。

表 C.1 绿色食品麻鸭常用兽药使用方案

防治对象	药物名称	剂型	用法	用量（以有效成分计）	休药期（d）
鸭支原体感染	延胡索酸泰妙菌素	可溶性粉	混饮	150 mg/L～200 mg/L，连用 3 d	5
鸭大肠杆菌病	硫酸新霉素	可溶性粉	混饮	60 mg/L～75 mg/L，连用 3 d	5
鸭传染性浆膜炎、鸭葡萄球菌病	土霉素	可溶性粉、散剂	混饮	150 mg/L～250 mg/L	5
			混饲	预防量 100 mg/kg～200 mg/kg，治疗量 200 mg/kg～500 mg/kg	
鸭疫巴氏杆菌病、鸭变形杆菌病	硫酸黏菌素	可溶性粉	混饮	20 mg/L～60 mg/L，连用 3 d～5 d	7
鸭葡萄球菌病、鸭链球菌病	酒石酸吉他霉素	可溶性粉	混饮	250 mg/L～500 mg/L，连用 3 d～5 d	7
鸭大肠杆菌病、鸭沙门氏菌病	硫酸安普霉素	可溶性粉	混饮	250 mg/L～500 mg/L，连用 5 d	7
注：确需使用兽药时，应符合 NY/T 472 的要求，并应在执业兽医的指导下进行。					

绿色食品生产操作规程

GFGC 2024A312

绿色食品番鸭养殖规程

2024-07-04 发布

2024-08-01 实施

中国绿色食品发展中心 发布

前 言

本标准由中国绿色食品发展中心提出并归口。

本标准起草单位：福建省绿色食品发展中心、福建省畜牧总站、福建省农业科学院农业质量标准与检测技术研究所、中国绿色食品发展中心、江西省绿色食品发展中心、广东省农产品质量安全中心、四川省绿色食品发展中心、浙江省绿色食品发展中心。

本标准主要起草人：杨敏馨、邱家凌、江宵兵、杨芳、曾晓勇、傅建炜、陈嫒、吴伟荣、张宪、马雪、杜志明、胡冠华、郑业龙、张小琴、谢秋萍。

绿色食品番鸭养殖规程

1 适用范围

本规程规定了绿色食品番鸭养殖的产地环境、引种、饲养管理、疾病综合防控、环保设施和养殖废弃物处理、检疫、出栏、运输及生产档案管理。

本规程适用于绿色食品番鸭的饲养与管理。

2 规范性引用文件

下列文件中的内容通过文中的规范性引用而构成本规程必不可少的条款。其中，注日期的引用文件，仅该日期对应的版本适用于本规程；不注日期的引用文件，其最新版本（包括所有的修改单）适用于本规程。

GB 18596　畜禽养殖业污染物排放标准
GB/T 36195　畜禽粪便无害化处理技术规范
NY/T 388　畜禽场环境质量标准
NY/T 391　绿色食品　产地环境质量
NY/T 471　绿色食品　饲料和饲料添加剂使用准则
NY/T 472　绿色食品　兽药使用准则
NY/T 473　绿色食品　畜禽卫生防疫准则
NY/T 3445　畜禽养殖场档案规范
T/CAAA 053　鸭饲养标准
农医发〔2017〕25号　病死及病害动物无害化处理技术规范
农办牧〔2022〕19号　畜禽养殖场（户）粪污处理设施建设技术指南
农牧发〔2023〕16号　家禽产地检疫规程

3 产地环境

3.1 场址应符合《中华人民共和国畜牧法》、相关法律法规以及土地利用规划。

3.2 场址选择、建设条件、规划布局应符合 NY/T 473 的要求。

3.3 鸭场的生态、空气环境应符合 NY/T 391 的要求；鸭舍内外环境卫生应符合 NY/T 388 的要求。

4 引种

雏鸭应来自有"种畜禽生产经营许可证"和"动物防疫合格证"的种番鸭场，并经产地检疫合格，禁止从疫区引种。全场雏鸭应为来源于同一种番鸭场、同一批次、同一品种的健康鸭苗。运输车辆应经过彻底清洗和消毒。

5 饲养管理

5.1 饲养方式

可采用地面平养、网上平养或笼养等饲养方式，采用全进全出制。

5.2 鸭舍准备

5.2.1 做好所需设备、用品的准备工作。

5.2.2 进雏前，应对鸭舍、用具等进行严格清扫并消毒，空舍不少于1个月。

5.2.3 进雏前24 h，将舍内温度提升至30 ℃～32 ℃，空气相对湿度为60%～70%。

5.3 温度管理

育雏期间温度：1 d～7 d，30 ℃～32 ℃；8 d～14 d，25 ℃～28 ℃；15 d～21 d，20 ℃～25 ℃，以直观感觉雏番鸭不怕冷、不扎堆为宜。后期（4周龄至出栏）温度为15 ℃～20 ℃。

5.4 湿度管理

育雏期间空气相对湿度为50%～70%；后期空气相对湿度保持在55%～65%。

5.5 饲养密度

依据品种、生理阶段和饲养方式确定适宜的饲养密度，还应根据鸭舍的结构和鸭舍设备的环境调节能力来调节饲养密度，饲养密度可参照 NY/T 473 的规定，符合 20 kg/m^2～30 kg/m^2，宜满足动物福利的要求。

5.6 分群

分群饲养，育雏期每群不超过300只，适时将弱雏剔出隔离饲养。后期公母、强弱分开饲养，每群50只～200只为宜，保证鸭群的均匀度。

5.7 饮水管理

养殖用水水质应符合 NY/T 391 的要求，自由饮水，雏鸭进入育雏舍后，先饮水后开食，水温以20 ℃～25 ℃为宜，饮水中可根据运输等需要添加维生素、电解质、5%的葡萄糖，饲养期间应保证饮用水充足、新鲜、卫生。饮水器要定期检测、清洗、消毒和维护。

5.8 喂料管理

雏鸭饮水后，开始喂食，饲喂破碎全价雏鸭料，粒度大小介于粉料和颗粒料之间，自由采食和定时喂料相结合，保证饲料新鲜。以后随着日龄增加，按照不同生长发育阶段更换不同时期的配合饲料，以满足其生长发育需要。饲料及饲料添加剂应符合 NY/T 471 的要求，强弱分群饲养，日粮营养水平可参考 T/CAAA 053 和附录A进行设置。

5.9 光照制度

鸭舍宜引入自然光照，同时具备遮蔽阳光的设施，根据番鸭不同生产方式、不同生长阶段和生理需要，适当调整光照时间和光照强度。3日龄内每天光照22 h～23 h，以后每天减少光照1 h，直至每天光照16 h，第四周后采用自然光照。1日龄～3日龄人工补充光照强度为10 lx～20 lx，4日龄后为8 lx～10 lx。

5.10 通风换气

在满足对环境温度要求的同时，应根据饲养品种、日龄、体重、规模和外界温湿度调节鸭舍通风量，通风不留死角，注意防"贼风"。舍内空气质量应符合 NY/T 388 和 NY/T 391 的要求。

5.11 防止啄羽

根据实际需要在2周龄左右进行断喙，防止啄羽现象发生。良好的饲养环境条件、适宜的饲养密度、恰当的光照强度和平衡的日粮营养可防止啄羽现象的发生。

5.12 日常管理

每日观察鸭的精神、采食、饮水、羽毛和粪便情况。保持鸭舍环境安静，非饲养人员不得随意进入鸭舍，防止犬、鼠、蛇、鸟等为害惊扰鸭群。

6 疫病综合防控

坚持预防为主，综合防疫。按照《中华人民共和国动物防疫法》和 NY/T 473 的要求落实防疫措施，并获得"动物防疫条件合格证"。确保不发生高致病性禽流感、鸭瘟、小鹅瘟、禽衣原体病。

6.1 生物安全措施

6.1.1 隔离管理

6.1.1.1 人员隔离管理

饲养人员不得在本场外饲养任何种类的畜禽，禁止到疫区；本场人员进入场区应走消毒通道；外来人员不得进入场区。

6.1.1.2 车辆隔离管理

本场车辆严禁到疫区；外部车辆不得进入场区。

6.1.1.3 生产区隔离管理

饲养员进入生产区时，应进行淋浴和消毒，更换消毒过的场区专用工作服和鞋帽；饲养员上班期间，不能随意走出生产区，应定舍定岗。

6.1.2 消毒管理

6.1.2.1 车辆消毒

必须进入场区的车辆，大门入口设运输车辆消毒池。消毒池内药液的深度以车轮轮胎可进入1/2为宜。运送雏鸭和运送饲料的车轮每次使用均应喷洒消毒。

6.1.2.2 道路消毒

场区周围的道路每周应打扫一次；场内净道每周喷洒消毒；污道每天喷洒消毒；鸭舍周围的道路每天清扫，并用消毒液喷洒消毒。

6.1.2.3 场区消毒

鸭舍周围环境、鸭场进出口及道路应定期消毒。场内的垃圾、杂草等废弃物应及时清除，在场外无害化处理，堆放过垃圾的场地喷洒消毒。

6.1.2.4 人员消毒

场区入口应设置人员消毒更衣间。进场人员应先通过更衣间进行淋浴，然后更换消毒好的场区专用工作服、鞋、帽，脚踩消毒池。防疫服、鞋、帽每周清洗、消毒，做到专人专用。工作服仅限在生产区内使用，不得穿出生产区。定期做好人员消毒间的清扫和消毒。

6.1.2.5 鸭舍消毒

出栏后鸭舍应进行清扫和冲洗，并喷洒消毒药剂。保持用具及舍内外环境清洁，定期对鸭舍环境及用具进行消毒。

6.1.3 消毒药剂

消毒药剂的使用应符合 NY/T 472 的要求，常用消毒剂有季铵盐类（苯扎溴铵、癸甲溴铵）、含氯制剂（次氯酸钠、二氧化氯）、醛类（甲醛、戊二醛）、含碘化合物（聚维酮碘）、过氧化物（过氧乙酸、臭氧）、碱类（氢氧化钠、生石灰），应按说明书规定的适用范围、剂量、方法使用。消毒液定期更换以保证浓度和有效性。车辆消毒池与脚踏消毒池应设置防雨设施。针对不同的场地和对象选择使用不同的消毒药剂。

6.1.4 消毒方法

针对不同的场地和对象使用不同的消毒方法，如高压水枪冲洗，火焰消毒，紫外线灯消毒，酸、碱、盐等化学消毒药消毒，熏蒸消毒等。

6.2 科学免疫监测

6.2.1 免疫制度

根据当地传染病发生的种类和流行状况，有针对性地选用不同种类的疫苗；根据疫病的检疫和监测情况，有计划地进行免疫接种；根据不同传染病的特点、疫苗性质、鸭群状况、环境等具体情况，建立科学的免疫程序。免疫程序的制定应由执业兽医认可，国家强制免疫的动物疫病应按照国家相关制度执行。免疫参考程序见附录 B。

6.2.2 监测和预警

应制定番鸭主要疾病定期监测及早期疫情预报预警制度，并定期对其进行监测。

6.2.3 发生传染性疾病的紧急措施

发生或怀疑发生烈性传染病（如禽流感等）疫情时，立即向当地主管部门报告疫情，对鸭场封锁、隔离，并对病死鸭进行检查、剖检、采样、确诊。

确诊发生了国家或地方政府规定的应采取扑杀措施的疫病时，鸭场应配合当地兽医行政主管部门对本场实施严格封锁、扑杀和彻底消毒等措施。

6.3 疫病治疗

6.3.1 常见疫病

番鸭常见疫病有番鸭细小病毒病、小鹅瘟、呼肠孤病毒病、病毒性肝炎、禽流感、鸭瘟等病毒性疾病，以及传染性浆膜炎、大肠杆菌病、禽霍乱等细菌性疾病。

6.3.2 防疫人员要求

主管兽医应具有执业兽医师、执业助理兽医师资质，或具有兽医、兽药等相关专业中专以上学历，或中级兽医师以上相关技术职称；兽药使用人员应经岗位知识培训，了解国家兽药管理的法律法规和兽药安全使用相关知识。

6.3.3 防治措施

疫病防控首先采取严格的生物安全防控措施，并根据疫病流行情况开展免疫接种。对发病的番鸭要及时隔离并由专业兽医人员进行科学诊疗，及时处理，防止疾病传播。对病毒性疾病要进行隔离或扑杀消毒等无害化处理。尽量使用中兽药、抗菌肽、微生态制剂等替代化学药品和抗生素。确需使用兽药时，应在执业兽医指导下进行，兽药的使用应符合 NY/T 472 的要求，使用高效低毒兽药，注意药物的拮抗作用和配伍禁忌，按说明书规定药物剂量、给药方式和疗程用药，并严格遵守休药期规定。推荐兽药使用方案见附录 C。

6.4 防虫、灭鼠与防鸟

地面平养育雏要将地面水泥硬化，地面铺洁净垫料；鸭舍门常闭，门槛采用高 50 cm～60 cm 的挡鼠板；在所有窗户以及窗户与屋顶棚衔接处加防鸟网。

7 环保设施和养殖废弃物处理

7.1 环保设施

7.1.1 储粪场所位置合理，并具备防雨、防渗漏、防溢流设施。有与相应的养殖规模配套的粪便无害化处理设施，并且工艺合理。

7.1.2 场区内垃圾集中堆放，位置合理，无杂物堆放，无死禽、鸭毛等污染物。

7.2 养殖废弃物处理

7.2.1 粪便及污水处理

粪便和污水等养殖废弃物处理遵循减量化、无害化、资源化的原则，按照 GB/T 36195 的规定进行无害化处理，污染物排放标准应符合 GB 18596 的要求。

每天定时清理鸭粪，平养舍内的垫料待一批出栏后统一收集。通过刮粪和传送带收集的鸭粪经添加辅料或经过干湿分离降低水分含量，用发酵罐或堆肥发酵等方式无害化处理并生产有机肥。不得将未进行无害化处理的鸭粪运往场外。污水经排水沟统一收集至污水池。粪污贮存处理设施的设计应符合《畜禽养殖场（户）粪污处理设施建设技术指南》的规定。

7.2.2 臭气处理

臭气经无害化处理，符合 GB 18596 的要求。

7.2.3 病死鸭处理

病死鸭应根据《中华人民共和国动物防疫法》《中华人民共和国食品安全法》和《病死及病害动物无害化处理技术规范》进行无害化处理。

7.2.4 禽用医疗废弃物处理

废弃疫苗、兽药等生物制品及其包装不得随意丢弃，应按照要求进行无害化处理，或交由专业医疗废弃物处理机构处理。

8 检疫

番鸭出售前应做产地检疫，按农牧发〔2023〕16 号文件执行，检疫合格可以出售。在产品申报绿色食品或绿色食品年度抽检时，应提供高致病性禽流感、鸭瘟、小鹅瘟、禽衣原体等病原学检测报告。

9 出栏

出栏要严格执行使用兽药的休药期，出栏前 4 h～8 h 停喂饲料，但可以自由饮水。

10 运输

运输设备应进行清洗、消毒并保持洁净，运输过程应平稳。

11 生产档案管理

养殖全过程档案记录应符合 NY/T 3445 的要求。兽药使用、消毒、动物免疫、动物疫病诊疗、诊断制品使用等记录应符合 NY/T 472 的要求。

11.1 进雏档案

应及时建立进雏档案，记录进雏日期、时间、种类、数量、来源、运送工具、天气情况、鸭舍编号、饲养员姓名等信息。

11.2 生产记录

记录日期、日龄、鸭群健康状况、鸭只死亡数、鸭只死亡原因、无害化处理情况、存栏数、环境条件（温度、湿度）、饲养、清污、消毒、免疫接种、疫病诊治等情况。

饲料、兽药、疫苗等投入品的购买、使用、存储等做好详细记录，免疫用药须记录日期、疫苗名称种类、厂名、有效期限、使用量及方法、反应和效果监测等。对高致病性禽流感、鸭瘟、小鹅瘟、禽衣原体等疫病的监测情况应做好记录并妥善保管，相关记录应在清群后保存 2 年以上。

11.3 出售记录

应记录出售日期、数量、价格和购买单位等，以备查询。

11.4 资料存档

建立绿色食品番鸭养殖规程技术档案，做好生产过程的全面记录，资料应妥善保存，保存 3 年以上，以备查阅。

附 录 A
（资料性附录）
绿色食品番鸭配合饲料主要营养成分指标

绿色食品番鸭配合饲料主要营养成分指标见表 A.1。

表 A.1 绿色食品番鸭配合饲料主要营养成分指标

营养成分	育雏期（0周龄～3周龄）	生长期（4周龄～8周龄）	肥育期（9周龄至出栏）	营养成分	育雏期（0周龄～3周龄）	生长期（4周龄～8周龄）	肥育期（9周龄至出栏）
代谢能（MJ/kg）	12.14	11.93	11.93	维生素 K_3（mg/kg）	2.0	2.0	2.0
粗蛋白质（%）	20.0	17.5	14.5	维生素 B_1（mg/kg）	2.0	1.5	1.5
钙（%）	0.90	0.85	0.80	维生素 B_2（mg/kg）	12.0	8.0	8.0
总磷（%）	0.65	0.60	0.55	烟酸（mg/kg）	50.0	30.0	30.0
非植酸磷（%）	0.42	0.38	0.30	泛酸（mg/kg）	11.0	11.0	11.0
钠（%）	0.15	0.15	0.15	维生素 B_6（mg/kg）	3.0	3.0	3.0
氯（%）	0.12	0.12	0.12	维生素 B_{12}（mg/kg）	0.02	0.02	0.02
赖氨酸（%）	1.05	0.80	0.65	生物素（mg/kg）	0.20	0.10	0.10
蛋氨酸（%）	0.45	0.40	0.35	叶酸（mg/kg）	1.0	1.0	1.0
蛋氨酸+胱氨酸（%）	0.80	0.75	0.60	胆碱（mg/kg）	1 000	1 000	1 000
苏氨酸（%）	0.75	0.60	0.45	铜（mg/kg）	8.0	8.0	8.0
色氨酸（%）	0.20	0.18	0.16	铁（mg/kg）	60.0	60.0	60.0
异亮氨酸（%）	0.70	0.55	0.50	锰（mg/kg）	100	80.0	80.0
精氨酸（%）	0.90	0.80	0.65	锌（mg/kg）	60.0	40.0	40.0
维生素 A（IU/kg）	4 000	3 000	2 500	硒（mg/kg）	0.20	0.20	0.20
维生素 D_3（IU/kg）	2 000	2 000	1 000	碘（mg/kg）	0.30	0.30	0.30
维生素 E（IU/kg）	20.0	10.0	10.0				
注：营养需要量数据以饲料干物质含量87%计。							

附 录 B
（资料性附录）
绿色食品番鸭免疫参考程序

绿色食品番鸭免疫参考程序见表 B.1。

表 B.1 绿色食品番鸭免疫参考程序

日龄	疫苗品种	剂量	方法	用途
1	雏番鸭细小病毒活疫苗	1 羽份～2 羽份	肌注	预防番鸭细小病毒病
	小鹅瘟活疫苗	1 羽份～2 羽份	肌注	预防番鸭小鹅瘟
	番鸭呼肠孤病毒病活疫苗	1 羽份～2 羽份	肌注	预防番鸭呼肠孤病毒病
2	鸭病毒性肝炎高免卵黄抗体	0.5 mL～0.8 mL	肌注	预防鸭病毒性肝炎（选择使用）
7	鸭传染性浆膜炎灭活疫苗	按说明书剂量	肌注	预防鸭传染性浆膜炎（选择使用）
12	禽流感（H5+H7）灭活疫苗	0.7 mL	肌注	预防高致病性禽流感
20	禽流感（H5+H7）灭活疫苗	1 mL	肌注	预防禽流感
25	鸭瘟活疫苗	2 羽份	肌注	预防鸭瘟
35	禽多杀性巴氏杆菌病（霍乱）活疫苗	1 羽份	肌注	预防禽霍乱（选择使用）
注：此参考程序主要供一般发病区的番鸭养殖场参考使用，各地区可根据当地实际情况进行免疫接种；使用疫苗时务必按照疫苗说明书的要求使用。				

附 录 C
（资料性附录）
绿色食品番鸭养殖推荐兽药使用方案

绿色食品番鸭养殖推荐兽药使用方案见表 C.1。

表 C.1 绿色食品番鸭养殖推荐兽药使用方案

类别	药物名称	剂型	用法	用量（以有效成分计）	休药期（d）
抗菌药	延胡索酸泰妙菌素	可溶性粉	混饮	125 mg/L～250 mg/L，连用 3 d	5
	硫酸新霉素	可溶性粉	混饮	50 mg/L～75 mg/L，连用 3 d～5 d	5
	阿莫西林	可溶性粉	混饮	50 mg/L～60 mg/L，连用 3 d～5 d	7
	硫酸安普霉素	可溶性粉	混饮	250 mg/L～500 mg/L，连用 5 d	7
	土霉素	片剂	碾粉混饲	每千克体重 25 mg～50 mg，连用 3 d～5 d	5
	多西环素	片剂	碾粉混饲	每千克体重 15 mg～25 mg，连用 3 d～5 d	28
	酒石酸吉他霉素	可溶性粉	混饮	250 mg/L～500 mg/L，连用 3 d～5 d	7
	氟苯尼考	可溶性粉	混饮	100 mg/L～200 mg/L，连用 3 d～5 d	5
抗寄生虫药	癸氧喹酯	溶液	混饮	0.015 mL/L～0.03 mL/L，连用 7 d	5
	地克珠利	粉剂	混饲	每吨饲料 1 g，须连续用药	5
注：确需使用兽药时，应在执业兽医的指导下使用；兽药应按照药品说明书储藏、使用；兽药使用方法和休药期要求可能发生变化，请关注国家兽医行政主管部门的公告，并严格按照新规定执行。					

绿色食品生产操作规程

GFGC 2024A313

绿色食品蛋鸭养殖规程

2024-07-04 发布

2024-08-01 实施

中国绿色食品发展中心 发布

前 言

本规程由中国绿色食品发展中心提出并归口。

本规程起草单位：湖北农业科学院农业质量标准与检测技术研究所、湖北省绿色食品管理办公室、湖北农业科学院畜牧兽医研究所、湖北农科质标检测科技有限公司、湖北神丹健康食品有限公司、四川省绿色食品发展中心、四川省畜牧总站、上海市农产品质量安全中心、广东省农产品质量安全中心、湖南省南县农业农村局、江西省农业技术推广中心、辽宁省绿色食品发展中心、宣恩县植保站，孝昌县土肥站、宜昌市夷陵区绿色食品中心、湖北省农业广播电视学校、团风县农业农村局、中国绿色食品发展中心。

本规程主要起草人：张惠贤、崔文文、路磊、徐芬、叶超、王爱华、李葳、易甜、姚晶晶、王爱华、朱坤淼、彭西甜、彭立军、周有祥、严伟、周先竹、胡军安、杨远通、李峰、付小建、邢琪、陈璐、张昊、吴艳、孙静、陈芳、操凤、石思怡、李清逸、周熙、王万霞、郭微微、李佳、胥爱平、杜志明、杨远、邹波、张剑锋、程刚、张淑贞、王凌霞、黄韵雪、王晓燕、宋晓。

GFGC 2024A313

绿色食品蛋鸭养殖规程

1 适用范围

本规程规定了绿色食品蛋鸭养殖的场址选择、鸭舍建设、引种、饲养管理、疾病防控、养殖废弃物处理、生产档案管理。

本规程适用于绿色食品蛋鸭的饲养与管理。

2 规范性引用文件

下列文件中的内容通过文中的规范性引用而构成本规程必不可少的条款。其中，注日期的引用文件，仅该日期对应的版本适用于本规程；不注日期的引用文件，其最新版本（包括所有的修改单）适用于本规程。

GB 14554 恶臭污染物排放标准
GB 18596 畜禽养殖业污染物排放标准
GB/T 41189 蛋鸭营养需要量
NY/T 388 畜禽场环境质量标准
NY/T 391 绿色食品 产地环境质量
NY/T 471 绿色食品 饲料和饲料添加剂使用准则
NY/T 472 绿色食品 兽药使用准则
NY/T 473 绿色食品 畜禽卫生防疫准则
NY/T 682 畜禽场场区设计技术规范
NY/T 1168 畜禽粪便无害化处理技术规范
农医发〔2017〕25 号 病死及病害动物无害化处理技术规范

3 场址选择

3.1 场址应符合《中华人民共和国畜牧法》、相关法律法规以及土地利用规划。

3.2 场址选择、建设条件、规划布局要求应符合 NY/T 682 的要求。

3.3 鸭场的生态、空气环境应符合 NY/T 391 的要求；鸭舍内外环境卫生应符合 NY/T 388 的要求。

4 鸭舍建设

4.1 根据饲养方式不同确定鸭舍的建设。

4.2 鸭舍地基稳固，墙体屋顶坚实，内壁及地面光滑防水、便于消毒处理。建筑材料可选用砖混结构或彩钢板泡沫墙体；墙体及屋顶的材料应符合防火的要求。鸭舍外围护结构应保温隔热（墙体、屋顶）、防雨雪、防鼠害、防鸟等。

4.3 鸭笼选用表面光滑、耐腐蚀的优质镀锌钢丝制成，3层阶梯式多列排放，或3层~8层重叠式多列排放。

5 引种

雏鸭应来源于具有"种畜禽生产经营许可证"和"动物防疫条件合格证"等资质的种鸭场，并经产地检疫合格。同一鸭舍的雏鸭应为来源于同一种鸭场、同一品种、同一日龄的优质健康鸭苗。

6 饲养管理

6.1 饲养方式

雏鸭、育成鸭、产蛋鸭分阶段饲养，饲养方式主要为笼养、地面平养、网上平养 3 种。

6.2 饲料营养

按照不同生长发育阶段更换不同时期的配合饲料，以满足蛋鸭生长发育需要，饲料及饲料添加剂应符合 NY/T 471 的要求，蛋鸭营养需要量应符合 GB/T 41189 的要求。

6.3 育雏准备

6.3.1 入雏前空舍 14 d 以上，对育雏舍、周围环境、设备、用具等进行彻底清扫、冲洗及消毒。

6.3.2 入雏前 2 d 开门窗通风换气。

6.3.3 入雏前 1 d，舍内温度升至 31 ℃～33 ℃，相对湿度保持在 65%～70%。

6.4 育雏期

6.4.1 育雏条件

温度：在育雏的不同阶段育雏舍内温度要求不同，1 日龄～3 日龄温度保持在 30 ℃～32 ℃，4 日龄～7 日龄温度保持在 28 ℃～30 ℃，8 日龄～14 日龄温度保持在 25 ℃～28 ℃，以后每周降低 2 ℃～3 ℃，直至第五周舍温保持在 18 ℃～20 ℃。

湿度：第一周湿度保持在 65%～70%；第二至第四周湿度保持在 60%～65%；从第五周起湿度保持在 55%～65%。

通风：育雏早期以保温为主，适时通风；随着个体生长，养殖密度减小，分泌物、排泄物增多，羽毛、皮屑的脱落，适当加大通风量。

光照：1 日龄～3 日龄采用 24 h 强光照，便于诱导雏鸭采食饮水；4 日龄后光照时间每天减少 0.5 h，直至 16 h～18 h。

6.4.2 饮水

雏鸭须充分饮水，水温 20 ℃ 左右，前 5 d 的饮水可添加多种维生素和电解质，水质应符合 NY/T 391 的要求。定期清洗饮水器、水线并消毒。

6.4.3 饲喂

育雏期全程自由采食，定时饲喂。

6.4.4 分群饲养

育雏结束后将雏鸭转到育成鸭舍内饲养。分群前 2 周，育成鸭舍与设备应进行彻底清洗及消毒。根据个体大小进行分群，保证密度合适，分群时将弱雏挑出单独饲养，根据发育状况针对性地开展饲养管理。通过调整饲养密度、饲料饲喂量、饲料营养水平，使鸭群体重和生长发育趋于均匀。蛋鸭饲养密度参数与极限值见附录 A。

6.5 育成期

6.5.1 育成条件

温度保持在 18 ℃～20 ℃，空气相对湿度保持在 55%～65%，加强通风换气，以纵向通风为宜。夜间舍内留有弱光，每天光照时间应为 14 h～16 h。

6.5.2 饲喂

雏鸭进入青年鸭时，育雏料逐渐更换为青年鸭料，每天增加 20% 左右青年鸭料，适应期为 5 d～7 d。

6.5.3 限制饲喂

限制饲喂前须给鸭群抽样称测体重，每两周按鸭群数量的 3%～5%随机称重，数量不少于 30 只，按照体重大小分群及时调整限制饲喂的饲料的质量或数量。与本品种的标准体重进行对照，对差异较大的个体，及时进行分群饲养，保证均匀度在 70%以上。

6.5.4 分群饲养

按照育成鸭体重大小、体质的强弱分群饲养，保证体成熟与性成熟一致，适时开产，保证开产整齐度，确保体重达标，利于蛋重和高产。饲养密度参数与极限值见附录 A。

6.6 产蛋期饲养管理

6.6.1 环境要求

产蛋期的最佳温度为 13 ℃～27 ℃，湿度保持在 55%～65%，保持鸭舍内通风良好。产蛋期早晚要进行人工补光，每天平均光照不少于 14 h，补光以每 7 d 增加 1 次人工光照，每次增加 0.5 h，直到每天光照时间达到 16 h～17 h，并固定下来。

6.6.2 饲喂

采用自动饮水系统保障蛋鸭自由饮水；当蛋鸭产蛋率达到 1%以上时，饲料逐步从育成鸭饲料过渡到产蛋期饲料。饲喂次数和时间固定，每天喂 4 次，白天喂 3 次，晚上 9 时—10 时喂 1 次。

6.6.3 鸭蛋收集

收集鸭蛋应及时，将破壳蛋、沙壳蛋、软壳蛋、畸形蛋、特大蛋和特小蛋等分类存放并标识。

6.6.4 产蛋期各阶段管理要点

产蛋前期注意观察产蛋率、蛋重、体重变化，及时调整饲料营养，防止难产，促进产蛋率快速升到高峰，蛋重达到标准。

产蛋中期保证营养充足全面供应，体重要保持相对稳定。

产蛋后期的任务是延缓产蛋率的下降速度，保证蛋壳质量。

7 疾病防控

7.1 防疫

按 NY/T 473 的规定执行。

7.2 免疫接种

依据国家相关法规的要求，结合当地疫病流行状况和自身实际情况，有针对性地选用不同种类的疫苗；根据疫病的检疫和监测情况，进行有计划的免疫接种；根据不同传染病的特点、疫苗性质、鸭群状况、环境等具体情况，建立科学的免疫程序。推荐免疫程序见附录 B。

7.3 疾病治疗

7.3.1 常见疾病

蛋鸭常见疾病：禽流感、鸭瘟、鸭病毒性肝炎、鸭黄病毒病等病毒性传染疾病，鸭传染性浆膜炎、禽霍乱、鸭大肠杆菌病、葡萄球菌病等细菌性传染疾病。

7.3.2 防治措施

坚持"预防为主，防重于治"的方针，由具有资质的执业兽医开展诊断治疗及防疫工作。推荐使用植物提取物、中兽药、抗菌肽、微生态制剂等替代化学药品和抗生素。确需使用兽药时，应在执业兽医指导下进行，兽药的使用应符合 NY/T 472 的要求，尽量使用高效低毒兽药，注意药物的拮抗作用和配伍禁忌，应按说明书规定药物剂量、给药方式和疗程用药，并严格遵守休药期规定。

7.4 消毒管理

7.4.1 环境消毒
生产区和鸭舍门口应有消毒池或消毒通道，消毒液应定期更换。车辆进入鸭场应通过消毒池或消毒通道，并用消毒液对车身进行喷洒消毒。鸭舍周围环境每 2 周消毒一次。鸭场周围及场内污水池、排粪坑、下水道出口每月消毒一次，舍内 3 d~4 d 带鸭消毒一次。

7.4.2 人员消毒
工作人员进入生产区要更换工作服。严格控制外来人员进入生产区。进入生产区的外来人员应严格遵守场内防疫制度，更换一次性防疫服和工作鞋，脚踏消毒池，按指定路线行走，并记录在案。

7.4.3 鸭舍消毒
在进鸭和分群前以及出栏后，应将鸭舍彻底清洗干净，并用消毒剂进行全面喷洒消毒。

7.4.4 用具消毒
应定期对料槽、饮水器等养殖常用用具进行清洗、消毒。

7.4.5 消毒药剂
消毒药剂的使用应符合 NY/T 472 的要求。使用高效、低毒和对环境污染低的消毒剂，不应使用酚类消毒剂，产蛋期不应使用醛类消毒剂。常用消毒药剂使用方案见附录 C，应按说明书规定适用范围、剂量、方法使用。

8 养殖废弃物处理

8.1 每天定时清理鸭粪 2 次，按 NY/T 1168 集中处理，遵循无害化、资源化的原则。污水、废渣、恶臭气体的排放应符合 GB 14554 和 GB 18596 的要求。

8.2 病死鸭应根据《中华人民共和国动物防疫法》《中华人民共和国食品安全法》和《病死及病害动物无害化处理技术规范》进行无害化处理。

8.3 过期的疫苗、医疗废弃物应等有害废弃物不得随意丢弃，应交由有资质的处理机构无害化处理。

9 生产档案管理

9.1 进雏档案
购鸭后应及时建立进雏档案，记录进雏日期、时间、数量、来源、运送工具、天气情况、鸭舍编号、饲养员姓名等信息。

9.2 生产记录与免疫记录
生产记录包括日期、日龄、鸭群健康状况、鸭只死亡数、鸭只死亡原因、无害化处理情况、粪污处理利用情况、环境条件（温度、湿度）、饲喂情况、免疫情况、用药情况、消毒情况、生产性能情况、蛋品检测情况等内容。

免疫用药记录包括日期、疫苗名称、种类、药名、厂名、有效期限、使用量及方法、免疫副反应等内容。

9.3 出售记录
记录不同批号蛋品出售给各个经销商或买家的出库、运输、入库及销售库存信息。蛋品批号应由地区号、养殖户编号、蛋品生产月份与当月生产批次四部分组成。

9.4 资料存档
建立完整的绿色食品蛋鸭养殖档案，由专人负责，资料应妥善保存 3 年以上，以备查阅。

附 录 A
（资料性附录）
蛋鸭饲养密度参数与限值

蛋鸭的饲养密度参数与限值见表 A.1。

表 A.1 蛋鸭饲养密度参数与限值　　　　　　　　　　（单位：只/m²）

饲养阶段	鸭子体型	养殖密度参数	适宜养殖密度参数	养殖密度限值
雏鸭（1周龄～4周龄）	小型	30～55	30～45	65
	中型	20～50	20～40	60
青年鸭（5周龄～10周龄）	小型	15～28	15～20	30
	中型	15～25	15～20	28
青年鸭（11周龄至开产前2周）	小型	9～16	9～12	16
	中型	6～12	6～8	15
产蛋鸭	小型	7～15	7～9	15
	中型	6～12	6～8	13

附 录 B
（资料性附录）
蛋鸭推荐免疫程序

蛋鸭推荐免疫程序见表B.1。

表B.1 蛋鸭推荐免疫程序

日龄	免疫疫苗类型	剂量	用法	用途
5～7	传染性浆膜炎疫苗—大肠杆菌蜂胶二联苗	0.5 mL～0.7 mL	皮下注射	预防传染性浆膜炎和大肠杆菌病
7～10	鸭病毒性肝炎疫苗	0.5 mL	皮下注射	仅限于疫情流行区域，无此疫情流行，不需要免疫
25～30	禽流感 H5+H7	0.5 mL	皮下注射	预防禽流感 H5+H7
	鸭瘟疫苗	0.5 mL	皮下注射	预防鸭瘟
	黄病毒冻干苗	0.5 mL	皮下注射	预防黄病毒
60～70	禽流感 H5+H7	0.5 mL	皮下注射	预防禽流感 H5+H7
	鸭瘟疫苗	0.5 mL	肌内注射	预防鸭瘟
	黄病毒冻干苗	0.5 mL	肌内注射	预防黄病毒
110～120	禽流感 H9	1.0 mL	皮下注射	预防禽流感 H9
	黄病毒灭活苗	0.5 mL	肌内注射	预防黄病毒
注：此参考程序主要供一般发病区域的绿色食品蛋鸭养殖场参考使用，各地区可根据当地情况进行免疫接种；使用疫苗时务必遵照疫苗说明书的要求。本地如果流行其他病毒性疾病，则免疫时必须使用该流行病毒的疫苗。				

附 录 C
（资料性附录）
常用消毒药剂使用方案

常用消毒药剂使用方案见表 C.1。

表 C.1 常用消毒药剂使用方案

消毒场所	消毒药剂	有效浓度	用法
进场消毒池	氢氧化钠	1%～2%	及时更换消毒液
进场人员消毒	碘消毒剂	0.125%～0.5%	洗手、更衣
进场人员靴子消毒	碘消毒剂或复合戊二醛	0.5%	浸泡 5 min 以上
进场物料或车辆消毒	复合戊二醛消毒剂	0.5%	喷雾。车辆清洗轮胎后消毒，停滞 30 min 以上
场内环境或舍内带鸭消毒	碘消毒剂	0.5%	带鸭消毒的频率：3～4 d 消毒 1 次。药液稀释后，每平方米地面使用 50 mL～100 mL
场内环境或舍内带鸭消毒	复合戊二醛消毒剂	0.5%	带鸭消毒的频率：3～4 d 消毒 1 次。药液稀释后，每平方米地面使用 50 mL～100 mL
水线消毒	漂白粉	每吨水 20 g	
水线消毒	碘酸（优绿环净）	每吨水 200 mL～300 mL	
水线消毒	二氧化氯	每吨水 50 mL～100 mL	
鸭舍终末消毒	泡沫清洗剂		参照产品使用说明书

绿 色 食 品 生 产 操 作 规 程

GFGC 2024A314

绿色食品中华蜜蜂蜂蜜生产操作规程

2024-07-04 发布　　　　　　　　　　　2024-08-01 实施

中国绿色食品发展中心　发布

前 言

本规程由中国绿色食品发展中心提出并归口。

本规程起草单位：中国农业科学院蜜蜂研究所、辽宁省农业发展服务中心、四川省江油市农业农村局、天津市农业发展服务中心、江西省养蜂研究所、北京天宝康高新技术开发有限公司、云南省农业科学院蚕桑蜜蜂研究所、中国绿色食品发展中心。

本规程主要起草人：丁桂玲、代平礼、房宇、张大利、胡林、张凤娇、刘富海、周伟良、刘锋、赵洪木、王莹、杨奕、黄家兴、薛晓锋、张金振、刘然、罗婷、宋晓。

绿色食品中华蜜蜂蜂蜜生产操作规程

1 范围

本规程规定了绿色食品中华蜜蜂蜂蜜的产地环境、蜂种选择、人员要求、饲养管理、防疫消毒、蜜蜂病敌害防治、蜂蜜采收和加工、生产废弃物处理和生产档案管理。

本规程适用于绿色食品中华蜜蜂蜂蜜的生产。

2 规范性引用文件

下列文件中的内容通过文中的规范性引用而构成本规程必不可少的条款。其中，注日期的引用文件，仅该日期对应的版本适用于本规程；不注日期的引用文件，其最新版本（包括所有的修改单）适用于本规程。

NY/T 391　绿色食品　产地环境质量
NY/T 393　绿色食品　农药使用准则
NY/T 394　绿色食品　肥料使用准则
NY/T 471　绿色食品　饲料及饲料添加剂使用准则
NY/T 472　绿色食品　兽药使用准则
NY/T 658　绿色食品　包装通用准则
NY/T 752　绿色食品　蜂产品
NY/T 1056　绿色食品　储藏运输准则

3 产地环境

3.1 蜂场附近空气质量、水质符合 NY/T 391 中环境空气质量和畜牧养殖用水水质要求。

3.2 蜂场场址应选择地势高燥、背风、有遮阴植被或设施、安静、小气候适宜的场所。

3.3 蜂场周围 3 km 范围内无糖厂、化工厂、农药厂、工矿企业、畜禽饲养场及垃圾场。

3.4 蜂场距离公路、铁路 50 m 以上，远离村庄、城镇、车站等人口活动区。

3.5 蜂场周围 5 km 范围内无雷公藤、博落回、狼毒等有毒蜜源植物。

3.6 蜂场周围 3 km 范围内应具备丰富的主要蜜粉源植物和辅助蜜粉源植物。

3.7 蜜粉源植物的农药种类和使用方法应符合 NY/T 393 的规定，肥料种类和使用方法应符合 NY/T 394 的规定。

4 蜂种选择

4.1 选用对当地气候、蜜粉源植物适应性良好、抗逆能力强、能维持强群、采集力强的中华蜜蜂品种。

4.2 确需引种时应就近引入，慎重从气候、蜜粉源条件差异较大的地区引种。禁止从疫区引进蜂王或蜂群。

5 人员要求

5.1 饲养人员应了解中华蜜蜂的习性，掌握中华蜜蜂饲养技术，能对蜜蜂实施良好的管理。

5.2 养蜂和蜂产品加工人员应每年至少进行一次身体健康检查，传染病患者禁止从事中华蜜蜂饲养和蜂蜜加工工作。

6 饲养管理

6.1 蜂群摆放

应根据饲养规模和场地大小确定蜂群的摆放方式。根据地形、地势尽可能将蜂群分散摆放，使用支架等支撑物架高蜂箱使其脱离地面，蜂箱放置要稳定、平衡。邻近蜂群的巢门朝向应尽可能错开，或在蜂箱附近设置标志物，以防蜜蜂迷巢错投。

6.2 蜂群饲喂

6.2.1 应常年保证蜂群蜜、粉饲料充足和水的供应。饲料的来源和使用应符合 NY/T 471 的规定。

6.2.2 巢内储蜜不足时，应优先补入蜜脾，补喂蜂蜜水时应在夜晚进行，饲喂量以当晚吃完为宜，严格防范盗蜂。饲喂的花粉以新鲜花粉最好。饲喂蜂群的蜂蜜和花粉应经灭菌处理。重金属污染、发酵的蜂蜜以及生虫、霉变的花粉不得用作蜜蜂饲料。

6.3 更换蜂王

结合当地自然条件，在分蜂季节前培育蜂王，在主要蜜源期来临前更换老王，保证蜂王每年至少更新1次。

6.4 防止逃蜂

6.4.1 蜂场尽量选在环境安静的地方，避免剧烈震动和噪声。防止蜂箱在阳光下暴晒。

6.4.2 应保证蜂群健康，饲养强群，避免蜂群过弱，注意预防盗蜂。

6.4.3 非必要不开箱检查蜂群，避免经常性的人为干扰。

6.4.4 注意防止胡蜂以及巢虫等敌害，一旦发现及时捕杀、扑打和清除。

6.5 控制分蜂热

6.5.1 选用分蜂性弱、能维持大群的优良蜂种，在分蜂期到来前提前更换老、劣蜂王。

6.5.2 选用具有较大伸缩空间的蜂箱，在蜂群发展期及时加入巢脾以扩大蜂巢，为蜂群提供足够的发展空间。

6.5.3 在外界有蜜粉源时，及时加入巢础，促使蜂群多造脾，加重蜂群负担，预防分蜂热。

6.5.4 对有分蜂热的蜂群，可将蜂群中的老熟子脾提出，调入弱群中的卵虫脾，增加蜂群的哺育负担，以解除分蜂热。

6.5.5 扩大巢门和蜂路，注意防暑遮阴，避免阳光直射巢门，加强蜂群检查，及时清除王台。

6.6 越夏管理

6.6.1 越夏前更换蜂王，合并弱群。抽掉旧脾、劣脾，保持蜂多于脾或蜂脾相称，给蜂群留足饲料。

6.6.2 将蜂群安置在稀疏树林或其他有遮阴的地方，避免蜂箱在烈日下暴晒。缺水的蜂场设置人工饮水器。南方地区进入雨季后，蜂箱加盖防雨棚。蜂群搬离土质疏松的山坡和低洼地带，避免地质灾害和洪涝灾害造成损失。

6.6.3 定期清理蜂箱底部，注意防范胡蜂、大蜡螟、蟾蜍、蚂蚁、鸟类等为害蜂群。

6.6.4 减少开箱检查，多做箱外观察，谨防盗蜂和蜜蜂飞逃。

6.7 越冬管理

6.7.1 提前培育适龄越冬蜂，越冬前更换老、劣蜂王。

6.7.2 蜂群放置在背风、地势高燥且安静的地方，适当进行蜂箱内、外保温。

6.7.3 蜂群内备足越冬饲料。

6.7.4 每 10 d 左右进行 1 次箱外观察，及时清除巢门口的死蜂和杂物，保持巢门畅通，发现蜂群异常时开箱检查处理。

7 防疫消毒

7.1 消毒剂的选择

根据消毒对象采取合适的消毒剂，应选用对人和蜜蜂安全、没有残留毒性、对养蜂设备没有破坏性，并且不会在蜂蜜中产生有毒积累的消毒剂。

7.2 场地消毒

7.2.1 蜂场启用前先进行消毒灭菌，每个季节对蜂场使用 5%的漂白粉乳剂喷洒消毒 1 次。

7.2.2 每周清理 1 次蜂场死蜂，及时烧毁或深埋。

7.3 养蜂工具的防疫消毒

7.3.1 木制蜂箱、竹制隔王板、隔王栅、饲喂器在使用前可用酒精喷灯火焰灼烧消毒，每年至少消毒 1 次。塑料隔王板、塑料饲喂器、塑料脱粉器可用 0.2%过氧乙酸或 0.1%新洁尔灭水溶液洗刷消毒，消毒后用清水漂洗干净。

7.3.2 起刮刀和割蜜刀在使用后要及时清洗干净、妥善保存，使用前用火焰灼烧消毒或用 75%酒精（乙醇）擦拭消毒。

7.3.3 蜂扫和工作服可经常用 4%碳酸钠水溶液清洗后日光暴晒，防止有霉渍。

7.4 巢脾的消毒与保管

7.4.1 选用 0.1%次氯酸钠、0.2%过氧乙酸或 0.1%新洁尔灭水溶液浸泡 12 h 以上对空巢脾进行消毒，消毒后的巢脾要用清水漂洗、晾干。

7.4.2 巢脾保管储存前用 96%～98%的冰乙酸密闭熏蒸，每箱体使用量为 20 mL～30 mL，以防止大蜡螟、小蜡螟为害巢脾。保存巢脾的仓库应清洁卫生、阴凉、干燥、通风，以避免巢脾霉变。

8 蜜蜂病敌害防治

8.1 主要病敌害

主要病敌害有中蜂囊状幼虫病、欧洲幼虫腐臭病、大蜡螟、胡蜂等。

8.2 病敌害的预防

8.2.1 遵循"预防为主，综合防治"的方针，加强蜂群管理，增强蜜蜂的免疫力，发生病害时应优先考虑物理防治和生物防治措施，必要时再使用化学药剂防控。

8.2.2 坚持常年饲养强群，保持蜂机具清洁卫生，减少蜜蜂疾病的发生。

8.2.3 发现蜂群生病后应及时隔离并积极治疗，久治不愈的蜂群应采取焚烧或深埋措施及时销毁。

8.3 病害的治疗

禁止使用禁限用兽药，用药应符合 NY/T 472 的规定。蜜蜂疾病防治用药推荐方案见附录 A。

9 蜂蜜采收和加工

9.1 蜂蜜生产规则

9.1.1 患病蜂群或治疗期的蜂群不得用于生产商品蜂蜜。

9.1.2 摇蜜机、蜂蜜桶等用于蜂蜜生产的设备及用具应为食品级材质，对人和蜜蜂应无毒无害。

9.1.3 蜂蜜生产前后应对所有与蜂蜜直接接触的用具进行清洗消毒，晾干后备用。

9.1.4 在蜜源植物施药期间，禁止蜂蜜生产。

9.2 蜂蜜生产期管理

9.2.1 蜂蜜的采收应在室内或帐篷内进行，取蜜场所应清洁卫生，禁止露天取蜜。

9.2.2 蜂群取蜜时，应分批取出，不可一次取净，应给蜜蜂留足饲料，以防止蜜蜂飞逃。

9.2.3 取出的封盖蜜脾，高湿地区如无法达到 NY/T 752 要求，可放在不超过 38 ℃ 的干燥室内干燥 3 d~5 d，符合要求后再割开蜡盖取蜜。

9.2.4 取出的蜂蜜，及时过滤杂质，装入储蜜容器后应密封入库保存。贴上标签，做好记录。

9.3 蜂蜜加工

结晶蜂蜜于不超过 45 ℃（蜜温不超过 38 ℃）的条件下软化（不改变结晶状态）3 d~5 d，达到灌装条件后进行灌装；不结晶蜂蜜可直接灌装。灌装好的蜂蜜贴标签、检验符合 NY/T 752 要求后，成品入库保存。

9.4 蜂蜜的包装、储藏和运输

包装应符合 NY/T 658 的规定。储藏和运输应符合 NY/T 1056 的规定。储存场地应阴凉干燥、清洁卫生，远离污染源，不得与有毒、有害、有异味物质同库。

10 生产废弃物处理

生产过程中产生的封盖蜡、蜡屑等废弃物要及时化蜡或深埋，生活垃圾要及时清出蜂场，合理集中处理。

11 生产档案管理

建立蜜蜂饲养以及蜂蜜采收、加工档案。蜜蜂饲养档案包括投入品采购与使用、蜜蜂饲养与处理记录、疾病防治记录等；蜂蜜采收档案包括采收日期、蜜源种类、数量、采收人及采收地点等记录；蜂蜜加工档案包括原料名称、投料数量、投料日期、产品批号、产品规格及生产数量等记录。记录内容应完整、真实、准确，保存期限不少于 3 年。

附 录 A
（资料性附录）
蜜蜂疾病防治用药推荐方案

蜜蜂疾病防治用药推荐方案见表 A.1。

表 A.1 蜜蜂疾病防治用药推荐方案

防治对象	防治药物	配比	使用方法	备注
孢子虫病	柠檬酸	柠檬酸：糖浆＝2 g：1 kg	结合奖励饲喂，任选其中一种喂蜂	越冬饲料不喂柠檬酸，以防结晶
	白米醋	白米醋：糖浆＝50 mL：1 kg		不要使用含盐量高的白米醋
	山楂水	山楂水：糖浆＝50 mL：1 kg		
	半枝莲	50 g	从配方中任选一种，加入适量的水煎煮后滤去药渣，滤液按1：1比例加入白糖，完全溶解后喂蜂，每剂可喂10框～15框蜂	也可使用蜂胶溶液
	五加皮、金银花、桂枝、甘草	五加皮30 g、金银花15 g、桂枝9 g、甘草6 g		

绿色食品生产操作规程

GFGC 2024A315

绿色食品西方蜜蜂蜂蜜
生产操作规程

2024-07-04 发布

2024-08-01 实施

中国绿色食品发展中心　发布

前 言

本规程由中国绿色食品发展中心提出并归口。

本规程起草单位：中国农业科学院蜜蜂研究所、辽宁省农业发展服务中心、天津市农业发展服务中心、江西省养蜂研究所、北京天宝康高新技术开发有限公司、云南省农业科学院蚕桑蜜蜂研究所、中国绿色食品发展中心。

本规程主要起草人：房宇、代平礼、丁桂玲、张大利、张凤娇、周伟良、刘锋、刘富海、赵洪木、王莹、杨奕、黄家兴、薛晓锋、张金振、刘然、罗婷、乔春楠。

绿色食品西方蜜蜂蜂蜜生产操作规程

1 范围

本规程规定了西方蜜蜂蜂蜜的产地环境、蜂种选择、人员要求、饲养管理、病虫害综合防治、蜂蜜采收与加工、生产废弃物处理及生产档案管理。

本规程适用于绿色食品西方蜜蜂蜂蜜的生产。

2 规范性引用文件

下列文件中的内容通过文中的规范性引用而构成本规程必不可少的条款。其中，注日期的引用文件，仅该日期对应的版本适用于本规程；不注日期的引用文件，其最新版本（包括所有的修改单）适用于本规程。

GB/T 41227　蜜蜂饲养管理技术规范
NY/T 391　绿色食品　产地环境质量
NY/T 393　绿色食品　农药使用准则
NY/T 394　绿色食品　肥料使用准则
NY/T 471　绿色食品　饲料及饲料添加剂使用准则
NY/T 472　绿色食品　兽药使用准则
NY/T 658　绿色食品　包装通用准则
NY/T 752　绿色食品　蜂产品
NY/T 1056　绿色食品　储藏运输准则
NY/T 1160　蜜蜂饲养技术规范

3 产地环境

3.1 蜂场附近空气质量、水质符合 NY/T 391 中环境空气质量和畜牧养殖用水水质要求。

3.2 蜂场场址应选择地势高燥、有遮阴植被或小气候适宜的场所。

3.3 蜂场周围 3 km 范围内无糖厂、化工厂、农药厂、工矿企业、畜禽饲养场及垃圾场。

3.4 蜂场距离公路、铁路 50 m 以上，远离村庄、城镇、车站等人口活动区。

3.5 半径 5 km 范围内无雷公藤、博落回、狼毒等有毒蜜源植物。

3.6 蜂场 3 km 范围内应具备丰富的蜜粉源植物，并至少有一种主要蜜粉源植物。

3.7 蜜粉源植物的农药种类和使用应符合 NY/T 393 的规定，肥料种类和使用应符合 NY/T 394 的规定。

4 蜂种选择

4.1 蜂种宜选用对当地气候、蜜粉源植物适应性良好，抗逆能力强，能维持强群、采集能力强的西方蜜蜂品种。

4.2 确需引种时应就近引入，慎重从气候、蜜粉源条件差异较大的地区引种。禁止从疫区引进蜂王或蜂群。

5 人员要求

5.1 饲养人员应了解西方蜜蜂的习性，掌握西方蜜蜂饲养技术，能对蜜蜂实施良好的管理。

5.2 养蜂和蜂产品加工人员应至少每年进行1次健康检查，传染病患者禁止从事蜂产品生产。

6 饲养管理

6.1 蜜蜂繁殖

距主要蜜源大流蜜前63 d左右（3个繁殖周期），选气温12 ℃以上的晴朗天气，开箱整理蜂巢开始繁殖，选用上一年的褐色巢脾，保证脾面完整、平整，并没有雄蜂房。抽出蜂群中的子脾、空脾，合并弱群，紧脾缩群，使蜂多于脾，并断子彻底治螨，开始蜜蜂繁殖。开繁的群势一般8框蜂以上为佳，3框蜂左右的蜂群应组织双王群同箱。春繁期要坚持奖励饲喂，刺激蜂王产卵并激励工蜂积极哺育幼虫。

6.2 蜂群饲喂

6.2.1 应常年保证蜂群蜜、粉饲料充足和水的供应。饲料的来源和使用应符合NY/T 471的规定，饲喂的蜂蜜无发酵，蜂花粉应为一年内的新鲜花粉，无生虫和霉变。饲喂蜂群的蜂蜜和花粉应经灭菌处理。

6.2.2 巢内储蜜不足时，应优先补入蜜脾，补喂蜂蜜水时应在傍晚进行，饲喂量以当晚吃完为宜，严格防范盗蜂。饲喂花粉时，先将花粉和适量蜂蜜水混合，使花粉团泡开，混合均匀，做成花粉条或花粉饼，放到蜂群巢脾框梁上供蜜蜂取食。每次饲喂量以蜂群2 d食完为宜。

6.3 加脾扩繁

随蜂群群势的壮大，及时加脾，添加继箱，扩大蜂巢，防止蜂群分蜂热。

6.4 蜂群检查

蜂箱的局部或全面检查按NY/T 1160蜂群检查的要求执行。

6.5 组织采蜜群

在主要流蜜期，根据蜂群群势及储蜜情况，及时给蜂群添加装满空脾的继箱，新加的继箱位置在第一个继箱上面。

6.6 调整蜂脾关系

早春和晚秋气温低时，蜂多于脾；流蜜期，脾多于蜂。常年以强群饲养的模式管理蜂群，其他强群饲养参照GB/T 41227中5.2、5.3、5.4和5.5的规定执行。

6.7 更换蜂王

结合当地自然条件，在分蜂季节前培育蜂王，在主要蜜源期来临前更换老王，保证蜂王每年至少更新1次。

6.8 防止逃蜂

6.8.1 蜂场尽量选在环境安静的地方，避免剧烈震动和噪声。防止蜂箱在阳光下暴晒。

6.8.2 应保证蜂群健康，饲养强群，避免蜂群过弱，注意预防盗蜂。

6.8.3 非必要不开箱检查蜂群，避免经常性的人为干扰。

6.9 控制分蜂热

6.9.1 在分蜂期到来前提前更换老、劣蜂王。

6.9.2 在蜂群发展期及时加入巢脾以扩大蜂巢，为蜂群提供足够的发展空间。

6.9.3 在外界有蜜粉源时，及时加入巢础，促使蜂群多造脾，加重蜂群负担，预防分蜂热。

6.9.4 对有分蜂热的蜂群，可将蜂群中的老熟子脾提出，调入弱群中的卵虫脾，增加蜂群的哺育负担，以解除分蜂热。

6.9.5 扩大巢门和蜂路，注意防暑遮阴、避免阳光直射巢门，加强蜂群检查，及时清除王台。

6.10 越冬管理

6.10.1 选择背风向阳、地势高燥、安静的地方越冬，做好箱体保温。

6.10.2 提前培育新王和适龄越冬蜂，更换各蜂群中老、劣蜂王。

6.10.3 留足蜂群过冬饲粮，每群蜂留3张～5张蜜脾。

6.10.4 每10 d 左右对蜂群进行箱外检查，及时清除巢门口死蜂、杂物。

7 病敌害综合防治

7.1 主要病敌害

主要病敌害有狄斯瓦螨（大蜂螨）、梅氏热厉螨（小蜂螨）、胡蜂、微孢子虫病、白垩病、慢性蜜蜂麻痹病等。

7.2 定期防疫消毒

7.2.1 消毒剂的选择

根据消毒对象采取合适的消毒剂，应选用对人和蜜蜂安全、没有残留毒性、对养蜂设备没有破坏性，并且不会在蜂蜜中产生有毒积累的消毒剂。

7.2.2 场地消毒

每到新场地要用0.5%次氯酸钠溶液、0.5%过氧乙酸水溶液或5%漂白粉乳剂对蜂场地面喷洒消毒。

7.2.3 蜂机具消毒

7.2.3.1 木制蜂箱、竹制隔王板、隔王栅、饲喂器在使用前可用酒精喷灯火焰灼烧消毒，每年至少消毒1次。塑料隔王板、塑料饲喂器、塑料脱粉器可用0.2%过氧乙酸或0.1%新洁尔灭水溶液洗刷消毒，消毒后用清水漂洗干净。

7.2.3.2 起刮刀和割蜜刀在使用后要及时清洗干净、妥善保存，使用前用火焰灼烧消毒或75%酒精（乙醇）擦拭消毒。

7.2.3.3 蜂扫和工作服可经常用4%碳酸钠水溶液清洗后日光暴晒，防止有霉渍。

7.3 巢脾的消毒与保管

7.3.1 选用0.1%次氯酸钠、0.2%过氧乙酸或0.1%新洁尔灭水溶液浸泡12 h 以上对空巢脾进行消毒，消毒后的巢脾要用清水漂洗、晾干。

7.3.2 巢脾保管储存前用96%～98%的冰乙酸密闭熏蒸，每箱体使用量为20 mL～30 mL，以防止大蜡螟、小蜡螟为害巢脾。保存巢脾的仓库应清洁卫生、阴凉、干燥、通风，以避免巢脾霉变。

7.4 防治措施

7.4.1 遵循"预防为主，综合防治"的方针，加强蜂群管理，增强蜜蜂的免疫力，发生病害时应优先考虑物理防治和生物防治措施，必要时再使用化学药剂防控。

7.4.2 采用更换抗病性强的蜂王，及时隔离患病蜂群等措施防治蜂病。

7.4.3 采用强群饲养，保持蜂机具清洁卫生，及时清理蜂箱底部蜡屑，减少蜜蜂疾病的发生。

7.4.4 采用扣王断子和割除雄蜂脾等生物防治措施结合化学防治综合治螨。

7.4.5 采用巢门防护，诱引捕杀等措施防治胡蜂。

7.4.6 禁止使用禁限用兽药，用药应符合 NY/T 472 的规定。主要病虫害化学防治推荐用药方案见附录A。

8 蜂蜜采收与加工

8.1 蜂蜜生产规则

8.1.1 患病蜂群或治疗期的蜂群不得用于生产商品蜂蜜。

8.1.2 摇蜜机、蜂蜜桶等用于蜂蜜生产的设备及用具应为食品级材质，对人和蜜蜂应无毒无害。

8.1.3 蜂蜜生产前后应对蜂扫、脱蜂板、摇蜜机等生产用具和装蜜容器进行严格的清洗、消毒、晾干后使用。

8.1.4 在蜜源植物施药期间，禁止生产商品蜂蜜。

8.2 蜂蜜采收

8.2.1 蜂蜜的采收应在室内或帐篷内进行，取蜜场所应清洁卫生，禁止露天取蜜。

8.2.2 蜂群取蜜时，应采收第二继箱以及之上继箱中的封盖蜜脾。繁殖区和第一储蜜继箱中的蜜脾不取，留为蜜蜂饲料。

8.2.3 将脱蜂板安装在第一与第二继箱中间，经过 24 h 左右的工蜂单向活动，采收区完成脱蜂，取出要采收的封盖蜜脾。

8.2.4 取出的封盖蜜脾，转移至后成熟车间放置 5 d~7 d，待蜜脾中蜂蜜水分符合 NY/T 752 要求后，再割开蜡盖取蜜。

8.2.5 不同花期添加的继箱中的单花蜜，可以单独取蜜，也可以多花期继箱混合取蜜。

8.2.6 取出的蜂蜜，及时过滤杂质，装入储蜜容器后应密封入库保存，贴上标签，做好记录。

8.3 蜂蜜加工

结晶蜂蜜，于不超过 45 ℃（蜜温不超过 38 ℃）的条件下软化（不改变结晶状态），时间为 3 d~5 d，达到灌装条件后进行灌装；不结晶蜂蜜可直接灌装。灌装好的蜂蜜贴标签，经检验符合 NY/T 752 的要求后，成品入库保存。

8.4 蜂蜜的包装、储藏和运输

包装应符合 NY/T 658 的规定。储藏和运输应符合 NY/T 1056 的规定。储存场地应阴凉干燥、清洁卫生，远离污染源，不得与有毒、有害、有异味的物质同库。

9 生产废弃物处理

生产过程中产生的封盖蜡、蜡屑等废弃物要及时化蜡或深埋，生活垃圾要及时清出蜂场，合理集中处理。

10 生产档案管理

建立蜜蜂饲养以及蜂蜜采收、加工档案。蜜蜂饲养档案包括投入品采购与使用、蜜蜂饲养与处理记录、疾病防治记录、转场运输记录等；采收档案包括采收日期、蜜源种类、数量、采收人、采收地点等记录；加工档案包括原料名称、投料数量、投料日期、产品批号、产品规格及生产数量等记录。记录内容应完整、真实、准确，保存期限不少于 3 年。

附 录 A
（资料性附录）
西方蜜蜂主要病虫害化学防治推荐用药方案

西方蜜蜂主要病虫害化学防治推荐用药方案见表 A.1。

表 A.1 西方蜜蜂主要病虫害化学防治推荐用药方案

防治对象	药物名称	剂型	用法	推荐用量（以有效成分计）	休药期（d）
梅氏热厉螨	升华硫	粉末	均匀撒在蜂路或框梁上	0.2 g/框	